Lars Schubert

Zustandsüberwachung an Faserverbundwerkstoffen mit geführten Wellen

TUDpress

DRESDNER BEITRÄGE ZUR ZERSTÖRUNGSFREIEN PRÜFTECHNIK
Herausgegeben von K.-J. Wolter, N. Meyendorf, H. Heuer
Band 3

Lars Schubert

Zustandsüberwachung an Faserverbundwerkstoffen mit geführten Wellen

TUDpress
2012

Die vorliegende Arbeit wurde am 11. März 2011 als Dissertation an der Fakultät Elektrotechnik und Informationstechnik der Technischen Universität Dresden eingereicht und am 12. August 2011 erfolgreich verteidigt.

Promotionskommission:

Vorsitzender:	Prof. Dr.-Ing. habil. K.-J. Wolter
Gutachter:	Prof. Dr. rer. nat. et Ing. habil. Elfgard Kühnicke
	Prof. Dr.-Ing. habil. Norbert Meyendorf

Bibliografische Information der Deutschen Nationalbibliothek

Die Deutsche Nationalbibliothek verzeichnet diese Publikation in der Deutschen Nationalbibliografie; detaillierte bibliografische Daten sind im Internet über http://dnb.d-nb.de abrufbar.

Bibliographic information published by the Deutsche Nationalbibliothek

The Deutsche Nationalbibliothek lists this publication in the Deutsche Nationalbibliografie; detailed bibliographic data are available in the Internet at http://dnb.d-nb.de.

ISBN 978-3-942710-72-5

Verlag der Wissenschaften GmbH
Bergstr. 70 | D-01069 Dresden
Tel.: 0351/47 96 97 20 | Fax: 0351/47 96 08 19
http://www.tudpress.de

Kurzfassung

In dieser Arbeit wird ein Verfahren zur Detektion von Delaminationen in Faserverbundwerkstoffen vorgestellt. Als Delaminationen werden Trennungen benachbarter Laminatlagen infolge Schlagschaden (Impakt) verstanden. Dieses Verfahren wird in der vorliegenden Arbeit als Signaturanalyse (Acousto Ultrasonic) bezeichnet und beruht auf der Nutzung von elastischen Wellen im Ultraschallbereich, die sich in plattenförmigen Strukturen als geführte Wellen (Wellenmoden) ausbreiten können. Anwender derartiger Verfahren sind bestrebt, die optimale Systemkonfiguration für eine konkrete Überwachungsaufgabe zu finden. Die Konfiguration ist als optimal anzusehen, wenn eine maximale Wechselwirkung der geführten Wellen mit dem zu erwartenden Schaden stattfindet. Einfluss auf die Systemkonfiguration haben Wahl, Abstand und Instrumentierung der Sensoren, Anregesignal, -frequenz und Spannung, verwendeter Wellenmode sowie der die Änderung im Signal klassifizierende Schadensindikator. Eine Konfiguration ist im Weiteren als optimal anzusehen, wenn sich der Schadensindikator als robust gegenüber Variationen der Umgebungsparameter erweist. Diese Arbeit liefert einen Beitrag zur Bestimmung der optimalen Systemkonfiguration.

Die Eigenschaften der angeregten geführten Welle sind maßgeblich dafür verantwortlich, wie die Welle mit dem Schaden wechselwirkt. Es wird bestätigt, dass eine geführte Welle eine starke Wechselwirkung mit einer Delamination eingehen kann, wenn sie bestimmte elastische Spannungszustände (σ_{13}, σ_{23} und σ_{33}) in der Struktur hervorruft. Dazu wird ein Schädigungsmodell einer Delamination eingeführt und das Wechselwirkungspotential der Wellenmoden diskutiert. Die Auswirkungen der Randbedingungen dieses Modells auf die Wellenausbreitung werden getrennt für verschiedene Laminatsymmetrien betrachtet und daraus das Wechselwirkungspotential verschiedener geführter Wellentypen, insbesondere der für die Zustandsüberwachung verwendeten Moden niedrigster Ordnung, abgeleitet. Die mittels Modellschaden theoretisch formulierten Wechselwirkungspotentiale werden experimentell bestätigt. Dazu wurden erstmalig die Möglichkeiten 3D-Laservibrometrischer Messungen genutzt. Wellenmoden mit hohen σ_{13}, σ_{23} und σ_{33} Spannungskomponenten (S0, A0) zeigten eine gute Wechselwirkung, während bspw. der SH0-Mode mit niedrigen derartigen Spannungskomponenten nicht zur Detektion von Impaktschäden in Faserverbundwerkstoffen geeignet ist.

Der Korrelationskoeffizient wurde als Schadensindikator identifiziert und in Tests qualifiziert. Für eine Anwendung des Verfahrens in der Praxis ist es notwendig, den Einfluss von Umgebungsbedingungen auf den Schadensindikator zu kennen und zu kompensieren. Dazu wurden bestehende Temperaturkompensationsverfahren OBS (optimal baseline selection) und BSS (baseline signal stretch) erläutert. Bei diesen Verfahren muss jedoch die Signaländerung infolge Schädigung klein gegenüber der Signaländerung infolge Temperatureinfluss sein. Zur Umgehung dieser Einschränkung wurden zwei eigene Verfahren TDect (time domain based environmental compensation technique) und FDect (frequency domain based environmental compensation technique) entwickelt und im Experiment nachgewiesen.

Die Erkenntnisse der Arbeit fließen abschließend in die Entwicklung eines Verfahrens zur Impakterkennung ein. Dabei werden auftretende Temperaturschwankungen berücksichtigt und mittels vorgestelltem TDect Verfahren kompensiert. Im Ausblick wird eine Methode vorgestellt, die das Potential aufweist, das Monitoring des Wachstums von Impaktschäden mit geführten Wellen zu erlauben.

Abstract

The present thesis deals with the further development of the acousto ultrasonic technique, which is applied for damage detection after impacts in fibre composite structures for aeronautical applications. It is based on the usage of ultrasonic guided waves and the consequent comparison of signals collected from bonded piezoelectric transducers. When aiming for broad industrial applications, users are faced with two main problems. On the one side, they have to choose an optimal system configuration to assure a high contrast in the selected damage indicator caused by the damage itself. On the other side, the behaviour of the damage indicator is often poorly understood regarding environmental conditions like temperature when applying the technique under field conditions. For this reason, the main goal of the presented thesis was to analyze the potential of guided waves for high interaction with delaminations and to thoroughly investigate the dependency of the damage indicator from temperature changing.

For a high interaction of the incident wave mode with the delamination, the system must be configured in a way that the selected wave mode and frequency cause to high numbers of the stress tensor components σ_{13}, σ_{23} and σ_{33} in the specific composite material. The boundary conditions of the damage are analyzed and the satisfaction criteria for different wave modes are considered. The results are proofed by an experiment. The elastic strains in layered anisotropic media can be calculated by solving the equations of motion and by implementing the global transfer matrix technique. After combining these results with experimental obtained spatial displacements the user is now able to quantify the values of stress components in material. To obtain the spatial displacements, the new approach of 3D laser vibrometry measurements for lamb waves in composite materials was successfully applied. The correlation coefficient has been qualified as damage indicator in order to represent the signal changes. The second part of the thesis deals with the development of strategies for temperature compensation. The existing techniques OBS (optimal baseline selection) and BSS (baseline signal stretch) were compared to the newly developed techniques TDect (time domain based environmental compensation technique) and FDect (frequency domain based environmental compensation technique). The TDect technique was selected for further experiments.

Considering the results obtained in the thesis, a suggested process flow is presented for the application of the acousto ultrasonic technique under consideration of temperature changes in aeronautical applications.

Inhaltsverzeichnis

Abkürzungs- und Symbolverzeichnis

Abkürzungen

BS	Baseline Selection
BSS	Baseline Signal Stretch
CFK	Kohlenstofffaserverstärkter Kunststoff
CFRP	carbon fibre reinforced plastics
FFT	Fast Fourier Transformation
FIR	Finite Impulse Response
FW	Faserwandler
GFK	Glasfaserverstärkter Kunststoff
GPIB	General Purpose Interface Bus
HF	Hochfrequenz
HSV	Hochspannungsverstärker
HT	Hilbert Transformation
IFFT	Inverse Fast Fourier Transformation
MAG	Multiaxiales Gelege
MAS	Mehrkanal Akustik Messsystem
MP	Messpunkt
OBS	Optimal Baseline Selection
PAN	Polyacrylnitril
PZT	Bleizirkonattitanat
RC	Raised Cosine

RTM	Resin Transfer Moulding
SH	shear horizontal
SHM	Structural Health Monitoring
SV	shear vertikal
UD	Unidirektional
ZfP	Zerstörungsfreie Prüfung

Symbolverzeichnis

α	Proportionalitätsfaktor []
β	Winkel []
ϵ_{kl}	Dehnungstensor 2ter Stufe []
η	Faktor, dimensionslos
γ_{kl}	Ingenieursnotation für Schubdehnungen, $\gamma_{kl} = 2\epsilon_{kl}$
Λ	erste Lamé Konstante $[N/m^2]$
λ	Wellenlänge $[m]$
λ_t	Wellenlänge der transversalen Raumwelle $[m]$
λ_x	Wellenlänge der Spurwelle $[m]$
ν	Poisson-Zahl []
ω	Kreisfrequenz $[1/s]$
ϕ_k	Winkel zwischen Faserlängsrichtung x_1' und Wellenausbreitung x_1 in der k-ten Einzelschicht [°]
ρ	Dichte $[kg/m^3]$
σ_{ij}	Spannungstensor 2ter Stufe $[N/m^2]$
$\vec{v}$	Schallschnelle $[m/s]$
A	globale Transfermatrix des Gesamtlaminates
A_k	lokale Transfermatrix der Schicht k
c	Schallgeschwindigkeit $[m/s]$
c_l	Schallgeschwindigkeit der Longitudinalwelle $[m/s]$
c_r	Schallgeschwindigkeit der Rayleighwelle $[m/s]$

c_t	Schallgeschwindigkeit der Transversalwelle $[m/s]$
c_x	Spurwellengeschwindigkeit (Phasengeschwindigkeit) $[m/s]$
c_{gr}	Gruppengeschwindigkeit $[m/s]$
c_{ijkl}	Steifigkeitstensor 4ter Stufe $[N/m^2]$
C_{ij}	Steifigkeitstensor 2ter Stufe $[N/m^2]$
d	Plattendicke $[m]$
D, D_a, D_b, D_r	äquivalente Delaminationsgrößen $[mm^2]$
D_{jq}	q-te (elastische) Teilspannung in $j-$Richtung $[N/m^2]$
EFD	Energieflussdichte $[W/m^2]$
f	Frequenz $[Hz]$
f_o	obere Grenzfrequenz $[Hz]$
f_u	untere Grenzfrequenz $[Hz]$
h	Hälfte der Plattendicke $[m]$
k	Wellenvektor $[1/m]$
k_l	Wellenvektor der Longitudinalwelle $[1/m]$
k_r	Wellenvektor der Rayleighwelle $[1/m]$
k_t	Wellenvektor der Transversalwelle $[1/m]$
k_x	Wellenvektor der Spurwelle $[1/m]$
K_{ij}	Koeffizienten der charakteristischen Gleichungen $i, j = 1, 2, 3$ []
P_k	Auslenkungs-Spannungsmatrix der Schicht k
r	Radius $[m]$
R_F	Reflexionsfaktor []
s_{ijkl}	Nachgiebigkeitstensor 4ter Stufe $[m^2/N]$
u_i	Auslenkungskomponente in $i-$Richtung, $i = 1, 2, 3$ $[m]$
U_j	Betrag der Amplitude in $j-$Richtung, $j = 1, 2, 3$ $[m]$
U_{jq}	Betrag der q-ten Teilamplitude der Auslenkungen in $j-$Richtung $[m]$
V	Amplitudenverhältnis []
W	Amplitudenverhältnis []

$x_i, \hat{x}_i, \acute{x}_i$	Weg in $i-$Richtung in verschiedenen Koordinatensystemen, $i = 1, 2, 3$ $[m]$
Z_0	Schallimpedanz $[Ns/m^3]$
A	Amplitude, Amplitudenfaktor
B	Amplitudenfaktor
E	Elastizitätsmodul $[N/m^2]$
G	Schermodul, zweite Lamé Konstante $[N/m^2]$
p	Schallwechseldruck $[N/m^2]$
S	Steifigkeit $[N/m^2]$
s	Abstand, Übertragungsstrecke $[m]$
t	Zeit $[s]$

1. Einleitung

1.1. Motivation

Der Einsatz faserverstärkter Kunststoffe im Leichtbau steigt, da ihre Verwendung geringeres Gewicht bei gleichzeitig hohen Festigkeitseigenschaften der Struktur verspricht. Anwendungen dieser Werkstoffe sind im gesamten Leichtbau zu finden. Bauteile von Luft- und Schienenfahrzeugen bestehen bereits heute aus faserverstärkten Kunststoffen. Auch beim Bau der Rotorblätter von Windkraftanlagen und im Automobilbereich finden Faserverbundwerkstoffe breite Anwendung.

Dem Vorteil des geringeren Gewichtes dieses Werkstoffes steht jedoch der Nachteil der Anfälligkeit der Werkstoffe durch Stossbelastung (Impakt) gegenüber. Schädigungen in kohlefaserverstärkten Verbundwerkstoffen (CFK, CFRP) bleiben zunächst oft unentdeckt und führen unter Umständen zum unverhofften totalen Versagen der Struktur. Anisotropie, Inhomogenität und nicht genau beschreibbare elektrische Leitfähigkeit sind Eigenschaften der CFK-Werkstoffe, die die klassischen Verfahren der zerstörungsfreien Prüfung vor große Herausforderungen stellen. Etabliert hat sich die Prüfung von CFK Werkstoffen mittels Impuls-Echo-Ultraschall. Für diese Methode sind mobile Prüfgeräte erforderlich, die im Luftfahrtbereich während standardmäßiger und flugstundenabhängiger Routinekontrollen in sogenannten BCD-Checks eingesetzt werden.

Die Methoden der Zustandsüberwachung verfolgen dabei eine andere Philosophie. Mit permanent installierten Sensoren und/oder Prüfgeräten soll der Zustand der Struktur erfasst werden. Damit kann die Strukturüberwachung während des Betriebes der Anlage oder des Luft- bzw. Schienenfahrzeuges erfolgen. Ein Stillstand der technischen Konstruktion kann so vermieden und planbar gemacht werden bzw. auf Zeiten geringer Produktivität verschoben werden. Vorteile bietet diese Art von Überwachung auch bei der Prüfung von schlecht zugänglichen Objekten, wie beispielsweise Windkraftanlagen im Offshorebereich.

1.2. Aufgabenstellung

Die auf geführten elastischen Wellen basierende Zustandsüberwachung ist dabei eine vielversprechende Methode zur Überwachung von Faserverbundstrukturen, da die Ausbreitung dieser Wellen von den mechanisch-elastischen Materialparametern der Struktur abhängig ist. Liegt in der Struktur ein Schaden infolge örtlicher Stossbelastung (Impakt) vor, sind lokal veränderte Materialparameter und damit geänderte Ausbreitungsbedingungen für die elastischen Wellen vorhanden.

Bei der Zustandsüberwachung mit geführten Wellen werden zwei grundlegende Messprinzipien unterschieden, die als passiver und aktiver Verfahrensansatz bezeichnet werden können.
Das passive Messprinzip (Abbildung 1.1a) nutzt die von der Fehlstelle unter Belastung emittierten Ultraschallwellen (z.B. durch Faserrisse), die von auf der Struktur applizierten Ultraschallwandlern detektiert werden können. Eine solche transiente Wellenform wird als Schallemissionsereignis bezeichnet. Ein angeschlossenes Auswertesystem wertet die an den Sensoren empfangenen Signale bezüglich Schalllaufzeiten, Signalenergie und anderen das Schallemissionsereignis beschreibenden Signalparametern (z.B.: Signalanstiegs- und -abfallzeit, Anzahl der Sinusperioden) aus. Durch die Bestimmung der Ersteinsatzzeiten der Burstsignale ist bei bekannter Schallgeschwindigkeit die Ermittlung der Schalllaufzeiten zum Quellort und damit die Ortung der Schallquelle möglich. Die Lokalisierung der auftretenden Schallereignisse kann mit iterativen [Gei10, SchF04, SchF06] oder algebraischen [Ban85] Lösungsansätzen erfolgen. Ergebnisse der Lokalisierung sind Hinweise auf besonders belastete und damit schadensrelevante Strukturbereiche. Die auf dem passiven Messprinzip beruhende Impakterkennung ist nicht Inhalt dieser Arbeit.

Bei dem in dieser Arbeit behandelten Messprinzip handelt es sich um ein aktives Ultraschallverfahren, bei dem der „Gut“ - Ausgangszustand des Prüflings ermittelt und dieser anschließend nach bestimmten Belastungszyklen oder Zeitabständen mit dem jeweiligen „Ist“ - Zustand (Abb. 1.1b) verglichen wird. Dazu werden in das Überwachungsobjekt durch einen als Aktor fungierenden Ultraschallwandler spezifisch Ultraschallwellen eingebracht. Diese Wellen durchlaufen den Prüfling und interagieren, je nach Wellenlänge und Wellenmode unterschiedlich stark mit der Fehlstelle und werden von den übrigen, als Sensoren genutzten Ultraschallwandlern empfangen [SchL06]. Die die Strukturzustände charakterisierenden Signale werden anschließend miteinander verglichen und Signaländerungen über Schadensindikatoren dargestellt. Dieses Verfahren wird im Folgenden als

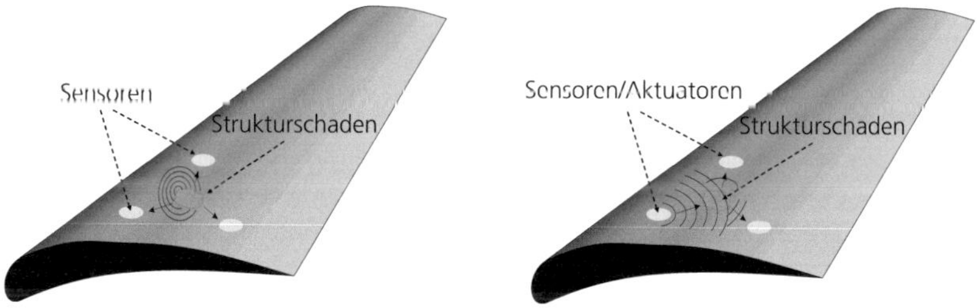

(a) Schallemissionsverfahren (b) Signaturanalyse

Abbildung 1.1.: Grundlegende Verfahren zur Zustandsüberwachung mit geführten Wellen [SchL07]

Signaturanalyseverfahren bezeichnet und ist im englischsprachigem Raum als Acousto Ultrasonics bekannt.

Ziel dieser Arbeit ist es, Delaminationen in luftfahrttypischen Faserverbundstrukturen mittels Signaturanalyseverfahren erkennen zu können. Dazu muss der Anwender eine Messkonfiguration wählen, bei der die geführte Welle eine möglichst große Wechselwirkung mit dem Delaminationsschaden eingeht. Bevor die Aufgabenstellung genauer spezifizert werden kann, muss einführend auf Besonderheiten bei der Benutzung von geführten Wellen zur Erkennung von Delaminationsschäden eingegangen werden.

Abbildung 1.2 gibt einen Überblick über Einflussgrößen bei der Wechselwirkung einer geführten Welle mit einem Impaktschaden. Im Folgenden werden die dort dargestellten Wechselwirkungen näher erläutert.

- Der Aufbau der in technischen Anwendungen verwendeten Faserverbundwerkstoffe ist von den auftretenden Lasten und der geforderten Schadenstoleranz des Verbundwerkstoffes abhängig. Jedes Laminat wird für den speziellen Anwendungsfall schadenstolerant ausgelegt. Die Schadenstoleranz eines Laminates muss vom Bauteilhersteller durch entsprechende Versuche (z.B. Restdruckfestigkeitsversuch nach erfolgtem Impaktschaden [DIN96]) nachgewiesen werden. Je nach Anforderungen kommt eine unterschiedliche Anzahl von Einzellagen, Faserorientierungen und Faser- und Matrixmaterialien zum Einsatz. Dies beeinflusst neben der Schadenstoleranz des Verbundwerkstoffes auch die Charakteristik der Wellenausbreitung.

- Nach Schlagschädigung infolge Impakt treten in Verbundwerkstoffen komplexe Schä-

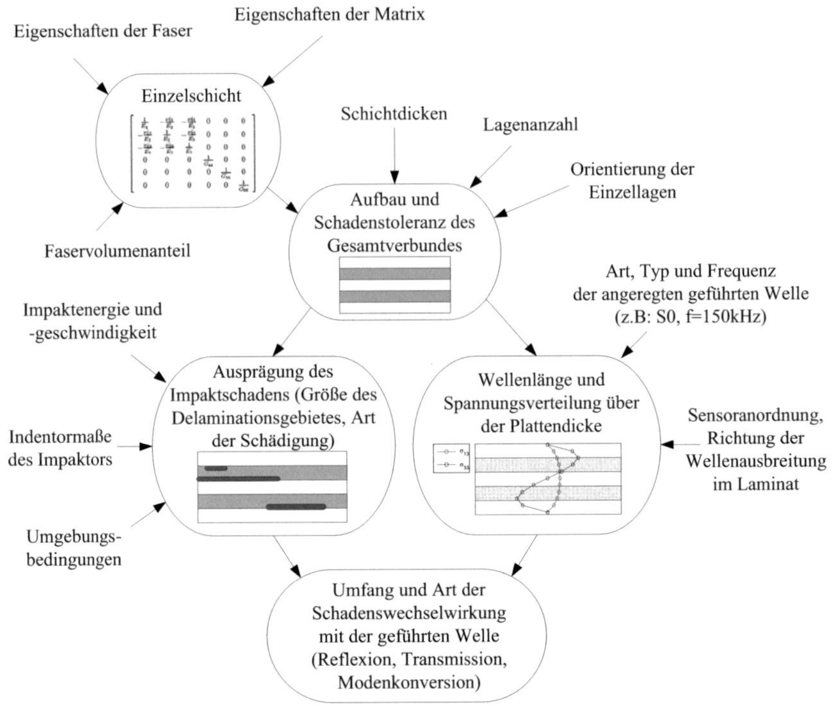

Abbildung 1.2.: Einflussgrößen auf Schadenswechselwirkung einer geführten Welle mit dem Impaktschaden

den auf. Diese lassen sich zwar in Faserbrüche, Zwischenfaserbrüche und Delaminationen einteilen (Kap. 2.2), sind aber derartig komplex, dass bisher noch kein analytischer Zusammenhang zwischen eingebrachter Impaktenergie und resultierendem Schaden in Abhängigkeit von den in Kapitel 2.2.2 aufgeführten Einflussgrößen ermittelt werden konnte. Die Impaktenergie kann jedoch als proportional zu der projizierten Schadensgröße angesehen werden [Heu00]. Die Größe des resultierenden Delaminationsgebietes ist von den Eigenschaften des Impakts selbst und der Schadenstoleranz des verwendeten Verbundwerkstoffes abhängig [Ehr04], [Liu87], [Rio05].

- Bei der Nutzung von geführten Wellen mit den bei der Zustandsüberwachung verwendeten niedrigen Frequenzen wird integral die gesamte Plattendicke von Teilchenauslenkungen erfasst (siehe beispielhaft Kapitel 2.1.3.2 für isotrope Werkstoffe). Je nach verwendetem Wellenmode, der gewählten Frequenz und dem Aufbau des Werkstoffs treten unterschiedliche Teilchenauslenkungen und damit elastische Spannungen im Material auf. Die gewählte Anordnung des Aktors zum Schaden hat laminatspezifisch ebenfalls Einfluss auf die angeregten Wellenmoden, da in Abhängigkeit der Symmetrieeigenschaften (monoklinisch oder orthotrop) des Laminatverbundes unterschiedliche Wellenarten (SH- bzw. sagittale Schwingungsmoden) auftreten können. Damit können abhängig von der Ausbreitungsrichtung der Wellen im Laminat unterschiedliche Spannungskonzentrationen bei gegebener Frequenz hervorgerufen werden, die entsprechend unterschiedlich stark mit dem Impaktschaden wechselwirken.

Zu den genannten Einflussgrößen bei der Wechselwirkung einer geführten Welle mit einem Impaktschaden kommen methodische Einflüsse auf das Ergebnis der Signaturanalyse hinzu. Dieses Messverfahren vergleicht Signale miteinander, die zu unterschiedlichen Zeitpunkten von piezoelektrischen Ultraschallwandlern generiert und detektiert wurden. Es benötigt Merkmale innerhalb der zu vergleichenden Signale (Schadensindikatoren), an denen die Existenz und das Wachstum des Schadens erkannt werden kann. Die Abhängigkeit des Schadensindikators von der Größe des Schadens muss ebenfalls wie die Abhängigkeit von äußeren Einflüssen bekannt sein. Bei den äußeren Einwirkungen kann zwischen Kurzzeit- und Langzeiteinflüssen unterschieden werden.
Langzeiteinflüsse (Depolarisierung/Degradation des piezoelektrischen Ultraschallwandlers, Degradation der Klebeschicht) haben eine Verringerung der Empfangsamplitude zur Folge und werden im Folgenden nicht weiter betrachtet, da der in dieser Arbeit gewählte Schadensindikator unabhängig von der Empfangsamplitude ist.
Kurzzeitig wechselnde Umgebungsbedingungen (Temperatur, Feuchte, statische Last) führen zu Änderungen in Amplitude und Phase des Empfangssignals [Wil07], [Cro09], [Kon06], [MI10]. In dieser Arbeit wird die Temperatur als die signifikanteste Einflussgröße [MI10] auf die Signaturanalyse untersucht. Neben der Temperatur haben auch anwendungsbedingt eingebrachte Strukturdehnungen wesentlichen Einfluss auf die Charakteristik der geführten Wellen [MI10]. Diese Einwirkungen können jedoch vermieden werden, wenn man die Luftfahrtstruktur im definierten Lastzustand (z.B. am Boden) untersucht.

Wie bereits aufgezeigt, existieren vielfältige, zum Teil auch verknüpfte Einflussgrößen auf das Ergebnis der Signaturanalyse mit geführten Wellen. Wegen des fehlenden analytischen Zusammenhangs zwischen Impaktstärke und Schadensausprägung ist es bei derzeitigem Stand nicht möglich, aus einer Impaktstärke für einen beliebigen Laminataufbau die Schadensgröße und daraus den Umfang der auftretenden Schadenswechselwirkungen

(Transmissions- und Reflexionskoeffizienten, Modenkonversionen) allgemeingültig zu bestimmen.

Diese Arbeit setzt sich zum Ziel, eine Methodik und ein Vorgehen zu liefern, um für eine konkrete Überwachungsaufgabe mittels Signaturanalyseverfahren die Existenz von Delaminationen in Faserverbundwerkstoffen erkennen zu können. Das Verfahren soll die im konkreten Anwendungsfall auftretenden Temperaturschwankungen berücksichtigen. Mit der Arbeit soll dem Anwender des Verfahrens ein Instrumentarium zur Verfügung gestellt werden, das diesen in die Lage versetzt, eine geeignete Systemkonfiguration, d.h. Anregefrequenz und Wellenmode für eine spezielle Überwachungsaufgabe zu finden.

1.3. Lösungsweg

Damit eine Messaufgabe unter Nutzung geführter Wellen in der Praxis erfolgreich durchgeführt werden kann, müssen folgende Kriterien erfüllt sein:

1. Der gewählte Wellenmode mit der spezifischen Frequenz sollte eine möglichst hohe Wechselwirkung mit dem potentiellen Schadensbild eingehen. Ist der optimale Wellenmode bzw. die beste Anregungsfrequenz identifiziert, können die weiteren Systemkomponenten (z.B. Ultraschallwandler) optimiert werden.

2. Ausgehend von der Art der Fehlerwechselwirkung müssen Schadensindikatoren bzw. Interpretationsverfahren abgeleitet werden, welche die Existenz des Schadens und nach Möglichkeit auch dessen Intensität charakterisieren.

3. Die Einflüsse sich ändernder Umweltbedingungen auf den Schadensindikator müssen bekannt sein, damit sie kompensiert werden können.

Ausgehend von diesen Kriterien wurde in der vorliegenden Arbeit folgendes methodisches Vorgehen gewählt und spezifische Fragestellungen in den in Abb. 1.3 gekennzeichneten Kapiteln bearbeitet.

Zur Abschätzung des Umfangs und der Art der Schadenwechselwirkung wird in Kapitel 3 das Wechselwirkungspotential geführter Wellen mit Impaktschäden betrachtet. Dazu wird ein Modell eines Impaktschadens eingeführt und die erwartete Wechselwirkung für Laminattypen monoklinischer und orthotroper Symmetrie für verschiedene Wellenmoden

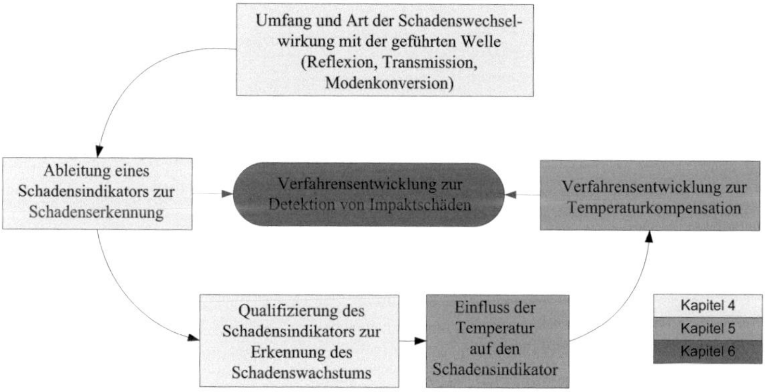

Abbildung 1.3.: Methodisches Vorgehen innerhalb der vorliegenden Arbeit und Zuordnung der Arbeitsschwerpunkte zu Kapiteln

diskutiert. Umfang und Art der Schadenswechselwirkung werden mit 3D-Laservibrometrie für einen exemplarisch eingebrachten Impaktschaden in einer Faserverbundstruktur qualitativ charakterisiert. Es werden verschiedene Wellentypen in der Verbundstruktur angeregt und deren Transmissions-, Reflexions- und Modenkonversionsverhalten an Inhomogenitäten beobachtet. Die beobachteten Effekte werden anschließend mit den erwarteten Wechselwirkungen verglichen und so das gewählte Modell des Impaktschadens verifiziert.

Kapitel 4 untersucht den Einfluss der Temperatur auf den Korrelationskoeffizienten als Schadensindikator. Das Kapitel beginnt mit einer Zerlegung der notwendigen Bestandteile des Signaturanalyseverfahrens in Einzelkomponenten und betrachtet quantitativ die Auswirkungen geänderter Temperatur auf den Korrelationskoeffizienten. Anschließend werden bestehende Kompensationsverfahren vorgestellt und mit den eigenen entwickelten Methoden verglichen.

Kapitel 5 stellt die entwickelte Methodik zusammenfassend vor und beschreibt den Einsatz des Signaturanalyseverfahrens an einem Faserverbundwerkstoff unter Berücksichtigung der in der Praxis auftretenden Temperaturvariation.

2. Grundlagen

2.1. Wellenausbreitung

In mechanischen Wellen schwingen Teilchen um ihre Ruhelage. Durch die im Festkörper vorhandene elastische Kopplung der Teilchen untereinander wird Energie an benachbarte Teilchen weitergegeben - eine Wellenausbreitung findet statt. Die Art der entstehenden Wellenausbreitung ist abhängig von der Kopplung der Teilchen untereinander sowie den konstruktiven und physikalischen Eigenschaften des elastischen Übertragungsmediums.

In diesem Kapitel wird zunächst die Ausbreitung elastischer Wellen im unbegrenzten isotropen Festkörper erläutert. Das Einführen einer Grenzfläche in den vormals unbegrenzten Festkörper und die Beschreibung der Wechselwirkung der Wellen mit dieser führt zur Beschreibung der Eigenschaften der Rayleighwelle (Kap. 2.1.2). Nach Einführung einer zweiten Grenzfläche werden in Kap. 2.1.3 die Wellenausbreitung und die Eigenschaften von Plattenwellen beschrieben. Die Beschreibung der Wellenausbreitungsvorgänge in den Kapiteln 2.1.1 und 2.1.3 erfolgt soweit möglich unter phänomenologischen Gesichtspunkten, um Quereinsteigern in dieses Thema den Zugang zur Theorie der Plattenwellen zu erleichtern und um eine Vorstellung von den Vorgängen aufzubauen, die letztendlich zur Entstehung einer Plattenwelle oder geführten Welle führen. Für die phänomenologische Beschreibung der Wellenausbreitung im unbegrenzten Festkörper folgt der Autor den Ausführungen in [Kra86] und [Aul90] bzw. [Vic67] und [Ach90] bezüglich isotroper (einlagiger) Platten. Mathematische Herleitungen der Wellenausbreitung aus den Bewegungsgleichungen sind in Graff für den unbegrenzten isotropen Festkörper ([Gra75], S.273-278) und für isotrope einlagige Platten ([Gra75], S.431-458) zu finden. Für die Beschreibung der Wellenausbreitung in isotropen mehrlagigen Platten bietet [Low95] eine gute Einführung.

Kapitel 2.1.4 behandelt die Wellenausbreitung in anisotropen Festkörpern. Die Wellenausbreitung wird aus den Bewegungsgleichungen für Materialsysteme mit verschiedenen Symmetrieeigenschaften hergeleitet. Die Vorgehensweise zur Beschreibung der Wellenaus-

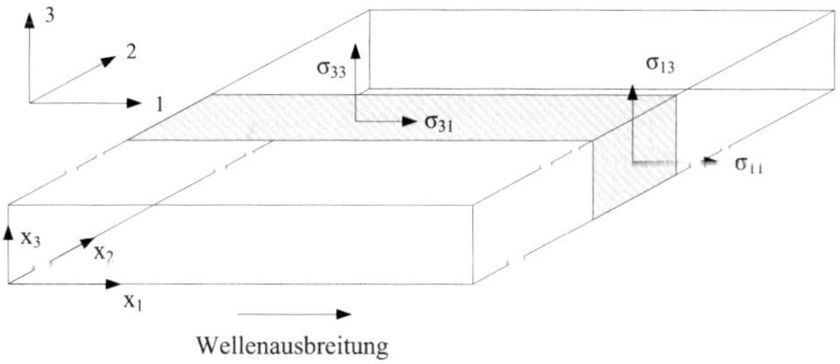

Abbildung 2.1.: Notation der verwendeten Indizes und Zuordnung zur Richtung der Wellenausbreitung

breitung in mehrlagigen beliebig geschichteten anisotropen Medien wird in Kapitel 2.1.5 eingeführt. Der Autor orientiert sich in beiden Kapiteln an den Ausführungen von Nayfeh in [Nay95].

Die Wellenausbreitung findet für die nachfolgenden Ausführungen in x_1 Richtung statt. Abb. 2.1 stellt ein Volumenelement dar, in dem die verwendeten Indizes $(1, 2, 3)$ den Raumrichtungen (x_1, x_2, x_3) zugeordnet und ausgewählte Normal- $(\sigma_{11}, \sigma_{33})$ und Scher- bzw. Schubspannungen $(\sigma_{13}, \sigma_{31})$ gekennzeichnet sind, die in den nachfolgenden Kapiteln benötigt werden.

Des Weiteren werden ausschließlich ebene Wellen in x_1 Richtung betrachtet, alle Ableitungen der Auslenkungen u_i mit $i = 1, 2, 3$ in x_2 Richtung ergeben sich zu

$$\frac{\partial u_i}{\partial x_2} = 0\,. \tag{2.1}$$

2.1.1. Wellenausbreitung im unbegrenzten isotropen Festkörper

Im Inneren eines unbegrenzten isotropen Festkörpers können zwei Arten von ebenen Wellen existieren. Man unterscheidet in Longitudinal- und Transversalwellen. Abbildung 2.2 zeigt Momentanaufnahmen der Teilchenauslenkungen für beide Wellenarten. Dabei existieren entlang der Ausbreitungsrichtung Punkte gleicher Phasenlage der Auslenkungen. Diese Punkte sind um die Wellenlänge λ versetzt und die Ausbreitung der gleichen Phasenzustände erfolgt mit der Phasengeschwindigkeit c. Dabei gilt:

$$c = \lambda \cdot f \tag{2.2}$$

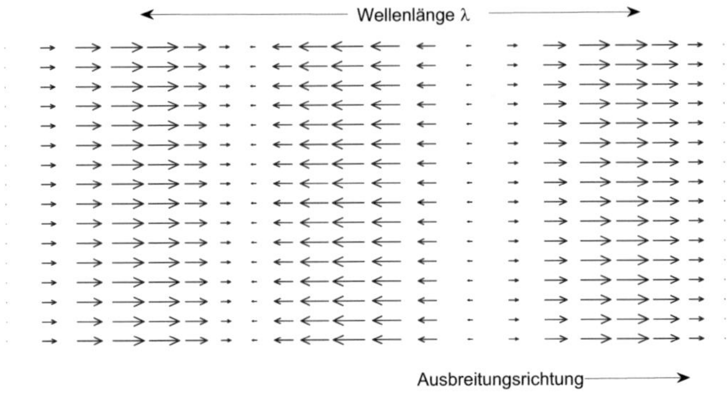

(a) Longitudinalwelle

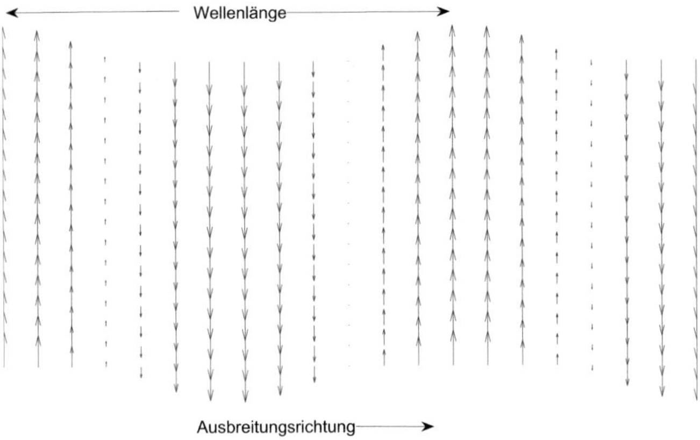

(b) Transversalwelle

Abbildung 2.2.: Momentanaufnahmen der Teilchenauslenkungen für ebene Wellen in unbegrenzten Festkörpern nach Frederick ([FJ65], Abb. 2.1 und 2.2)

Für beide Wellenarten sind die Richtungen der Teilchenschwingungen - bezogen auf die Ausbreitungsrichtung der Welle - unterschiedlich. Teilchen der Longitudinalwelle (Abb. 2.2a) schwingen in Ausbreitungsrichtung und führen so innerhalb der Welle zu periodischen Zonen, in denen eine unterschiedliche Teilchendichte zu beobachten ist, im Folgenden Verdichtungen und Verdünnungen genannt [Köl03]. Die Ausbreitung dieser Welle erfolgt über Normalkräfte, die innerhalb des Mediums zu lokalen Zug- oder Druckspannungen führen. Die Ausbreitungsgeschwindigkeit gleicher Spannungszustände und damit die Phasengeschwindigkeit c_l der Longitudinalwelle sind von der Steifigkeit S des Materials abhängig. Es gilt:

$$c_l = \sqrt{\frac{S}{\rho}} \tag{2.3}$$

Die Steifigkeit S ist eine unabhängige Werkstoffeigenschaft und für unbegrenzte Festkörper (bzw. für Körper, dessen Dimensionen als groß gegenüber der Wellenlänge der elastischen Welle anzusehen sind) wie folgt mit dem Elastizitätsmodul E verknüpft [Ber06]:

$$S = \frac{E(1-\nu)}{(1+\nu)(1-2\nu)}, \tag{2.4}$$

wobei die Poisson-Zahl ν das für jeden Werkstoff charakteristische Verhältnis zwischen relativer Dickenänderung zu relativer Längenänderung bei Zug- oder Druckbelastung darstellt

$$\nu = -\frac{\frac{\Delta d}{d}}{\frac{\Delta l}{l}}. \tag{2.5}$$

Bisher wurde die Ausbreitung der Longitudinalwellen in Festkörpern mit unendlichen Abmaßen betrachtet. Sind die Abmaße bezogen auf die Wellenlänge jedoch nicht mehr als unendlich groß anzusehen, gewinnt die Querkontraktion zunehmenden Einfluss auf die Ausbreitung von Longitudinalwellen. Abbildung 2.3 stellt beispielhaft die Ausbreitung mit und ohne Einfluss der Querkontraktion dar. Die charakteristischen Zonen unterschiedlicher Teilchendichte sind schraffiert dargestellt. Zonen gleicher Teilchendichte besitzen den Abstand λ bzw. λ_I voneinander. Die Wellenausbreitung erfolgt in beiden Fällen in x_1-Richtung. Das linke Beispiel zeigt die Ausbreitung ohne Einfluss der Querkontraktion. Die Abmaße des Körpers sind in allen Richtungen (x_2, x_3) senkrecht zur Ausbreitungsrichtung als groß gegenüber der Wellenlänge λ anzusehen. Die Ausbreitung der Welle erfolgt mit der Geschwindigkeit c. Das Beispiel auf der rechten Seite zeigt die Wellenausbreitung in einer Platte ($x_2 >> \lambda_I$), wobei die hier mögliche Querkontraktion in Dickenrichtung der

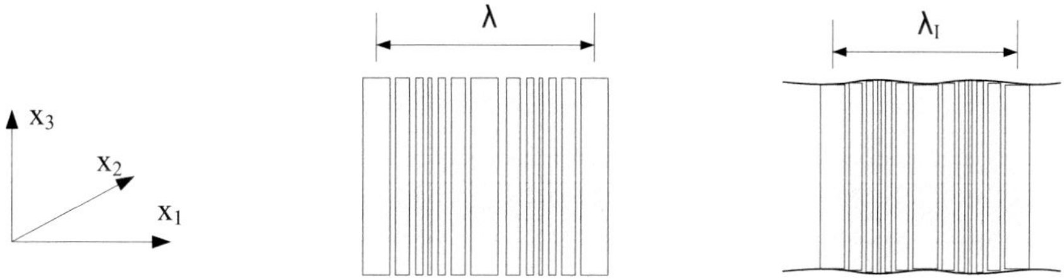

Abbildung 2.3.: Ausbreitung von Longitudinalwellen ohne (links) und mit Einfluss der Querkontraktion (rechts)

Platte (x_3-Richtung) die Wellenausbreitung beeinflusst. Die Zug- und Druckspannungen führen nun neben der Längsdehnung der Volumenelemente auch zu Querdehnungen, da das Material in Dickenrichtung frei kontrahieren kann. Die Wellenlänge λ_I wird kleiner, da die Querdehnungen den Längsdehnungen überlagert sind. Dadurch werden die Längsdehnungen in Bezug auf die Ausbreitung ohne Querkontraktion reduziert. Die Welle breitet sich nun mit der Geschwindigkeit c_{lI} aus

$$c_{lI} = \sqrt{\frac{E}{\rho(1-\nu^2)}}, \tag{2.6}$$

wobei die Anzahl der möglichen Querkontraktionen mit steigenden römischen Indizes angegeben wird. Stabförmige Proben erlauben Querkontraktionen in beide Richtungen senkrecht zur Wellenausbreitung. Damit ergibt sich für die Phasengeschwindigkeit

$$c_{lII} = \sqrt{\frac{E}{\rho}}. \tag{2.7}$$

Teilchen der Transversalwelle (Abb. 2.2b) schwingen senkrecht zur Ausbreitungsrichtung der Welle. Hier führen Scherkräfte zum Auftreten von lokalen Scherspannungen, die sich im Medium mit der Phasengeschwindigkeit c_t ausbreiten. Analog zur Gleichung 2.3 ergibt sich unter Einbeziehung des Schermoduls G, der für die Übertragung der elastischen Scherkräfte verantwortlichen Materialeigenschaft

$$c_t = \sqrt{\frac{G}{\rho}}. \tag{2.8}$$

Schermodul und E-Modul können über

$$G = \frac{E}{2(1+\nu)} \tag{2.9}$$

ineinander überführt werden. Zwischen den Schallgeschwindigkeiten c_l und c_t besteht folgende Beziehung

$$c_t = c_l\sqrt{\frac{1-2\nu}{2(1-\nu)}}. \tag{2.10}$$

2.1.2. Rayleigh-Wellen

Die Möglichkeit der Ausbreitung einer Welle an der freien Oberfläche eines elastischen Halbraumes wurde von Rayleigh 1885 in [Ray85] beschrieben. Er stellte eine Analogie mit der Existenz tiefer (Wasser-)wellen her, nur mit dem Unterschied, das die vorhandene Potentialenergie aus der elastischen Kopplung der Teilchen untereinander und nicht durch Gravitation resultiert. Die Ausbreitung der Rayleigh-Wellen erfolgt oberflächennah, d.h. die Eindringtiefe entspricht dem ein- bis zweifachen der Wellenlänge. Rayleigh-Wellen sind freie Oberflächenwellen, die bestehen können ohne ständig durch einfallende Wellen erzeugt werden zu müssen und die ihrerseits keine neuen Wellen in das Medium abstrahlen.

Es werden keine Wellen in das Medium abgestrahlt, wenn

$$sin(2\beta_e)sin(2\beta_{rm}) - \kappa^2 cos^2(2\beta_{rm}) = 0 \tag{2.11}$$

gilt [Bre85], wobei κ als das Verhältnis der Ausbreitungsgeschwindigkeiten nach Gl. 2.10 durch

$$\kappa = \frac{c_l}{c_t} = \sqrt{\frac{2(1-\mu)}{1-2\mu}} \ ,$$

β_e als der Winkel der einfallenden Longitudinal- und β_{rm} als der Winkel der reflektierten Transversalwelle definiert sind. Ersetzt man nun die Winkel in Gleichung 2.11 durch die sie charakterisierenden Wellenvektoren k_l und k_t (siehe Abbildung 2.4), wobei

$$k_l = \frac{\omega}{c_l} \text{ bzw. } k_t = \frac{\omega}{c_t}$$

gilt, mit

$$sin(\beta_e) = \frac{k_{l1}}{k_l} = \frac{\sqrt{k_l^2 - \xi^2}}{k_l}, sin(\beta_{rm}) = \frac{k_{t1}}{k_t} = \frac{\sqrt{k_t^2 - \xi^2}}{k_t}, cos(\beta_{rm}) = \frac{\xi}{k_t}$$

lässt sich Gl. 2.11 als

$$4\xi^2\sqrt{k_l^2 - \xi^2}\sqrt{k_t^2 - \xi^2} = (2\xi^2 - k_t^2)^2 \tag{2.12}$$

darstellen [Bre85]. Weitere Umformungen [Sch50] führen zur bekannten Gleichung für die Bestimmung der Phasengeschwindigkeit

$$s^6 - 8s^4 + 16(\frac{3}{2} - q^2)s^2 - 16(1 - q^2) = 0, \ (\ q = \frac{1}{\kappa} = \frac{c_t}{c_l} \ ). \tag{2.13}$$

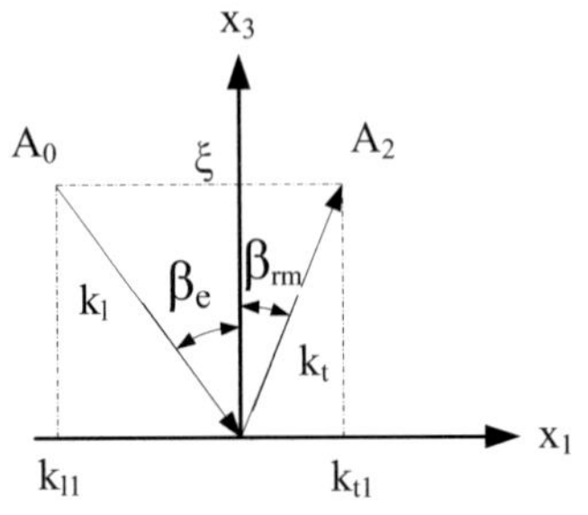

Abbildung 2.4.: Wellenvektordarstellung einfallender (Amplitude A_0) und reflektierter (Amplitude A_2) Wellen nach [Ach90]

Die Phasengeschwindigkeit c_r errechnet sich mit $c_r = c_t s$ aus der einzigen positiven reellen Lösung für s [Ber06] und ist von der Frequenz unabhängig - d.h. alle Frequenzen breiten sich mit der gleichen Phasengeschwindigkeit aus. Die Poisson-Zahl ν kann im isotropen Festkörper Werte zwischen 0 und 0.5 annehmen. Damit ändert sich die Rayleigh-Wellengeschwindigkeit c_r monoton von $0.862c_t$ für $\nu = 0$ bis auf $0.955c_t$ für $\nu = 0.5$ [Ach90]. Eine häufige benutzte Näherungslösung für c_r ist [Giu04]

$$c_r = \frac{0.862 + 1.14\nu}{1 + \nu} c_t. \tag{2.14}$$

Für die Veranschaulichung der Eindringtiefe und der Teilchenbewegungen von Rayleigh-Wellen ist die Darstellung der Teilchenauslenkungen über den Querschnitt des Materials hilfreich. Die Teilchenauslenkungen u_1 in x_1-Richtung und u_3 in x_3-Richtung lassen sich mittels

$$u_1(x_1, x_3, t) = Ak_r \left(e^{-q_r\, x_3} - 2\, \frac{q_r\, s_r\, e^{-s_r\, x_3}}{{k_r}^2 + {s_r}^2} \right) \sin\left(k_r\, x_1 - \omega t\right) \tag{2.15}$$

$$u_3(x_1, x_3, t) = Aq_r \left(e^{-q_r\, x_3} - 2\, \frac{{k_r}^2 e^{-s_r\, x_3}}{{k_r}^2 + {s_r}^2} \right) \cos\left(k_r\, x_1 - \omega t\right) \tag{2.16}$$

beschreiben, mit $k_r = \frac{\omega}{c_r}$, $q_r = \sqrt{{k_r}^2 - {k_l}^2}$ und $s_r = \sqrt{{k_r}^2 - {k_t}^2}$ [Vic67]. A ist ein Faktor zur Wichtung der Amplituden. Das in Abbildung 2.6 dargestellte Beispiel zeigt zu zwei aufeinanderfolgenden Zeitpunkten die Teilchenauslenkungen, hervorgerufen durch eine sich in positiver x_1-Richtung ausbreitende Rayleigh-Welle. Dabei ist an der Oberfläche eine gegen den Uhrzeigersinn laufende Drehrichtung der Verschiebungsvektoren zu beobachten. Die Amplituden der Auslenkungen klingen in x_3-Richtung bereits nach wenigen Wellenlängen exponentiell ab und die einzelnen Vektoren beschreiben elliptische Bahnen (Abb. 2.5). Für die späteren Ausführungen zu den Lamb-Wellen ist die Nullstelle in der

In-plane-Auslenkungskomponente u_1 von Interesse, die relativ oberflächennah gelegen ist und ein charakteristisches Merkmal der Rayleigh-Wellen darstellt.

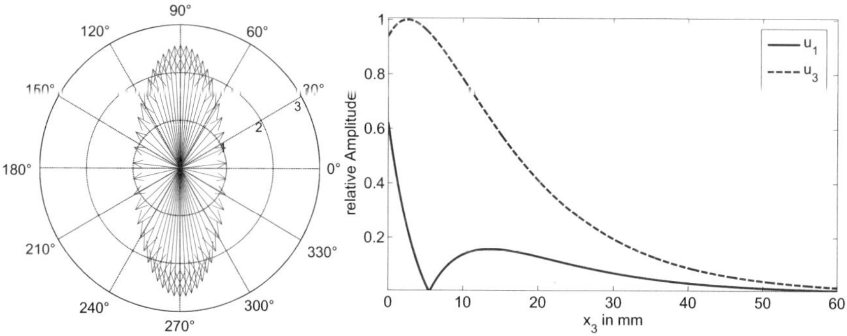

(a) Schwingungsellipse (0° entspricht x_1-Richtung)

(b) Maximalwerte der Teilchenauslenkungen

Abbildung 2.5.: normierte Teilchenauslenkung einer Rayleigh-Welle (a), relative Maximalamplituden der Schwingungskomponenten über der Eindringtiefe x_3(b), c_t=3230 m/s, f=100 kHz, λ_r=29.88 mm

Ausgehend vom homogenen Halbraum muss für die Entstehung der Rayleigh-Welle die Materialdicke ein Vielfaches der Wellenlänge betragen, damit die zweite Grenzschicht keinen Einfluss auf die oberflächennahe Welle nehmen kann. In der zerstörungsfreien Prüfung finden Rayleigh-Wellen Anwendung bei der oberflächennahen Rissprüfung von voluminösen Bauteilen [Kra86], sie werden jedoch nicht zur Prüfung von luftfahrttechnischen Faserverbundstrukturen mittels Signaturanalyseverfahren verwendet. Die Dicken der verwendeten Luftfahrtstrukturen betragen maximal wenige Zentimeter. In diesen Strukturen würden Rayleigh-Wellen erst im Frequenzbereich von einigen Megahertz entstehen. Aufgrund der hohen inneren Dämpfung akustischer Wellen, der Streuung an Materialinhomogenitäten, können solch hochfrequente Signale nur über kurze Entfernungen übertragen werden. Dies widerspricht dem Ansatz der Zustandsüberwachung und der damit einhergehenden Forderung nach minimaler Wandleranzahl und maximalem Sender-Empfängerabstand.
Im Folgenden werden Wellen, deren Amplituden ähnlich der hier betrachteten Rayleighwellen in x_3-Richtung und damit senkrecht zur Ausbreitungsrichtung x_1 nicht homogen sind, als inhomogene Wellen bezeichnet [Als74]. In der Literatur wird in diesem Zusammenhang auch von quergedämpften Wellen gesprochen. Der Begriff „inhomogene Welle“ in dieser Arbeit ist nicht mit der inhomogenen Lösung der Wellengleichung in Zusammenhang zu bringen.

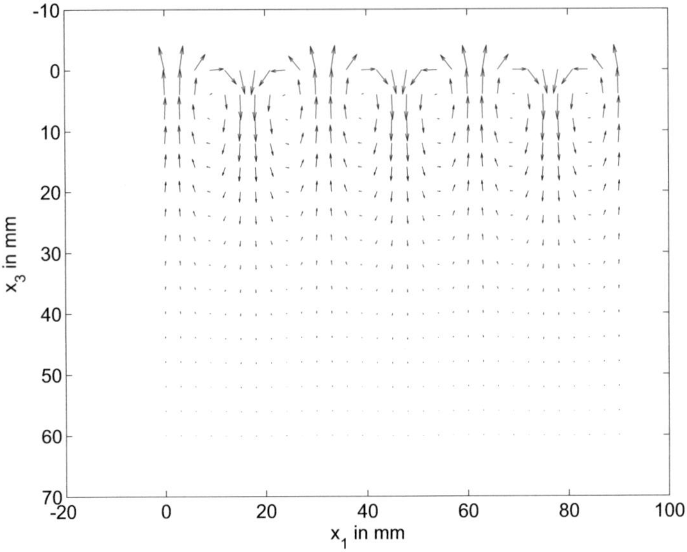

(a) t=0.6 µs

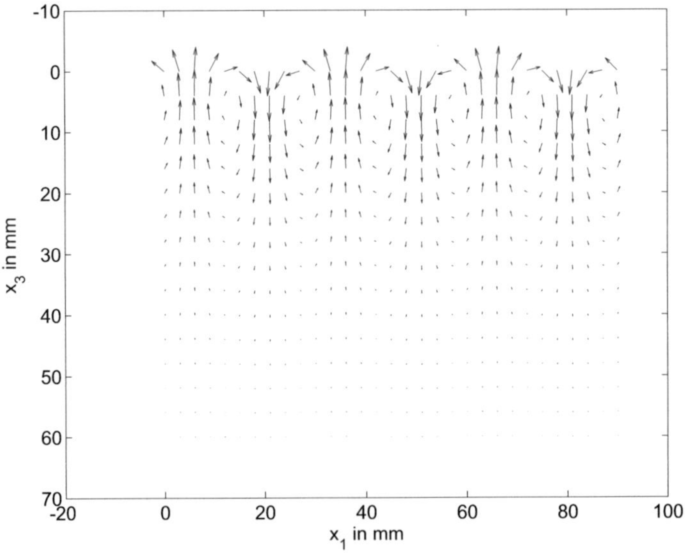

(b) t=1.8 µs

Abbildung 2.6.: Teilchenauslenkungen durch Rayleigh-Welle für c_t=3230 m/s, f=100 kHz, λ_r=29.88 mm

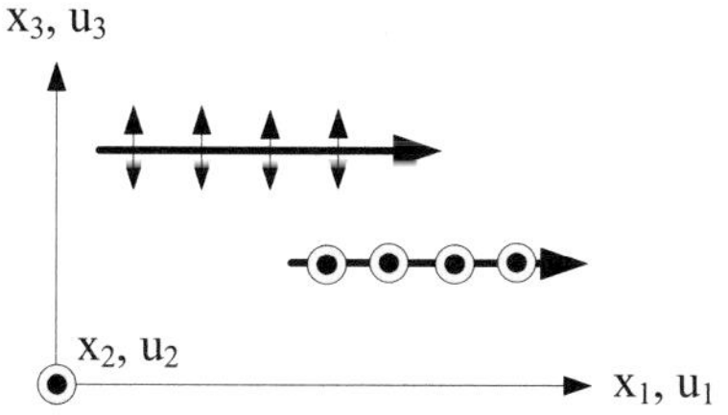

(a) Ausbreitung als Raumwelle

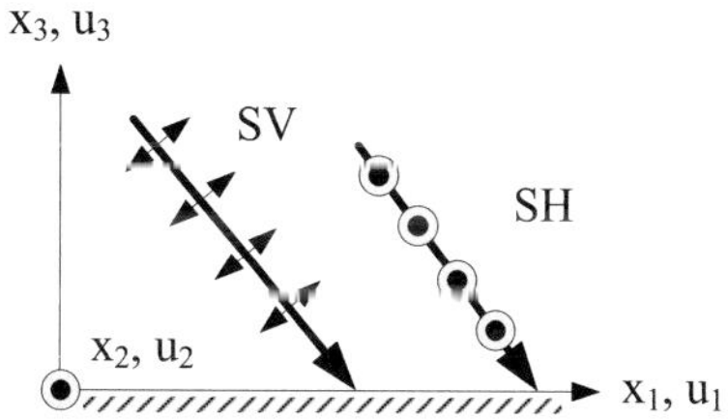

(b) Einfall auf Grenzfläche (bei $x_3 = 0$)

Abbildung 2.7.: Teilchenschwingungen von Transversalwellen als Raumwellen im unendlich ausgedehnten Raum (a) und als horizontal (SH) und vertikal (SV) polarisierte Transversalwellen bezogen auf eine Grenzfläche (b)

2.1.3. Wellenausbreitung in isotropen einlagigen Platten

Für die bisherigen Betrachtungen war die Definition der Transversalwelle als Welle mit einer Teilchenschwingung senkrecht zur Ausbreitungsrichtung ausreichend. Nun muss jedoch beachtet werden, in welcher Lage die transversale Teilchenschwingung zur Grenzfläche liegt. Abbildung 2.7a zeigt beide möglichen Transversalwellenarten bei der Ausbreitung im unendlich ausgedehnten Medium. Ausbreitungsrichtung beider Wellen ist die x_1-Richtung. Existiert eine Grenzfläche bei $x_3 = 0$ und fallen beide Transversalwellen schräg auf diese ein (Abbildung 2.7b), dann kommt es zu unterschiedlichen Reaktionen, auf die nachfolgend eingegangen wird. Teilchenschwingungen der horizontal polarisierten SH-Welle finden unabhängig vom Einfallswinkel auf diese Grenzfläche immer parallel zu derselben statt. Eine einfallende SH-Welle wird in ihrem Einfallswinkel reflektiert werden, es findet keine Modenwandlung statt. Die Teilchenschwingungen der vertikal polarisierten Transversalwelle finden abhängig vom Einfallswinkel der Welle auf die Grenzfläche vektoriell in x_1 und x_3 Richtung statt. An der Grenzfläche konvertiert der transversale SV-Wellenmode in Abhängigkeit des einfallenden Winkels in einen longitudinalen Wellenmode. Auch die Longitudinalwelle kann abhängig vom Einfallswinkel auf die Grenzfläche in eine SV-Transversalwelle konvertieren.

Bisher wurden die Reflexionen von Wellen an einer Grenzfläche zu einem elastischen Halbraum betrachtet. Wird eine zweite Grenzfläche eingeführt und befindet sich diese in einem bestimmten Abstand d zur Ersten, kann es aufgrund wiederholter Reflexionserscheinungen an der Ober- und Unterseite einer solchen Platte und durch konstruktive Interferenz der einfallenden und reflektierten Wellenfelder zur Ausbildung einer Plattenwelle kommen. Je nach einfallender Wellenart auf die Grenzflächen können unterschied-

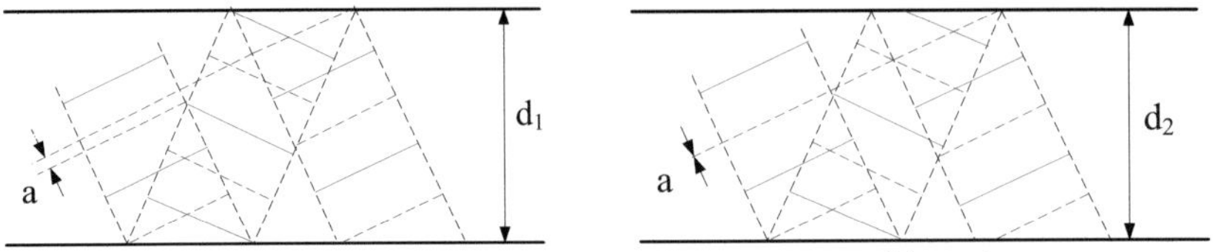

(a) $a \neq 0$ (b) $a = 0$

Abbildung 2.8.: Konstruktive Überlagerung von Raumwellen in einem Wellenleiter zu einer Plattenwelle für $a = 0$, keine Ausbildung für $a \neq 0$

liche Plattenwellen gebildet werden. SH-Transversalwellen können SH-Plattenwellen, SV-Transversalwellen und Longitudinalwellen können Lamb-Wellen initiieren. Abbildung 2.8 verdeutlicht die konstruktive Überlagerung der Raumwellen am Beispiel einer einfallenden SH-Transversalwelle (zu einer SH4-Plattenwelle, siehe Abschnitt 2.1.3.1). Für die Plattendicke d_1 (Abb. 2.8a) und die hier verwendete Wellenlänge der Raumwelle (und nach Gl. 2.2 auch Frequenz) tritt keine konstruktive Überlagerung der Raumwellen ein - es wird sich für diese Kombination von Frequenz und Plattendicke keine Plattenwelle ausbilden. In Abbildung 2.8b kommt es durch die Plattendicke d_2 und Wellenlänge der Raumwelle zur konstruktiven Interferenz der Phasenlagen und damit zur Ausbildung einer Plattenwelle für die verwendete Frequenz und Plattendicke.

$$c_x = \frac{c_l}{sin(\beta_l)} = \frac{c_t}{sin(\beta_t)} \tag{2.17}$$

Die Phasengeschwindigkeit mit der sich die Raumwelle im Inneren des Wellenleiters fortbewegt, weicht - je nach Einfallswinkel des Wellenfeldes auf die Grenzfläche - von der auf der Oberfläche zu beobachtenden Phasen- bzw. Spurwellengeschwindigkeit c_x ab [Sch50]. Abbildung 2.9 verdeutlicht den nach Gleichung 2.17 bestehenden Zusammenhang zwischen Spurwellengeschwindigkeit c_x auf der Oberfläche und den Geschwindigkeiten c_l und c_t der Raumwellen. Im oberen Teilbild ist eine Wellenfront abgebildet, die sich mit der transversalen Raumwellengeschwindigkeit c_t auf die Grenzfläche zu bewegt und auf diese im Winkel β_t einfällt bzw. von dieser reflektiert wird. Gleiche Phasenlagen sind dabei mit durchgezogener roter bzw. unterbrochener blauer Linie gekennzeichnet. In einer bestimmten Zeit t legen gleiche Phasenfronten den Weg λ_t mit der Geschwindigkeit c_t im Medium zurück. Auf der Oberfläche des Mediums legen diese Phasenfronten in der gleichen Zeit t den Weg λ_x zurück und die Ausbreitung der „Spurwelle“ erfolgt mit der Phasengeschwindigkeit c_x. Gleiches gilt für die im unteren Teilbild dargestellte Longitudinalraumwelle, die mit der Geschwindigkeit c_l im Winkel β_l auf die Grenzfläche einfällt.

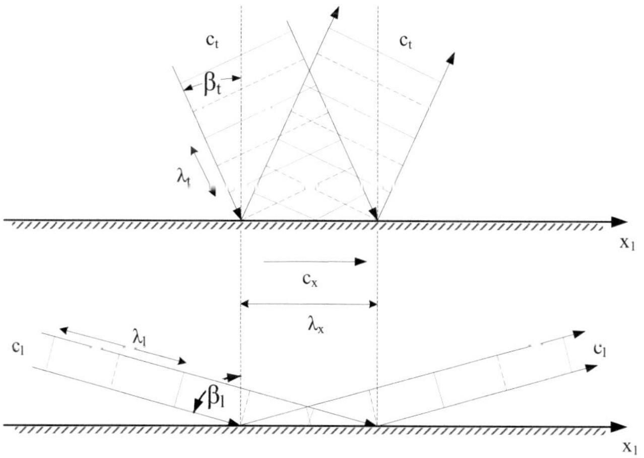

Abbildung 2.9.: Spurwellengeschwindigkeit c_x

2.1.3.1. SH-Plattenwellen

Unter Berücksichtigung der in Abbildung 2.8b grafisch dargestellten notwendigen Bedingung für eine konstruktive Interferenz von Raumwellen zur Bildung einer Plattenwelle lässt sich die Entstehung von SH-Plattenwellen anschaulich geometrisch aufzeigen [Ach90]. Abbildung 2.10 zeigt einen Strahl ADE, der in einem Wellenleiter der Dicke d mit dem

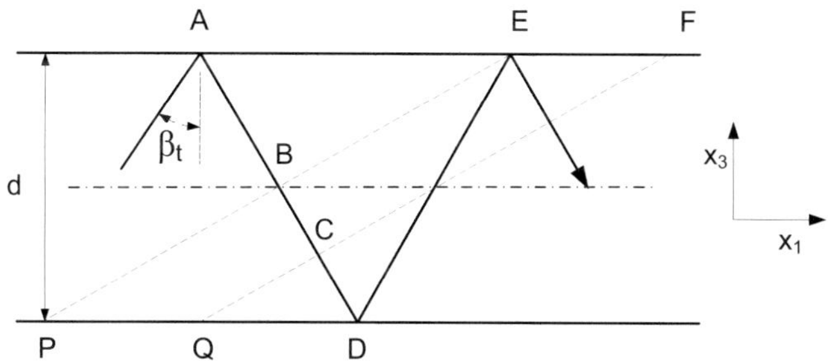

Abbildung 2.10.: SH-Plattenwellen als Ergebnis konstruktiver Interferenz von SH-Wellen in einem Wellenleiter der Dicke d nach [Ach90]

Winkel β_t auf die Grenzflächen fällt bzw. von diesen reflektiert wird. Die Ausbreitungsgeschwindigkeit der elastischen Welle entlang des Strahles ist c_t. Die unterbrochene Linie PE zeigt einen Zustand gleicher Phase, der sich mit c_t um die Strecke BC zur Linie

QF fortbewegt hat. Damit entlang der Linie PE der gleiche Phasenzustand gelten kann, muss für die Länge der am Aufbau der Phasenfront beteiligten Teilstrecke BDE folgende Bedingung gelten

$$\frac{\overline{BDE}}{\lambda_t} = n, \tag{2.18}$$

wobei λ_t die Wellenlänge und n eine ganzzahlige Zahl mit $n \geq 0$ ist. Es muss also eine ganzzahlige Anzahl n von Wellenlängen der Länge der Strecke BDE entsprechen, damit eine konstruktive Interferenz entstehen kann. Aus der Geometrie des Wellenleiters folgt

$$\overline{BDE} = \overline{BD} + \overline{DE} = \frac{d}{cos(\beta_t)} + \frac{dcos(2\beta_t)}{cos(\beta_t)} = 2dcos(\beta_t). \tag{2.19}$$

Mit Einführung der in Abbildung 2.9 dargestellten Spurwellengeschwindigkeit c_x ergibt sich für

$$sin(\beta_t) = \frac{\overline{BC}}{\overline{PQ}} = \frac{c_t}{c_x} \tag{2.20}$$

und Gleichung 2.18 liefert mit Hilfe von 2.19 und 2.20 und einiger trigonometrischer Umformungen die Bestimmungsgleichung der Phasengeschwindigkeiten von SH-Plattenwellen mit

$$\left(\frac{c_x}{c_t}\right)^2 = 1 + \left(\frac{n\pi}{dk_x}\right)^2, \tag{2.21}$$

bzw. mit $k_x = \omega/c_x$ nach c_x aufgelöst

$$c_x = \sqrt{\frac{4\,(d\,f\,c_t)^2}{4\,(d\,f)^2 - (n\,c_t)^2}}. \tag{2.22}$$

Gleichung 2.21 zeigt, dass außer für $n = 0$ die Phasengeschwindigkeit von dem Wellenvektor k_x abhängt und damit alle n SH-Wellenmoden außer für $n = 0$ ein frequenzabhängiges - dispersives - Verhalten aufweisen. Es existieren unendlich viele Lösungen dieser Gleichung und damit auch Wellenmoden.

Abbildung 2.11 zeigt für eine Stahlplatte die Phasengeschwindigkeiten ausbreitungsfähiger SH-Wellenmoden in Abhängigkeit von Plattendicke und Frequenz. In praktischen Anwendungen werden die Phasengeschwindigkeitsdiagramme häufig für eine spezielle Plattendicke berechnet und die Phasengeschwindigkeiten über der Frequenz aufgetragen. Doch auch diese Darstellungen können für eine andere Plattendicke skaliert werden, da nach Gleichung 2.22 Frequenz und Plattendicke als Produkt eingehen.

Die gemeinsame Asymptote aller Moden $n > 0$ ist c_t für $fd \to \infty$. Die Phasengeschwindigkeit c_x läuft für alle Moden $n > 0$ für ein bestimmtes Produkt aus Grenzfrequenz und

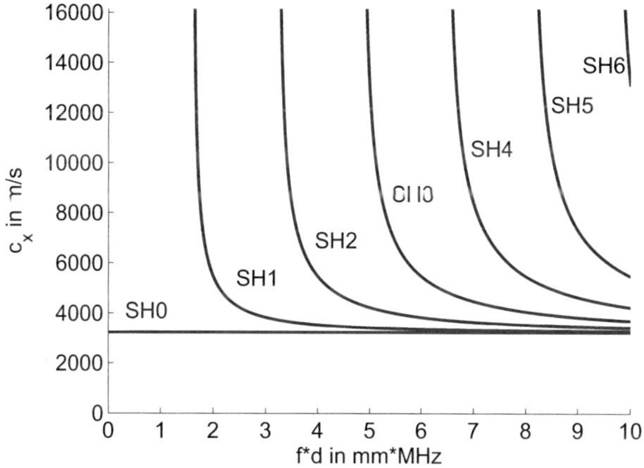

Abbildung 2.11.: Phasengeschwindigkeit c_x von SH-Plattenwellen im isotropen Medium (c_t=3230 m/s), aufgetragen über dem Produkt aus Plattendicke d und Frequenz f

Plattendicke gegen unendlich. Hier kann man sich die Raumwellen als Wellen vorstellen, die nahezu stehende Wellen in Dickenrichtung der Platte ausbilden [Sch50]. Für diesen Fall geht $\beta_t \rightarrow 0$ und die dazugehörige Spurwellengeschwindigkeit $c_x \rightarrow \infty$ (Gl. 2.20, Abb. 2.10). SH-Plattenwellenmoden werden für gerade $n = 0, 2, 4, 6, ...$ in symmetrische (SH0, SH2,...) und für ungerade $n = 1, 3, 5, ...$ in asymmetrische Wellenmoden (SH1, SH3,...) unterschieden.

Abbildung 2.12 stellt die Verteilung der Auslenkungen über der Plattendicke für die drei niedrigsten SH-Wellenmoden dar. Ausbreitungsrichtung der Wellen ist die x_1-Richtung, die grauen Flächen markieren einen Zustand gleicher Phasenlage der SH-Plattenwellen und sind um die Wellenlänge λ_x voneinander versetzt. Die Symmetrieeigenschaft (Gl. 2.23, 2.24) bezieht sich dabei auf das Verhalten der Auslenkungen u_2 der Teilchen über der Plattendicke, mit $-h \leq x_3 \leq h$ und der Plattenmitte ($x_3 = 0$) als Symmetrieebene.

$$u_2(x_1, x_3) = u_2(x_1, -x_3) \tag{2.23}$$

$$u_2(x_1, x_3) = -u_2(x_1, -x_3) \tag{2.24}$$

Für einen symmetrischen Mode (Gl. 2.23) weisen die Teilchenschwingungen u_2, innerhalb des Plattendickenquerschnittes, gespiegelt an der Plattenmitte gleiche Vorzeichen auf, während bei asymmetrischen Moden (Gl. 2.24) unterschiedliche Vorzeichen auftre-

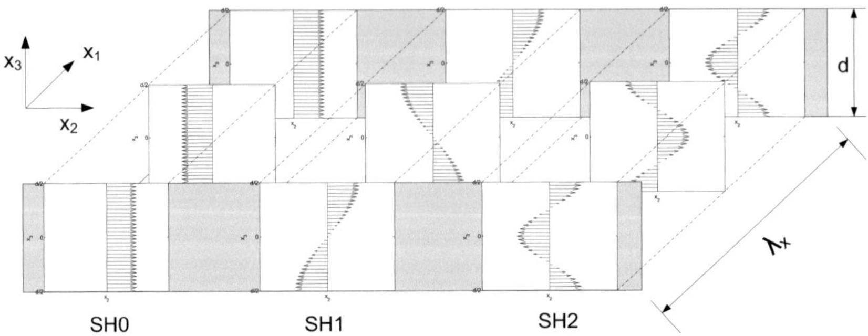

Abbildung 2.12.: relative Auslenkungen der SH0, SH1 und SH2 Wellenmoden über der Plattendicke d und Spurwellenlänge λ_x

ten. Die Anzahl der über der Plattendicke auftretenden Schwingungsknoten entspricht n. Im Rahmen der zerstörungsfreien Prüfung findet die SH0-Welle bei der Prüfung von metallischen Werkstoffen auf Risse oder Korrosion häufige technische Anwendung ([Low98]), nicht zuletzt aufgrund der fehlenden Dispersivität. Die Dämpfung der SH0-Welle ist sehr gering, da die Teilchenschwingungen in der Plattenebene stattfinden und nicht mit umgebenden Fluiden wechselwirken. Dies wiederum erleichtert die Prüfung von Platten, die von flüssigen Medien umgeben sind. Die Anregung der SH0-Welle kann mit piezoelektrischen Scherwandlern, magnetostriktiven Gebern oder elektromagnetisch induziertem Ultraschall (EMUS, EMAT) erfolgen.

2.1.3.2. Lamb-Wellen in Platten

Lamb-Wellen entstehen aufgrund des Reflexionsverhaltens vertikal polarisierter Transversalwellen und Longitudinalwellen an Grenzflächen unter den Randbedingungen der konstruktiven Interferenz einfallender und reflektierter Wellen (Abb. 2.8).

Die Forderung nach konstruktiver Interferenz gilt bei der Bildung von Lamb-Wellen für beide Raumwellenarten gleichzeitig (Abb. 2.9), d.h. am Aufbau einer Lamb-Welle sind immer beide, transversale und longitudinale, Wellenarten beteiligt [Sch50], unabhängig davon ob sie sich frei als Raumwelle oder inhomogen an der Oberfläche verlaufend ausbreiten. Ob die entsprechende beteiligte Wellenart als Raumwelle auftritt oder nicht, ist nach Gleichung 2.17 vom Verhältnis der Raumwellengeschwindigkeiten c_t und c_l zur Spurwellengeschwindigkeit (Phasengeschwindigkeit der Lamb-Wellen) c_x abhängig. Die nachfolgende Übersicht gibt in der Zusammenschau mit Abb. 2.13 und Abb. 2.14 Aufschluss über die Art der Wellenausbreitung:

1. **Bereich $c_x \geq c_l$:** Aus den im Festkörper möglichen Werten für ν zwischen $0 \leq \nu < 0.5$ ergeben sich für c_t Werte zwischen $0 < c_t \leq \sqrt{0.5}c_l$ (Gl. 2.5, 2.10). Es gilt

$$sin(\beta_l) = \frac{c_l}{c_x} \leq 1 \text{ und } sin(\beta_t) = \frac{c_t}{c_x} \leq 1 \ .$$

   Die am Aufbau der Lamb-Welle beteiligten (SV-)Transversal- und die Longitudinalwellen-Anteile breiten sich als Raumwellen aus.

2. **Bereich $c_t \leq c_x < c_l$:** In diesem Bereich gilt

$$sin(\beta_l) = \frac{c_l}{c_x} > 1$$

   und der Longitudinalwellen-Anteil kann sich damit nur noch als inhomogene Oberflächenwelle ausbreiten, während sich der Transversalwellen-Anteil mit

$$sin(\beta_t) = \frac{c_t}{c_x} \leq 1$$

   weiterhin als Raumwelle ausbreitet.

3. **Bereich $c_x < c_t$:** In diesem Bereich verlaufen beide Wellenanteile als inhomogene Oberflächenwellen. Es gilt:

$$sin(\beta_l) = \frac{c_l}{c_x} > 1 \text{ und } sin(\beta_t) = \frac{c_t}{c_x} > 1$$

Phasengeschwindigkeit

Horace Lamb beschrieb ausführlich 1916 die Theorie der Plattenwellen, die auch die höheren Wellenmoden beinhaltete. Aus den angenommenen Randbedingungen [Lamb16] und durch Einsetzen dieser Forderungen in die Wellengleichung stellte er das bekannte Gleichungssystem auf

$$\left[\frac{\tan(qh)}{\tan(ph)}\right]^{\pm 1} = \frac{-4pq{k_x}^2}{\left(q^2 - {k_x}^2\right)^2}. \tag{2.25}$$

Mit $q = \sqrt{{k_t}^2 - {k_x}^2}$, $p = \sqrt{{k_l}^2 - {k_x}^2}$, der halben Plattendicke h und den Wellenvektoren k_x, k_t und k_l ergeben Nullstellen dieses Gleichungssystems Kombinationen aus Plattendicke, Frequenz f und Phasengeschwindigkeit c_x, für die sich eine Lamb-Welle im Medium ausbreiten kann (aber nicht muss [Min60]). Der negative Exponent beschreibt die Ausbreitungsbedingungen für die asymmetrischen, der positive für die symmetrischen Wellenmoden. Erst in der Mitte des vorherigen Jahrhunderts gelang es Autoren wie Mindlin [Min60] mit systematischen Betrachtungen die Komplexität dieses Gleichungssystems zu erschließen. In die Tangensterme in Gl. 2.25 gehen mit

$$qh = h\sqrt{k_t^2 - k_x^2} = 2\pi fh\sqrt{\left(\frac{1}{c_t^2} - \frac{1}{c_x^2}\right)}$$

bzw.

$$ph = h\sqrt{k_l^2 - k_x^2} = 2\pi fh\sqrt{\left(\frac{1}{c_l^2} - \frac{1}{c_x^2}\right)}$$

die Produkte aus Frequenz und Plattendicke ein, so dass die Phasengeschwindigkeiten - wie bereits bei den SH-Wellen aufgeführt - entweder materialspezifisch über fd oder material- und plattendickenspezifisch über f aufgetragen werden können.

Abbildung 2.13 stellt für eine 2mm dicke Stahlplatte ausbreitungsfähige Wellenmoden

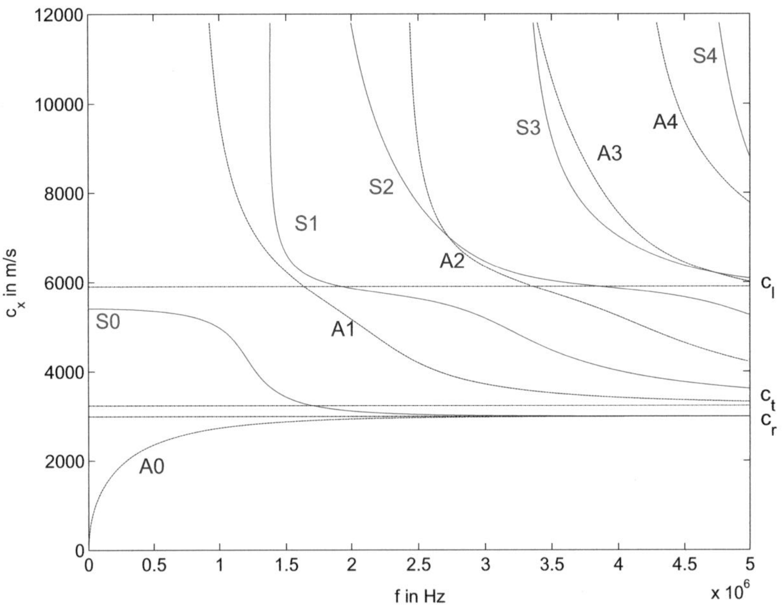

Abbildung 2.13.: Lamb-Wellen in einem Wellenleiter der Dicke d=2 mm, ν=0.286, c_t=3230 m/s, c_l=5900 m/s

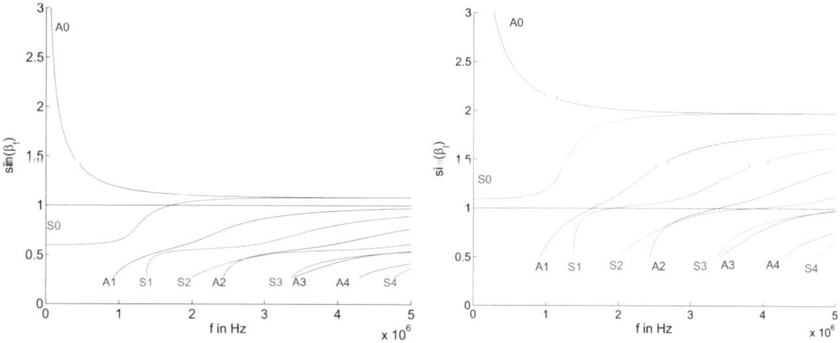

(a) transversaler Wellenanteil

(b) longitudinaler Wellenanteil

Abbildung 2.14.: Reflexionswinkel der am Aufbau einer Lamb-Welle beteiligten Wellenanteile, Ausbreitung als Raumwelle für $sin(\beta) \leq 1$ und als inhomogene Oberflächenwelle für $sin(\beta) > 1$; Materialparameter siehe Abb. 2.13

dar, die im Frequenzbereich von bis zu 5 MHz auftreten können. Der asymmetrische (A0) und der symmetrische (S0) Grundmode sind über den gesamten Frequenz-Dicken-Bereich ausbreitungsfähig. Für $fd \to 0$ entspricht die Ausbreitungsgeschwindigkeit des S0-Modes der Longitudinalwellengeschwindigkeit in Platten c_{lI}, die Phasengeschwindigkeit des A0-Modes ist Null. Für Frequenz-Dicken-Produkte von $fd \to \infty$ verlaufen beide gegen c_r. Die höheren Moden verlaufen asymptotisch für $fh \to \infty$ gegen c_t und beginnen in der Regel ähnlich der SH-Plattenwellen für $c_x \to \infty$ bei Grenzfrequenzen, an denen sie stehende Wellen in Dickenrichtung der Platte darstellen [Vic67], wobei $d = \lambda_t n$ und $d = \lambda_l(2n-1)/2$ für die symmetrischen und $d = \lambda_l n$ und $d = \lambda_t(2n-1)/2$ für die asymmetrischen Grenzfrequenzen (bzw. Grenzwellenlängen) der Wellenmoden der Ordnung $n > 0$ gilt.
Die Art der Wellenausbreitung wird abschließend für den in Abb. 2.13 gerechneten Parametersatz in Abbildung 2.14 dargestellt. Der A0-Mode ist über den gesamten Frequenzbereich als Überlagerung von zwei inhomogenen Oberflächenwellen aufzufassen. Dies gilt für alle isotropen Materialien, da die Phasengeschwindigkeiten des A0-Modes immer kleiner als die Raumwellengeschwindigkeiten c_t und c_l sind. Die transversale Komponente des S0-Modes wird im niedrigeren Frequenzbereich noch von einer Raumwelle gebildet ($c_x \geq c_t$), im höheren Frequenzbereich dann (Abb. 2.14a) von einer inhomogenen Oberflächenwelle. Der longitudinale Wellenanteil des S0-Modes wird über den gesamten Frequenzbereich durch eine inhomogene Oberflächenwelle repräsentiert.

Für die Berechnung der Phasengeschwindigkeiten existieren für die Grundmoden Näherungslösungen [Ber06]. Für den S0-Mode werden dabei die Tangensfunktionen der Dispersionsrelation (Gl. 2.25) in Potenzreihen bis in das kubische Glied entwickelt. Für eine 2mm dicke Aluminiumplatte errechnet der Autor [Ber06] im Frequenzbereich von bis zu f=700 kHz Abweichungen von weniger als 5,5% verglichen mit der exakten Lösung. Die Abweichungen treten vor allem im höheren Frequenzbereich auf. Der A0-Mode kann für niedrige Frequenz-Dicken als Biegewelle angenähert werden. Anhand des Modells eines Biegebalkens nach Timoshenko errechnet der Autor für die gleiche Platte Abweichungen von unter 1,4% (bei f=700 kHz). Beide Modelle eignen sich gut für die vereinfachte Berechnung der Phasengeschwindigkeiten der Grundmoden in homogenen, isotropen Werkstoffen.

Dispersion und Gruppengeschwindigkeit

Die bisherigen Betrachtungen setzten als Quellsignale monofrequente harmonische Wellen voraus. In der Praxis werden transiente, also zeitlich begrenzte Wellenformen verwendet. Jeder transiente Wellenzug setzt sich aus der Überlagerung unendlich vieler Frequenzen - im Zeit- und Ortsbereich - zusammen. Da die Ausbreitung dieser Frequenzen in Plattenstrukturen i.Allg. mit unterschiedlichen Phasengeschwindigkeiten erfolgt, ändert der Wellenzug im Laufe seiner Ausbreitung seine Form - dieser Vorgang wird als Dispersion bezeichnet. Die Dispersion lässt sich anschaulich als Amplitudenmodulation zweier überlagerter Teilwellen unterschiedlicher, jedoch benachbarter Kreisfrequenzen (ω_1, ω_2) vorstellen, deren Phasengeschwindigkeiten und damit Wellenvektoren (k_1, k_2) nur geringfügig voneinander abweichen. Als Ergebnis dieser Modulation entsteht eine Trägerwelle der Kreisfrequenz $(\omega_1 + \omega_2)/2$ und dem Wellenvektor $(k_1 + k_2)/2$, sowie eine niederfrequentere Hüllkurve, die durch die Kreisfrequenz $(\omega_1 - \omega_2)/2$ und den Wellenvektor $(k_1 - k_2)/2$ charakterisiert ist. Die Geschwindigkeit, mit der sich die niederfrequente Hüllkurve fortbewegt, wird dabei als Gruppengeschwindigkeit bezeichnet [BerU06]. Gleichzeitig entspricht sie der Geschwindigkeit, mit der die in der Welle enthaltene mittlere Energie transportiert wird. Die Gruppengeschwindigkeiten der einzelnen Wellenmoden lassen sich über $c_{gr} = \partial\omega(k)/\partial k$ berechnen. Als Funktion der Frequenz $f = \omega/2\pi$ und Plattendicke ergibt sich für die Gruppengeschwindigkeit nach [Keh03] bzw. [Sch50]

$$c_{gr} = \frac{{c_x}^2}{c_x - fd\frac{\partial c_x}{\partial(fd)}}. \tag{2.26}$$

Abbildung 2.15 zeigt die Gruppengeschwindigkeit c_{gr} in Abhängigkeit der Frequenz für das Beispiel einer 2mm dicken Stahlplatte. Die Gruppengeschwindigkeit einer einzelnen

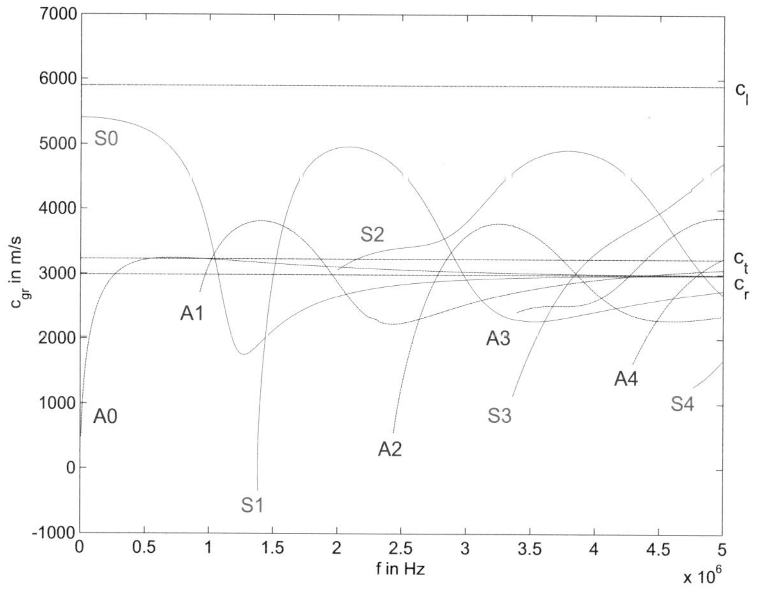

Abbildung 2.15.: Gruppengeschwindigkeit c_{gr} symmetrischer und asymmetrischer Lamb-Wellen in einem Wellenleiter der Dicke d=2 mm, ν = 0.286, c_t=3230 m/s, c_l=5900 m/s

Wellenform ist für alle Wellenmoden kleiner c_l [Sch50]. Es können positive und negative Gruppengeschwindigkeiten auftreten. Letztere sind beispielsweise im Bereich niedriger Frequenzen des S1-Modes in Abbildung 2.16 zu erkennen. Die Dispersionsrelation zur Berechnung der Phasengeschwindigkeiten (Gl. 2.25) wird in diesem Fall bei gegebener Frequenz, Plattendicke für den gleichen Wellenmode durch zwei Phasengeschwindigkeiten erfüllt. Im Phasengeschwindigkeitsdiagramm äußert sich dieser Effekt dadurch, dass das minimale Frequenz-Dicken-Produkt, für das der Wellenmode ausbreitungsfähig ist, eine Phasengeschwindigkeit aufweist, die nicht im Unendlichen liegt. Bei dieser minimalen Frequenz-Dicke ist die Gruppengeschwindigkeit Null. Abbildung 2.16 verdeutlicht diesen Effekt anhand der Phasengeschwindigkeiten eines S1-Wellenmodes und ordnet Bereiche positiver und negativer Gruppengeschwindigkeit zu.

Vor allem der symmetrische und asymmetrische Grundmode findet in der Zustandsüberwachung technische Anwendung, da diese Moden bereits im niedrigen Frequenzbereich angeregt werden, über größere Entfernungen ausbreitungsfähig sind und die Nutzung hö-

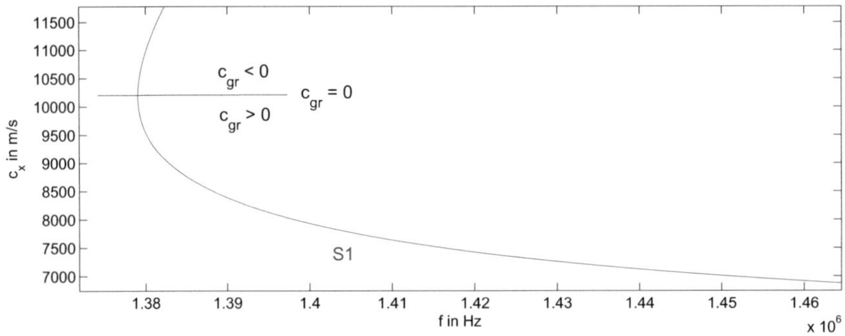

Abbildung 2.16.: Bereich positiver und negativer Gruppengeschwindigkeiten c_{gr} am Beispiel der Phasengeschwindigkeiten des S1-Modes, d=2 mm, $\nu = 0.286$, c_t=3230 m/s, c_l=5900 m/s

herer Wellenmoden eine komplizierte Signalinterpretation erfordert. Nachfolgend sollen deshalb die Grundwellenmoden in ihren Eigenschaften analysiert werden.

Eigenschaften der Grundwellenmoden

Für eine Vorstellung der Teilchenauslenkungen, die in einer Platte durch die Grundwellenmoden hervorgerufen werden, ist eine Betrachtung dieser Auslenkungen über den Querschnitt der Platte hilfreich. Gleichung 2.27 beschreibt die Auslenkung in Ausbreitungsrichtung (x_1-Richtung; im Folgenden In-plane-Komponente u_1 genannt)

$$u_1^{sym}(x_1, x_3, t) = Ak_x \left(\frac{\cosh(q_x\, x_3)}{\sinh(q_x\, h)} - 2\, \frac{q_x\, s_x\, \cosh(s_x\, x_3)}{\left({k_x}^2 + {s_x}^2\right) \sinh(s_x\, h)} \right) e^{i\left(k_x\, x_1 - \omega t - \frac{\pi}{2}\right)} \tag{2.27}$$

und Gl. 2.28 die Auslenkung in x_3-Richtung, im Folgenden Out-of-plane-Komponente genannt, für die symmetrischen Moden [Vic67].

$$u_3^{sym}(x_1, x_3, t) = -Aq_x \left(\frac{\sinh(q_x\, x_3)}{\sinh(q_x\, h)} - 2\, \frac{{k_x}^2 \sinh(s_x\, x_3)}{\left({k_x}^2 + {s_x}^2\right) \sinh(s_x\, h)} \right) e^{i(k_x\, x_1 - \omega t)} \tag{2.28}$$

Für die asymmetrischen Moden liefern Gleichungen 2.29, 2.30 die lokalen Teilchenauslenkungen:

$$u_1^{asym}(x_1, x_3, t) = B k_x \left(\frac{\sinh(q_x x_3)}{\cosh(q_x h)} - 2 \frac{q_x s_x \sinh(s_x h)}{\left(k_x^2 + s_x^2\right) \cosh(s_x h)} \right) e^{i\left(k_x x_1 - \omega t - \frac{\pi}{2}\right)} \quad (2.29)$$

$$u_3^{asym}(x_1, x_3, t) = -B q_x \left(\frac{\cosh(q_x x_3)}{\cosh(q_x h)} - 2 \frac{k_x^2 \cosh(s_x x_3)}{\left(k_x^2 + s_x^2\right) \cosh(s_x h)} \right) e^{i(k_x x_1 - \omega t)} \quad (2.30)$$

A und B sind dabei freie Faktoren zur Wichtung der Amplituden, h errechnet sich aus der halben Plattendicke d ($h = d/2$). Mit der Phasengeschwindigkeit des entsprechenden Wellenmodes c_x lässt sich die Wellenzahl $k_x = \frac{\omega}{c_x}$ und daraus dann $q_x = \sqrt{{k_x}^2 - {k_l}^2}$ und $s_x = \sqrt{{k_x}^2 - {k_t}^2}$ bestimmen.

Abbildung 2.17 zeigt die lokalen Teilchenauslenkungen innerhalb einer Stahlplatte als „Schnappschuss", die durch einen S0-Mode der Frequenz f=100 kHz verursacht werden. Die Teilchen bewegen sich auf elliptischen Bahnen um ihre Ruhelage. Die Stärke und Richtung der Teilchenauslenkungen innerhalb einer Platte sind sehr komplex, da sie von Frequenz, Plattendicke und den Ausbreitungsgeschwindigkeiten c_l, c_t und c_x abhängig sind. Abbildungen 2.18(a-f) stellen In- und Out-of-plane-Momentanauslenkungen des S0-Modes über dem Plattenquerschnitt dar. Dabei wurde die Frequenz von 10 kHz bis auf 100 MHz bei gleichbleibender Plattendicke und Materialeigenschaften variiert. Für eine Vorstellung der korrespondierenden Wellenlängenverhältnisse ist in den Bildunterschriften jeweils auch das Plattendicke-Wellenlänge-Verhältnis d/λ_x angegeben. Der Zeitpunkt der Momentanaufnahmen wurde so gewählt, dass ein Maximum der Auslenkungen an der Oberfläche der Platte der jeweiligen Schwingungskomponente vorliegt. Die Normierung der Auslenkungen innerhalb der einzelnen Abbildungen erfolgte für jedes Teilbild getrennt auf die jeweils maximale Oberflächenauslenkung. Aufgrund des elliptischen Schwingungscharakters eilt der Zeitpunkt der Maximalauslenkung des Out-of-plane-Anteils dem des

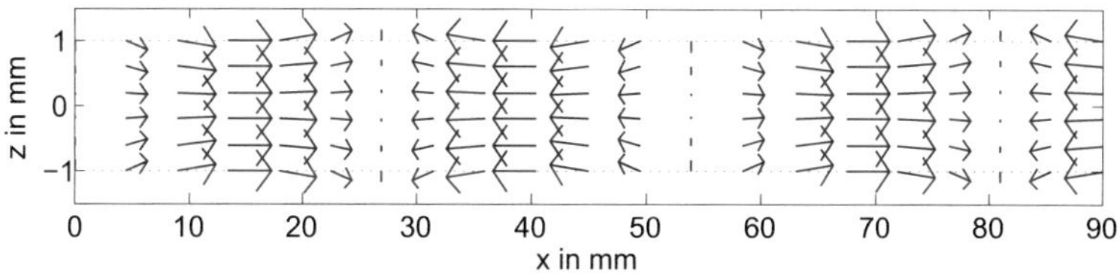

Abbildung 2.17.: lokale Teilchenauslenkungen (überhöht dargestellt) über Plattenquerschnitt z ($-h \leq z \leq h$), hervorgerufen durch S0-Mode (d=2 mm, ν = 0.286, c_x=5404 m/s, f=100 kHz, λ_x=54.04 mm

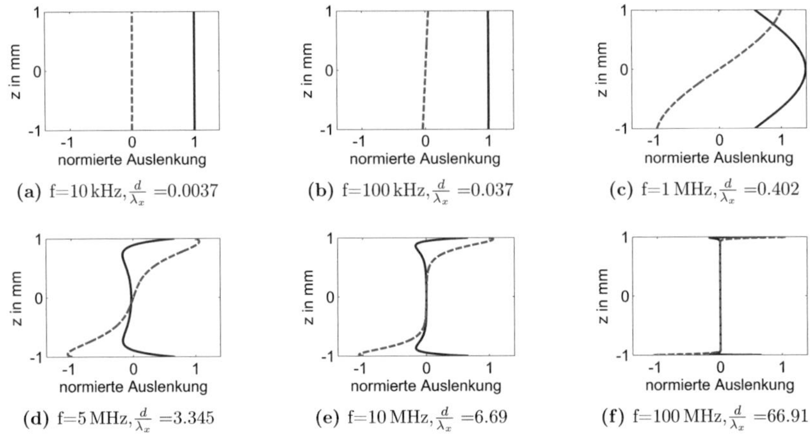

(a) f=10 kHz, $\frac{d}{\lambda_x}$ =0.0037 (b) f=100 kHz, $\frac{d}{\lambda_x}$ =0.037 (c) f=1 MHz, $\frac{d}{\lambda_x}$ =0.402

(d) f=5 MHz, $\frac{d}{\lambda_x}$ =3.345 (e) f=10 MHz, $\frac{d}{\lambda_x}$ =6.69 (f) f=100 MHz, $\frac{d}{\lambda_x}$ =66.91

Abbildung 2.18.: momentane In-plane- (blau - durchgezogene Linie) und Out-of-plane- (rot - gestrichelte Linie) Teilchenverschiebungen über Plattenquerschnitt z ($-h \leq z \leq h$), normiert auf die jeweilige maximale Oberflächenauslenkung, hervorgerufen durch S0-Mode verschiedener Frequenzen, (d=2 mm, $\nu = 0.286$, c_t=3230 m/s, c_l=5900 m/s, A=1)

In-plane-Schwingungsanteils um $\pi/2$ voraus. Die Auslenkungen symmetrischer Moden sind spiegelsymmetrisch zur Plattenmitte ($x_3 = 0$), es gilt

$$\begin{aligned} u_1(x_1, x_3) &= u_1(x_1, -x_3) \\ u_3(x_1, x_3) &= -u_3(x_1, -x_3)\ . \end{aligned} \tag{2.31}$$

Für Frequenz-Dicken $fd \to 0$ (Abb. 2.18a) geht die Out-of-plane-Auslenkung gegen Null, der S0-Mode wird hier fast ausschließlich aus In-plane-Teilchenschwingungen gebildet. Mit steigender Frequenz (Abb. 2.18b) nimmt die Out-of-plane-Auslenkung zu, die In-plane-Auslenkung dominiert jedoch das Schwingungsbild. In Abb. 2.18c ist ein Fall dargestellt, bei dem die In-plane-Bewegungskomponente in der Plattenmitte die höchste Auslenkung aufweist und die Out-of-plane-Komponenten an den Plattenoberflächen nur geringfügig niedrigere Amplituden aufweisen. Mit steigender Frequenz (Abbildungen 2.18d-f) werden zunehmend nur noch die Randbereiche von den Auslenkungen erfasst und die Out-of-plane-Komponente dominiert das Erscheinungsbild. Für Frequenz-Dicken $fd \to \infty$ entspricht die Wellenausbreitung dann der einer Rayleigh-Welle mit den in 2.1.2 aufgeführten Eigenschaften.

Die bisherigen Betrachtungen zu den Auslenkungen wiesen normierte Amplitudenverhältnisse auf. Im Folgenden sollen die Auslenkungen bei verschiedenen Frequenzen untereinander vergleichbar gemacht werden. So ist es möglich, Frequenzbereiche zu finden, in denen eine geführte Welle zu besonders starken In-plane- oder Out-of-plane-Auslenkungen innerhalb der Platte führt. Außerdem kann gezeigt werden, wie die Plattendicke bei gegebener Frequenz von den Auslenkungen erfasst wird. Die Amplitudenverhältnisse wurden durch den Poynting-Vektor $\vec{P}$ normiert [Aul90], der die Energie kennzeichnet, die durch eine Fläche $A = yd$ innerhalb einer Zeiteinheit t tritt (Abb. 2.19). $\vec{P}$ errechnet sich aus dem

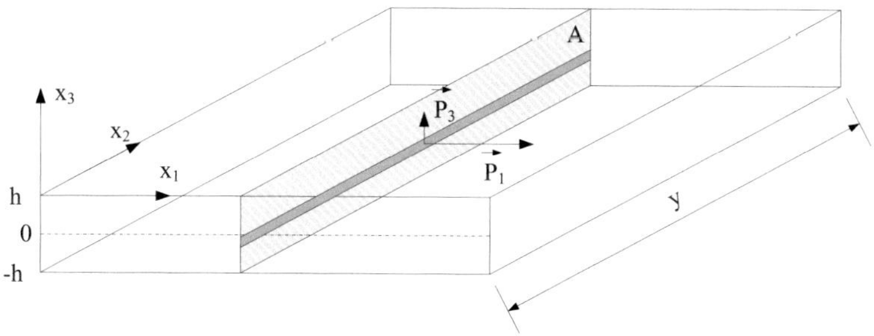

Abbildung 2.19.: Poynting-Vektor $\vec{P}$ zur Normierung der Amplitudenfaktoren A, B über die Energieflussdichte

Produkt von konjugiert komplexer Schallschnelle v_i^* und der elastischen Spannung σ_{ik} zu

$$P_k = \sum_{i=1}^{3} -\frac{v_i^* \sigma_{ik}}{2} \tag{2.32}$$

mit $i, k = 1, 2, 3$ [Aul90]. Die elastischen Normalspannungen σ_{11} und σ_{33} und Schub- bzw. Scherspannungen $\sigma_{13} = \sigma_{31}$ können aus den Auslenkungen (Gl. 2.27,2.28 für symmetrische, Gl. 2.29,2.30 für asymmetrische Plattenwellen) mit

$$\begin{aligned}
\sigma_{11} &= \Lambda \left(\frac{\partial u_1}{\partial x_1} + \frac{\partial u_3}{\partial x_3} \right) + 2G \frac{\partial u_1}{\partial x_1} \\
\sigma_{13} &= G \left(\frac{\partial u_1}{\partial x_3} + \frac{\partial u_3}{\partial x_1} \right) \\
\sigma_{33} &= \Lambda \left(\frac{\partial u_1}{\partial x_1} + \frac{\partial u_3}{\partial x_3} \right) + 2G \frac{\partial u_3}{\partial x_3}
\end{aligned} \tag{2.33}$$

berechnet werden [Aul90] und sind in Abbildung 2.1 in ihrer Richtungswirkung dargestellt. Für σ_{12} und σ_{32} gilt [Aul90]

$$\sigma_{12} = \sigma_{32} = 0 \quad . \tag{2.34}$$

Die Lamé Konstante Λ ergibt sich aus

$$\Lambda = \frac{\nu E}{(1+\nu)(1-2\nu)}. \tag{2.35}$$

Für P_2 ergibt sich unter Berücksichtigung von Gl. 2.1 und 2.34 zu $P_2 = 0$. In Dickenrichtung der Platte findet über die Plattendicke betrachtet kein Energietransport statt, es gilt

$$\int_{-h}^{h} P_3 dx_3 = -\int_{-h}^{h} \frac{v_1^* \sigma_{13} + v_3^* \sigma_{33}}{2} dx_3 = 0 \tag{2.36}$$

Die Energieausbreitung findet ausschließlich in Ausbreitungsrichtung x_1 der Welle statt. Über die Plattendicke lässt sich mit

$$EFD = \int_{-h}^{h} P_1 dx_3 = -\int_{-h}^{h} \frac{v_1^* \sigma_{11} + v_3^* \sigma_{31}}{2} dx_3 \tag{2.37}$$

die über die Plattendicke integrierte Energieflussdichte EFD berechnen. Diese ist neben Frequenz und Wellenlänge der Lamb- und Raumwellen auch von A^2 abhängig. Für die nachfolgenden Darstellungen in Abb. 2.20 wird für jede Frequenz der Amplitudenfaktor A berechnet und mit $EFD = 1 W/m^2$ normiert. Das gleiche Vorgehen gilt ebenso für die Berechnung des Amplitudenfaktors B der asymmetrischen Lamb-Wellen. Anhang A enthält ausführliche Darstellungen zur Berechnung der beiden Normierungsfaktoren.

In Abbildung 2.20 ist der Betrag der Auslenkungen über dem Plattenquerschnitt dargestellt. Abb. 2.20a-b stellen die Maximalwerte in einem Frequenzbereich bis f=5 MHz dar, während die Teilbilder 2.20c-d die In- und Out-of-plane-Komponente im erweiterten Bereich bis f=50 MHz präsentieren.

Die stärksten In-plane-Auslenkungen finden im niedrigen Frequenzbereich statt, dort wird die Platte gleichmäßig von den Auslenkungen erfasst. Mit steigender Frequenz nimmt die In-plane-Komponente ab, bis bei einer bestimmten Frequenz (hier f =1,142 MHz) die Auslenkungen an den Plattenoberflächen Null werden und zur Plattenmitte hin ansteigen. Diese Frequenz entspricht einem Plattendicke-Wellenlänge-Verhältnis von $d/\lambda_x = 0.5$ und wird später bei der Behandlung der Drehrichtung der Schwingungsellipsen eine wichtige Rolle spielen. Bei dieser Frequenz (bzw. dem Verhältnis $d/\lambda_x = 0.5$) tritt an den Plattenoberflächen eine Nullstelle in der In-plane-Plattenauslenkung auf, die sich mit steigender Frequenz Richtung Plattenmitte verlagert und anschließend wieder in die Randbereiche „wandert“. Für hohe Frequenzen geht der S0-Mode in die Rayleighwelle über und die erwähnte Nullstelle in die zugehörige der Rayleighwelle (vgl. Abb. 2.5b).

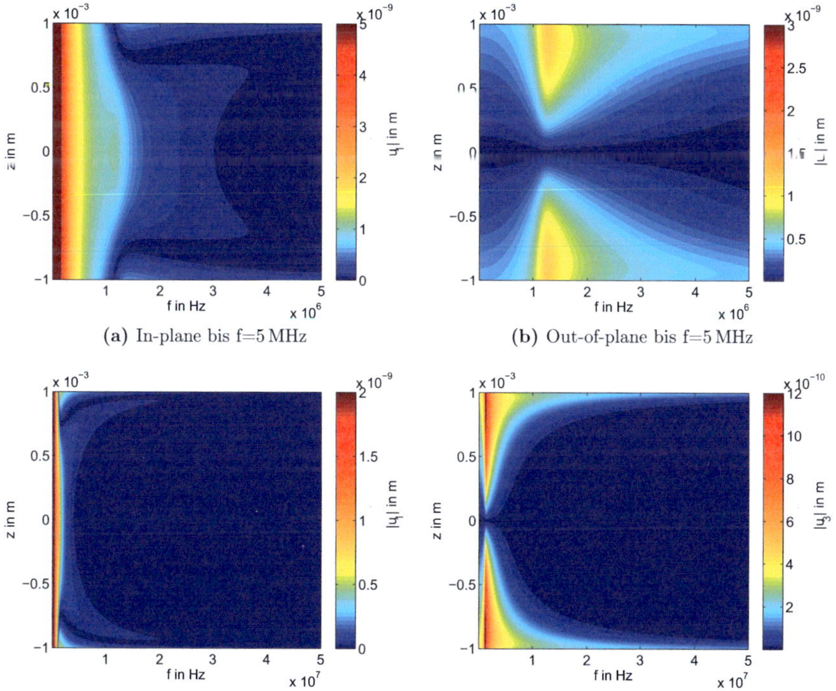

(a) In-plane bis f=5 MHz

(b) Out-of-plane bis f=5 MHz

(c) In-plane bis f=50 MHz

(d) Out-of-plane bis f=50 MHz

Abbildung 2.20.: Betrag der Maximalwerte der Schwingungskomponenten über Frequenz des S0-Mode und Plattenquerschnitt z ($-h \leq z \leq h$), (d=2 mm, ν = 0.286, c_t=3230 m/s, c_l=5900 m/s, $EFD = 1W/m^2$)

Die Out-of-plane-Auslenkung weist bei d/λ_x=0.5 ihr Maximum für alle x_3 außer $x_3 = 0$ auf.

Der Plattenquerschnitt wird bei d/λ_x=0.5 (bzw. f=1.142 MHz in Abb. 2.20b) am stärksten von den Out-of-plane-Auslenkungen durchsetzt. Die Out-of-plane-Schwingungskomponente in der Plattenmitte $x_3 = 0$ ist über den gesamten Frequenzbereich hinweg Null - die in den Abb. 2.20b,d dargestellten Amplitudenwerte bestätigen dies. Für $d/\lambda_x = 0.5$ ist der nicht von Auslenkungen erfasste Bereich um $x_3 = 0$ am kleinsten (bezogen auf den Plattenquerschnitt). Für $d/\lambda_x < 0.5$ und damit $wd \to 0$ wird dieser Bereich immer größer. Bei $fd = 0$ ist die Out-of-plane-Auslenkungskomponente des S0-Modes bezogen auf die In-plane-Auslenkungskompente ca. 1000fach geringer (siehe Abb. 2.22), die Ausbreitung des S0-Modes wird hier in der Literatur oft als reine Dilatations-

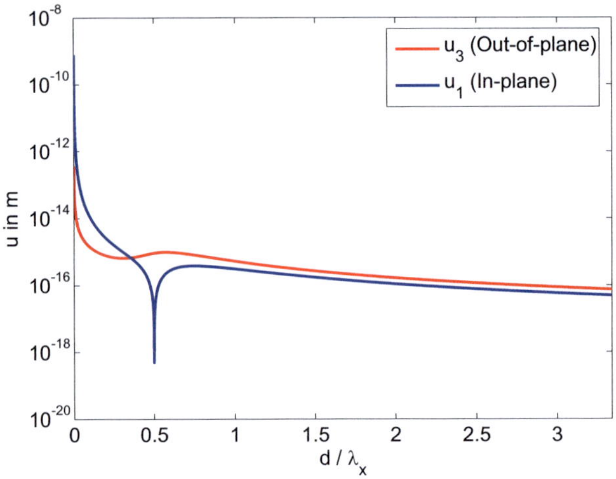

Abbildung 2.21.: maximale Oberflächenauslenkungen der In-plane- (blaue Linie) und Out-of-plane- (rote Linie) Schwingungskomponenten des S0-Modes über dem Plattendicke-Wellenlänge-Verhältnis von d/λ_x, (d=2 mm, $\nu = 0.286$, c_t=3230 m/s, c_l=5900 m/s, $EFD = 1W/m^2$)

oder Dehnungswelle bezeichnet.

In der Zustandsüberwachung mit geführten Wellen werden piezoelektrische Keramiken verwendet, die auf der Oberfläche appliziert die Änderung der Teilchenbewegungen aufnehmen. Interessant ist deshalb noch das Verhalten der Schwingungskomponenten an der Plattenoberfläche, da dort die Auslenkungen auf die Piezokeramik übertragen werden und aufgrund des piezoelektrischen Effekts dort in einer Ladungsträgerverschiebung resultieren. Geeignete Elektronik wandelt diese Ladungen anschließend in ein Spannungssignal um. Abbildung 2.21 zeigt die Oberflächenauslenkungen über dem Plattendicke-Wellenlänge-Verhältnis. Für $fd = 0$ sind an der Oberfläche überwiegend In-plane-Teilchenverschiebungen zu beobachten. Mit steigender Frequenz bzw. d/λ_x nehmen diese ab und die Out-of-plane-Komponente zu, bis die In-plane-Oberflächenauslenkung bei f=1.142 MHz bzw. dem bereits erwähnten Verhältnis von $d/\lambda_x = 0.5$ ihre Nullstelle erreicht. Für $d/\lambda_x > 1$ nehmen die Oberflächenauslenkungen mit steigender Frequenz gleichmäßig ab. Das Verhältnis der Out-of-plane- zur In-plane-Komponente beträgt dann rund 1.5 (Abb. 2.22). Dieser Faktor ist vom verwendeten Material abhängig und kann für verschiedene Poisson-Zahlen in [Vic67] nachgelesen werden.

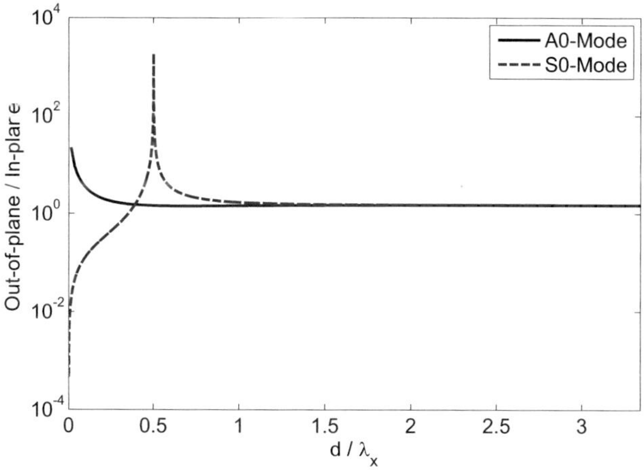

Abbildung 2.22.: Verhältnis der Out-of-plane- zur In-plane-Auslenkung an der Plattenoberfläche für $x_3 = h$, (d=2 mm, $\nu = 0.286$, c_t=3230 m/s, c_l=5900 m/s, $EFD = 1W/m^2$)

Es wurde bereits angemerkt, dass die Auslenkung der Teilchen auf elliptischen Bahnen um ihre Ruhelage erfolgt. Nachfolgende Ausführungen behandeln die elliptische Bewegungsrichtung eines Teilchens. Für die Darstellung der Bewegungsrichtung in Abhängigkeit von der anregenden Frequenz wurde für einen Punkt an der Plattenoberfläche für zwei aufeinanderfolgende Zeitpunkte t_0 und t_1 der Differenzenquotient gebildet. Die Berechnung dieses Quotienten erfolgte für die In- und Out-of-plane-Auslenkungskomponente (Gl.2.27,2.28) des S0-Modes. Für niedrige Frequenzen bis zu einem Plattendicke-Wellenlänge-Verhältnis von $d/\lambda_x < 0.5$ zeigte sich, dass ein Teilchen an der Oberfläche negativ gerichtete In-plane- und positiv wirkende Out-of-plane-Auslenkungen zeigt (Abb. 2.23a) - es erfolgt eine Drehung im positiven Uhrzeigersinn. Dabei gilt das in Abb. 2.23b dargestellte Koordinatensystem für die In- und Out-of-plane-Komponenten und die schematische Darstellung der Auslenkungen für Bereich A. Die Ausbreitung der Welle erfolgt in Abb. 2.23 in positive In-plane-Richtung. Für $d/\lambda_x > 0.5$ ändert sich das Vorzeichen der Out-of-plane-Komponente und die Drehrichtung erfolgt im negativen Uhrzeigersinn (Bereich B in Abb. 2.23a,b). Dies bestätigt dann auch die Aussage, dass sich der symmetrische Grundmode für Frequenz-Dicken $fd \to \infty$ mit den Eigenschaften einer Rayleigh-Welle ausbreitet, da diese ebenfalls eine negative Drehrichtung aufweist (vgl. Abschnitt 2.1.2).

Neben dem symmetrischen kann auch der asymmetrische Grundmode (A0) über den ge-

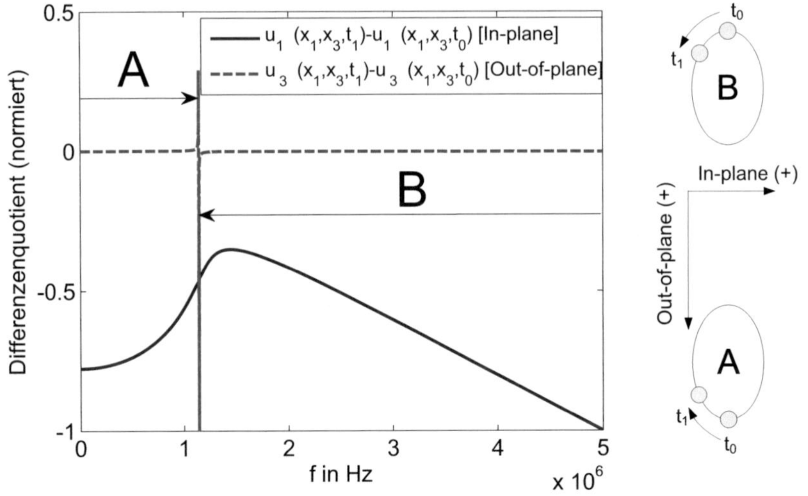

(a) Differenzenquotient (normiert auf Max.)

(b) Schema

Abbildung 2.23.: Differenzenquotient (a) der In-plane- (blaue, durchgezogene Linie) und Out-of-plane- (rote, unterbrochene Linie) Schwingungskomponenten der Auslenkungen eines Punktes an der Oberfläche ($x_3 = h$, $x_1 = 0$) über der Frequenz des S0-Modes als Indikator der Bewegungsrichtung der Schwingungsellipse (b); für $d/\lambda_x < 0.5$ positive Drehrichtung (Bereich A), für $d/\lambda_x > 0.5$ negativer Drehsinn (Bereich B), $\nu = 0.286$, c_t=3230 m/s, c_l=5900 m/s, $EFD = 1W/m^2$)

samten Frequenzbereich angeregt werden. Dieser soll nun ebenfalls hinsichtlich seiner Eigenschaften systematisch charakterisiert werden. Einführend dazu stellt Abbildung 2.24 Momentanauslenkungen der Teilchen eines mit f=100 kHz oszillierenden A0-Modes innerhalb einer Stahlplatte dar. Die Teilchen weisen auch hier einen elliptischen Schwingungscharakter auf. Neben den nachfolgend beschriebenen Auslenkungen unterscheidet sich der A0-Mode vom S0-Mode im niedrigen Frequenz-Dicken-Bereich dahingehend, dass er bei gleicher Frequenz über eine deutlich kleinere Wellenlänge verfügt.

Die Abbildungen 2.25a-f stellen In- und Out-of-plane-Momentanauslenkungen des A0-Modes über dem Plattenquerschnitt dar. Die Frequenz wurde von 10 kHz bis 100 MHz bei gleichbleibender Plattendicke und gleichen Materialeigenschaften variiert. Die Auslenkungen der asymmetrischen Moden weisen, wie in Gl. 2.38 beschrieben, eine

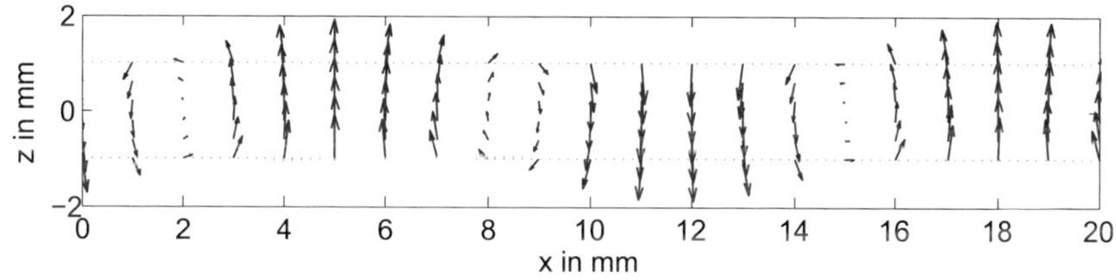

Abbildung 2.24.: lokale Teilchenauslenkungen (überhöht dargestellt) über Plattenquerschnitt z ($-h \leq z \leq h$), für den A0-Mode (d=2 mm, ν = 0.286, c_x=1315 m/s, f=100 kHz, λ_x=13.15 mm)

Spiegelsymmetrie zur Plattenmitte $x_3 = 0$ auf.

$$\begin{aligned} u_1(x_1, x_3) &= -u_1(x_1, -x_3) \\ u_3(x_1, x_3) &= u_3(x_1, -x_3) \end{aligned} \tag{2.38}$$

Für niedrige Frequenz-Dicken-Produkte $fd \to 0$ dominiert die Out-of-plane-Auslenkungskomponente (Abb. 2.25a). Die Maximalwerte der Out-of-plane-Komponente sind dabei über die Plattendicke nahezu konstant. Mit steigender Frequenz und Plattendicke-Wellenlänge-Verhältnis nimmt die In-plane-Komponente zu (Teilbilder 2.25b,c). Für $fd \to \infty$ erfolgt die Ausbreitung der Welle zunehmend nur noch im Oberflächenbereich (Abb. 2.25f).

In den Teilbildern der Abbildung 2.25g-j sind die Maximalwerte der Teilchenbewegungen über dem Plattenquerschnitt dargestellt. Die Beträge der Amplituden sind der Darstellbarkeit wegen begrenzt, Abb. 2.25g-h stellen die Maximalwerte in einem Frequenzbereich bis f=5 MHz dar, während die Teilbilder 2.25i-j die In- und Out-of-plane-Komponenten im Frequenzbereich bis f=50 MHz beinhalten.
Es gibt im Gegensatz zum S0-Mode keine Frequenz (bzw. kein Plattendicke-Wellenlänge-Verhältnis), bei der über die Plattendicke eine Resonanz einer Auslenkungskomponente zu beobachten ist. Die In-plane-Komponente ist in der Plattenmitte $x_3 = 0$ über den gesamten Frequenzbereich hinweg Null. Für $fd \to 0$ gibt es über den gesamten Plattenquerschnitt geringe In-plane-Auslenkungen. Das Schwingungsbild wird von Out-of-plane-Komponenten dominiert (siehe dazu auch Abb. 2.22). Die Welle kann hier als Biegewelle betrachtet werden. Mit steigender Frequenz nimmt das Verhältnis der Out-of-plane- zur In-plane-Komponente ab. An den Plattenoberflächen existieren Maxima der In-plane-Auslenkungen. Ein ausgeprägter Bereich mit sehr kleinen Auslenkungen ($|x_3| < 0.5mm$) ist um die Plattenmitte zu lokalisieren. Ab ca. f=1.8 MHz bilden sich weitere lokale Maxima und Minima aus. Mit steigender Frequenz laufen beide lokale Minima in Richtung

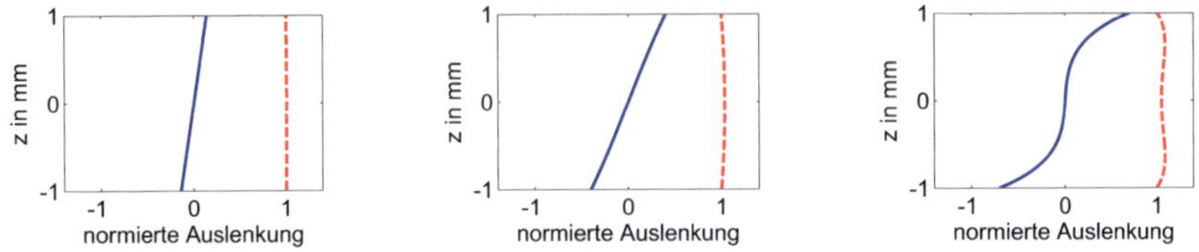

(a) f=10 kHz, $\frac{d}{\lambda_x}$ =0.0465 (b) f=100 kHz, $\frac{d}{\lambda_x}$ =0.1521 (c) f=1 MHz, $\frac{d}{\lambda_x}$ =0.7331

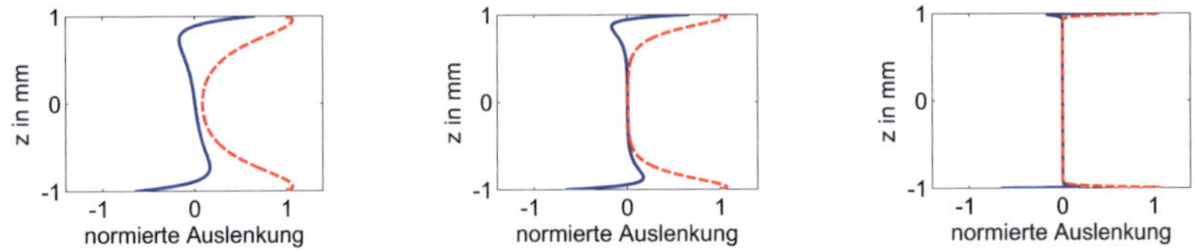

(d) f=5 MHz, $\frac{d}{\lambda_x}$ =3.346 (e) f=10 MHz, $\frac{d}{\lambda_x}$ =6.69 (f) f=100 MHz, $\frac{d}{\lambda_x}$ =66.93

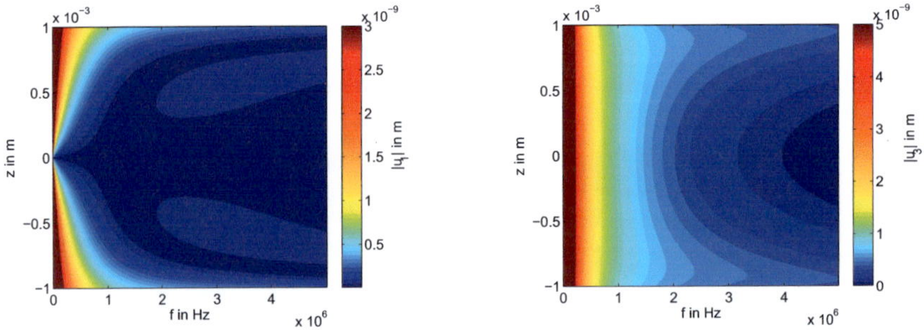

(g) In-plane bis f=5 MHz (h) Out-of-plane bis f=5 MHz

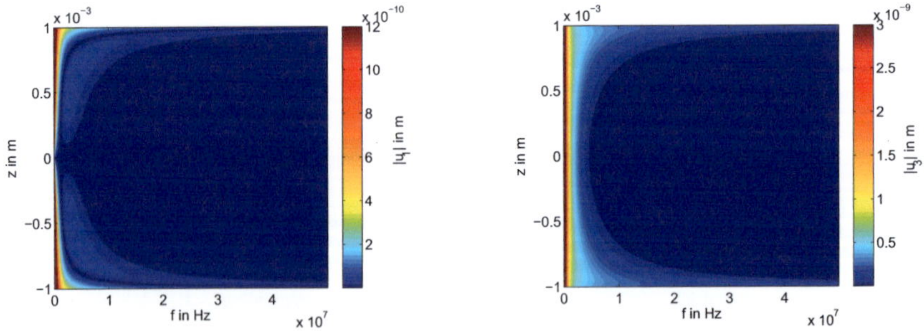

(i) In-plane bis f=50 MHz (j) Out-of-plane bis f=50 MHz

Abbildung 2.25.: Momentanauslenkungen (a-f, rote Linie Out-of-plane-, blaue Linie In-plane-Komponente, normiert auf Oberflächenauslenkung) und Betrag der In-plane- und Out-of-plane-Schwingungskomponenten (g-j) über dem Plattenquerschnitt z ($-h \leq z \leq h$), für den A0-Mode verschiedener Frequenzen, (d=2 mm, ν = 0.286, c_t=3230 m/s, c_l=5900 m/s, $EFD = 1W/m^2$ (g-j))

Plattenoberfläche (Abb. 2.25g) und bilden bei noch höheren Frequenzen das Minimum der In-plane-Auslenkungen der Rayleigh-Welle (vgl. Abb. 2.5b). Die In- und Out-of-plane-Auslenkungen sind für $fd \rightarrow \infty$ nur noch in den Randbereichen zu beobachten (Abb. 2.25i-j). Die Ausbreitung findet als Rayleigh-Welle statt. Das Verhältnis der Maximalwerte der Out-of-plane-Oberflächenauslenkungen bezogen auf die In-plane-Auslenkungen beträgt 1.5 (dies gilt für die hier verwendete Poisson-Zahl, andere Faktoren siehe [Vic67]). Für alle fd beschreibt ein Teilchen an der Oberfläche eine gegen den Uhrzeigersinn laufende Drehrichtung.

Die Übertragbarkeit der hier dargestellten Angaben (Zahlenwerte, Faktoren) auf Platten mit anderen Material- und Geometrieeigenschaften ist wie folgt einzuschätzen. Die Berechnungen wurden für ein Material mit homogenen und isotropen Materialeigenschaften (Stahl) durchgeführt, dessen elastische Eigenschaften neben E-Modul und Dichte durch die Poisson-Zahl $\nu = 0.286$ charakterisiert sind. Alle dargestellten Angaben gelten also nur für diese Materialeigenschaften und für die verwendete Plattendicke ($d = 2mm$). Für eine andere Plattendicke des gleichen Materials kann die Frequenzachse im entsprechenden Faktor skaliert werden - ebenso alle zahlenmäßigen (und einheitenbehafteten) Angaben. Für andere Poisson-Zahlen müssen die Berechnungen neu durchgeführt werden, die Angaben zu den Grenzwerten fd und die phänomenologischen Beschreibungen haben jedoch Allgemeingültigkeit.

2.1.4. Wellenausbreitung in anisotropen Festkörpern

In diesem Kapitel folgt die Beschreibung der Wellenausbreitung in anisotropen Festkörpern auf Basis der Bewegungsgleichungen. Je nach Art der Symmetriebedingungen im Festkörper wird die Wellenausbreitung beginnend vom allgemeinen Fall der triklinischen Symmetrie (d.h., der konstruktive Aufbau des Mediums führt zu keinen zusätzlichen Symmetrieeigenschaften) beschrieben. Anschließend werden zusätzliche Symmetrieebenen im Medium eingeführt und die Wellenausbreitung in monoklinischen Medien (eine zusätzliche Symmetrieebene, Kap. 2.1.4.1) und orthotropen Medien (2 zusätzliche Symmetrieebenen, Kap. 2.1.4.2) beschrieben. Der Autor folgt in diesem Kapitel den Ausführungen von Nayfeh in [Nay95].

Das dynamische Verhalten eines linear elastischen anisotropen Festkörpers kann in tensorieller Notation durch die Bewegungsgleichungen mit

$$\frac{\partial \sigma_{ij}}{\partial x_j} = \rho \frac{\partial^2 u_i}{\partial t^2} \tag{2.39}$$

und den linearen Beziehungen zwischen Spannungen σ_{ij} und Dehnungen ϵ_{kl} (Hookesches Gesetz)

$$\sigma_{ij} = c_{ijkl}\epsilon_{kl} \tag{2.40}$$

bzw. in invertierter Form

$$\epsilon_{ij} = s_{ijkl}\sigma_{kl} \tag{2.41}$$

mit

$$\epsilon_{kl} = \frac{1}{2}\left(\frac{\partial u_l}{\partial x_k} + \frac{\partial u_k}{\partial x_l}\right), \quad i,j,k,l = 1,2,3 \tag{2.42}$$

beschrieben werden. Dabei ist c_{ijkl} der Steifigkeitstensor 4ter Stufe mit 81 elastischen Konstanten, s_{ijkl} der Nachgiebigkeitstensor. Die Tensoren zweiter Ordnung σ_{ij} und ϵ_{kl} mit je 9 Größen werden durch c_{ijkl} miteinander verknüpft. Unter Anwendung der Voigtschen Notation werden einerseits durch Ausnutzung von Symmetrieeigenschaften des Spannungstensors $\sigma_{12} = \sigma_{21}$, $\sigma_{13} = \sigma_{31}$, $\sigma_{23} = \sigma_{32}$ und des Dehnungstensors $\epsilon_{12} = \epsilon_{21}$, $\epsilon_{13} = \epsilon_{31}$, $\epsilon_{23} = \epsilon_{32}$ die Anzahl der unabhängigen Größen von 9 auf 6 verringert und andererseits diese in vektorieller Schreibweise angeordnet. Damit und unter Ausnutzung weiterer Symmetrieeigenschaften des Steifigkeitstensors

$$c_{ijkl} = c_{jikl} = c_{ijlk} = c_{jilk} = c_{klij} \ , \tag{2.43}$$

sowie der verkürzten Indizierung

$$1 \rightarrow 11 \quad 2 \rightarrow 22 \quad 3 \rightarrow 33 \quad 4 \rightarrow 23 \quad 5 \rightarrow 13 \quad 6 \rightarrow 12 \tag{2.44}$$

reduziert sich der Steifigkeitstensor auf 21 unabhängige Elemente und aus Gl. 2.40 folgt in Matrixschreibweise

$$\begin{bmatrix} \sigma_1 = \sigma_{11} \\ \sigma_2 = \sigma_{22} \\ \sigma_3 = \sigma_{33} \\ \sigma_4 = \sigma_{23} \\ \sigma_5 = \sigma_{13} \\ \sigma_6 = \sigma_{12} \end{bmatrix} = \begin{bmatrix} C_{11} & C_{12} & C_{13} & C_{14} & C_{15} & C_{16} \\ & C_{22} & C_{23} & C_{24} & C_{25} & C_{26} \\ & & C_{33} & C_{34} & C_{35} & C_{36} \\ & & & C_{44} & C_{45} & C_{46} \\ & SYM & & & C_{55} & C_{56} \\ & & & & & C_{66} \end{bmatrix} \begin{bmatrix} \epsilon_{11} \\ \epsilon_{22} \\ \epsilon_{33} \\ \gamma_{23} = 2\,\epsilon_{23} \\ \gamma_{13} = 2\,\epsilon_{13} \\ \gamma_{12} = 2\,\epsilon_{12} \end{bmatrix}, \tag{2.45}$$

mit den Abkürzungen γ_{23}, γ_{13} und γ_{12} für die Schubverzerrungen. Dies ist das Hookesche Gesetz als Matrix-Vektor-Produkt für anisotrope Werkstoffe, die aufgrund ihres Aufbaus über keine weiteren Symmetrieeigenschaften verfügen. Ein derartiges Materialsystem wird auch als triklinisch bezeichnet. Die Anwendung der verkürzten Indizierung (Gl. 2.44) auf Gl. 2.39 führt zu den 3 Bewegungsgleichungen

$$\frac{\partial \sigma_1}{\partial x_1} + \partial \frac{\sigma_6}{\partial x_2} + \partial \frac{\sigma_5}{\partial x_3} = \rho \frac{\partial^2 u_1}{\partial t^2} \tag{2.46}$$

$$\frac{\partial \sigma_6}{\partial x_1} + \partial \frac{\sigma_2}{\partial x_2} + \partial \frac{\sigma_4}{\partial x_3} = \rho \frac{\partial^2 u_2}{\partial t^2} \tag{2.47}$$

$$\frac{\partial \sigma_5}{\partial x_1} + \partial \frac{\sigma_4}{\partial x_2} + \partial \frac{\sigma_3}{\partial x_3} = \rho \frac{\partial^2 u_3}{\partial t^2} \tag{2.48}$$

die nach dem Einsetzen von 2.45 und Gl. 2.42 in Gl. 2.46-2.48 in Abhängigkeit der Auslenkungen u_1, u_2, u_3 dargestellt werden können. Beispielhaft zeigt Gl. 2.49 dies für Gl. 2.46.

$$\begin{aligned} &\left(\frac{\partial^2}{\partial x_1 \partial x_2} u_3 + 2\,\frac{\partial^2}{\partial x_2 \partial x_3} u_1 + \frac{\partial^2}{\partial x_1 \partial x_3} u_2\right) C_{56} + \left(2\,\frac{\partial^2}{\partial x_1 \partial x_2} u_1 + \frac{\partial^2}{\partial {x_1}^2} u_2\right) C_{16} + C_{11} \frac{\partial^2}{\partial {x_1}^2} u_1 \\ &+ C_{13} \frac{\partial^2}{\partial x_1 \partial x_3} u_3 + C_{14} \left(\frac{\partial^2}{\partial x_1 \partial x_2} u_3 + \frac{\partial^2}{\partial x_1 \partial x_3} u_2\right) + C_{15} \left(\frac{\partial^2}{\partial {x_1}^2} u_3 + 2 \frac{\partial^2}{\partial x_1 \partial x_3} u_1\right) \\ &+ C_{35} \frac{\partial^2}{\partial {x_3}^2} u_3 + C_{26} \frac{\partial^2}{\partial {x_2}^2} u_2 + C_{36} \frac{\partial^2}{\partial x_2 \partial x_3} u_3 + C_{46} \left(\frac{\partial^2}{\partial {x_2}^2} u_3 + \frac{\partial^2}{\partial x_2 \partial x_3} u_2\right) + C_{12} \frac{\partial^2}{\partial x_1 \partial x_2} u_2 \\ &+ C_{45} \left(\frac{\partial^2}{\partial x_2 \partial x_3} u_3 + \frac{\partial^2}{\partial {x_3}^2} u_2\right) + C_{66} \left(\frac{\partial^2}{\partial x_1 \partial x_2} u_2 + \frac{\partial^2}{\partial {x_2}^2} u_1\right) + C_{25} \frac{\partial^2}{\partial x_2 \partial x_3} u_2 \\ &+ C_{55} \left(\frac{\partial^2}{\partial x_1 \partial x_3} u_3 + \frac{\partial^2}{\partial {x_3}^2} u_1\right) = \rho \left(\frac{\partial^2}{\partial t^2} u_1\right) \end{aligned} \tag{2.49}$$

Die Anzahl der Terme in den resultierenden Bewegungsgleichungen verringern sich unter Annahme der Ausbreitung ebener Wellen (Gl. 2.1) um die Terme, in denen Ableitungen nach x_2 enthalten sind zu den Gleichungen 2.50-2.52.

$$\begin{aligned}
&\frac{\partial^2}{\partial x_1 \partial x_3} u_2 C_{56} + \frac{\partial^2}{\partial {x_1}^2} u_2 C_{16} + C_{11} \frac{\partial^2}{\partial {x_1}^2} u_1 + C_{13} \frac{\partial^2}{\partial x_1 \partial x_3} u_3 + C_{35} \frac{\partial^2}{\partial {x_3}^2} u_3 + C_{45} \frac{\partial^2}{\partial {x_3}^2} u_2 \\
&+ C_{14} \frac{\partial^2}{\partial x_1 \partial x_3} u_2 + C_{15} \left(\frac{\partial^2}{\partial x_1 \partial x_3} u_1 + \frac{\partial^2}{\partial {x_1}^2} u_3 \right) + C_{15} \frac{\partial^2}{\partial x_1 \partial x_3} u_1 \\
&+ C_{55} \left(\frac{\partial^2}{\partial {x_3}^2} u_1 + \frac{\partial^2}{\partial x_1 \partial x_3} u_3 \right) = \rho \left(\frac{\partial^2}{\partial t^2} u_1 \right)
\end{aligned} \tag{2.50}$$

$$\begin{aligned}
&2 \left(\frac{\partial^2}{\partial x_1 \partial x_3} u_2 \right) C_{46} + C_{16} \frac{\partial^2}{\partial {x_1}^2} u_1 + C_{44} \frac{\partial^2}{\partial {x_3}^2} u_2 + C_{36} \frac{\partial^2}{\partial x_1 \partial x_3} u_3 + C_{66} \frac{\partial^2}{\partial {x_1}^2} u_2 \\
&+ C_{56} \left(\frac{\partial^2}{\partial x_1 \partial x_3} u_1 + \frac{\partial^2}{\partial {x_1}^2} u_3 \right) + C_{45} \left(\frac{\partial^2}{\partial {x_3}^2} u_1 + \frac{\partial^2}{\partial x_1 \partial x_3} u_3 \right) \\
&+ C_{34} \frac{\partial^2}{\partial {x_3}^2} u_3 + C_{14} \frac{\partial^2}{\partial x_1 \partial x_3} u_1 = \rho \left(\frac{\partial^2}{\partial t^2} u_2 \right)
\end{aligned} \tag{2.51}$$

$$\begin{aligned}
&\left(\frac{\partial^2}{\partial x_1 \partial x_3} u_2 \right) C_{45} + \left(2 \frac{\partial^2}{\partial x_1 \partial x_3} u_3 + \frac{\partial^2}{\partial {x_3}^2} u_1 \right) C_{35} + \left(\frac{\partial^2}{\partial {x_3}^2} u_2 \right) C_{34} + C_{13} \frac{\partial^2}{\partial x_1 \partial x_3} u_1 \\
&+ C_{15} \frac{\partial^2}{\partial {x_1}^2} u_1 + C_{36} \frac{\partial^2}{\partial x_1 \partial x_3} u_2 + C_{55} \left(\frac{\partial^2}{\partial x_1 \partial x_3} u_1 + \frac{\partial^2}{\partial {x_1}^2} u_3 \right) + C_{56} \frac{\partial^2}{\partial {x_1}^2} u_2 \\
&+ C_{33} \frac{\partial^2}{\partial {x_3}^2} u_3 = \rho \left(\frac{\partial^2}{\partial t^2} u_3 \right)
\end{aligned} \tag{2.52}$$

Die Bewegungsgleichungen vereinfachen sich weiterhin mit steigenden Symmetrieeigenschaften des Werkstoffes, da die Anzahl der unabhängigen elastischen Konstanten der Steifigkeitsmatrix sinkt und dadurch Terme wegfallen bzw. zusammengefasst werden können. In den Kapiteln 2.1.4.1 und 2.1.4.2 werden diese Vereinfachungen für monokline und orthotrope Materialsysteme durchgeführt. Zuvor wird jedoch noch das Vorgehen zur Lösung der Bewegungsgleichungen beschrieben. Unter Annahme ebener harmonischer Wellen und Berücksichtigung von Gl. 2.1 werden als Lösung der Bewegungsgleichungen für die Auslenkungen u_j Wellen in der Form

$$u_j = U_j e^{ik(x_1 + \alpha x_3 - ct)} \; , \; j = 1, 2, 3 \tag{2.53}$$

gesucht, mit k als Wellenzahl in x_1 Richtung und α als freier (vorerst noch unbekannter) Konstante. Nach Einsetzen von Gl. 2.53 in die Bewegungsgleichungen 2.50-2.52 und dem

Ausführen der Differentiationsvorgänge erhält man drei Gleichungen, die sich in einem Gleichungssystem als Linearkombination der Amplituden U_j

$$K_{ij}(\alpha)U_j = 0, \qquad i,j = 1,2,3 \tag{2.54}$$

bzw. mit Ausnutzung der Symmetrieeigenschaften

$$\begin{bmatrix} K_{11} & K_{12} & K_{13} \\ K_{12} & K_{22} & K_{23} \\ K_{13} & K_{23} & K_{33} \end{bmatrix} \begin{bmatrix} U_1 \\ U_2 \\ U_3 \end{bmatrix} = 0 \tag{2.55}$$

mit

$$\begin{aligned} K_{11} &= C_{11} - \rho c^2 + 2\,C_{15}\alpha + C_{55}\alpha^2 \\ K_{12} &= C_{16} + (C_{14} + C_{56})\,\alpha + C_{45}\alpha^2 \\ K_{13} &= C_{15} + (C_{13} + C_{55})\,\alpha + C_{35}\alpha^2 \\ K_{22} &= C_{66} - \rho c^2 + 2\,C_{46}\alpha + C_{44}\alpha^2 \\ K_{23} &= C_{56} + (C_{36} + C_{45})\,\alpha + C_{34}\alpha^2 \\ K_{33} &= C_{55} - \rho c^2 + 2\,C_{35}\alpha + C_{33}\alpha^2 \end{aligned} \tag{2.56}$$

anordnen lassen. Für die nichttriviale Lösung von Gleichung 2.55 muss die Determinante Null sein.

$$\det(K_{ij}) = 0 \tag{2.57}$$

Das Ausführen von Gl. 2.57 führt zu einem Polynom sechsten Grades für α

$$\alpha^6 + B_1\alpha^5 + A_1\alpha^4 + B_2\alpha^3 + A_2\alpha^2 + B_3\alpha + A_3 = 0\ , \tag{2.58}$$

mit verschiedenen von c und den elastischen Materialeigenschaften abhängigen Koeffizienten A_i, B_j mit $i,j = 1,2,3$, die für den triklinischen Fall hier nicht aufgeführt werden, da alle Faserverbundwerkstoffe höhere Symmetrieeigenschaften (mindestens monoklinisch) aufweisen.

Gleichung 2.58 liefert sechs Lösungen für α, die im Folgenden mit α_q , $q = 1,2,\ldots 6$ bezeichnet werden. Jedes α_q liefert eine Teillösung zu Gl. 2.53. Gemäß Superpositionsprinzip lässt sich Gl. 2.53 nun wie folgt formulieren

$$(u_1, u_2, u_3) = \sum_{q=1}^{6} (U_{1q}, U_{2q}, U_{3q})\, e^{ik(x_1 + \alpha_q x_3 - ct)}\ . \tag{2.59}$$

Gleichung 2.55 bietet die Möglichkeit, die unbekannten Amplituden U_{iq} mit $i = 1, 2, 3$ aufeinander zu normieren. Im Ergebnis ergeben sich die dimensionslosen Amplitudenverhältnisse $V_q = U_{2q}/U_{1q}$ und $W_q = U_{3q}/U_{1q}$ als

$$V_q = \frac{K_{11}(\alpha_q)K_{23}(\alpha_q) - K_{13}(\alpha_q)K_{12}(\alpha_q)}{K_{13}(\alpha_q)K_{22}(\alpha_q) - K_{12}(\alpha_q)K_{23}(\alpha_q)} \tag{2.60}$$

$$W_q = \frac{K_{11}(\alpha_q)K_{23}(\alpha_q) - K_{12}(\alpha_q)K_{13}(\alpha_q)}{K_{12}(\alpha_q)K_{33}(\alpha_q) - K_{23}(\alpha_q)K_{13}(\alpha_q)}. \tag{2.61}$$

Mit den Gleichungen 2.60 und 2.61 ergeben sich die Auslenkungen aus Gl. 2.59 zu

$$(u_1, u_2, u_3) = \sum_{q=1}^{6} (1, V_q, W_q)\, U_{1q} e^{ik(x_1 + \alpha_q x_3 - ct)}\ , \tag{2.62}$$

mit den sechs Amplituden U_{1q} als unbekannten Größen. Die elastischen Spannungen sind über das Hookesche Gesetz nach Gl. 2.45 mit den Dehnungen und diese über Gleichung 2.42 mit den Auslenkungen verknüpft. Setzt man nun die Lösungen für die Auslenkungen gemäß Gl. 2.62 in die eben genannten Gleichungen 2.42 und 2.45 ein, lassen sich die elastischen Spannungen mit

$$(\sigma_{33}, \sigma_{13}, \sigma_{23}) = \sum_{q=1}^{6} ik\, (D_{1q}, D_{2q}, D_{3q})\, U_{1q} e^{ik(x_1 + \alpha_q x_3 - ct)} \tag{2.63}$$

beschreiben, wobei $i = \sqrt{-1}$ ist und sich D_{1q}, D_{2q} und D_{3q} zu

$$\begin{aligned} D_{1q} &= C_{13} + \alpha_q C_{35} + (C_{36} + \alpha_q C_{34})\, V_q + (C_{35} + \alpha_q C_{33})\, W_q \\ D_{2q} &= C_{15} + \alpha_q C_{55} + (C_{56} + \alpha_q C_{45})\, V_q + (C_{55} + \alpha_q C_{35})\, W_q \\ D_{3q} &= C_{14} + \alpha_q C_{45} + (C_{46} + \alpha_q C_{44})\, V_q + (C_{45} + \alpha_q C_{34})\, W_q \end{aligned} \tag{2.64}$$

ergeben.

2.1.4.1. Materialsystem mit monoklinischer Symmetrie

In einem monoklinischen Materialsystem gibt es eine Symmetrieebene, die im rechten Winkel zur Wellenausbreitungsrichtung x_1 liegt. Alle unidirektionalen Einzelschichten (aus denen der Faserverbundwerkstoff zusammengesetzt wird, Kap. 2.2.1) weisen mindestens monoklinische Symmetrieeigenschaften auf (Abb. 2.26). Für ein derartiges Materialsystem

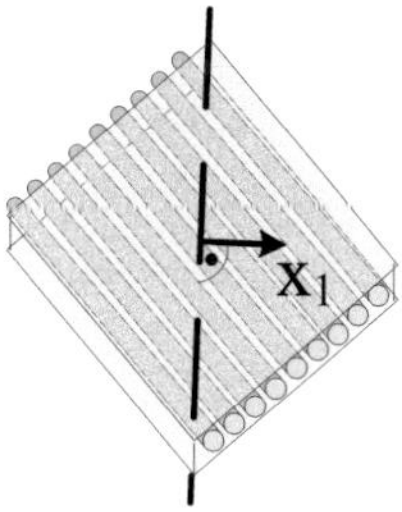

Abbildung 2.26.: Materialsystem mit monoklinischen Symmetrieeigenschaften (eine Symmetrieebene bezogen auf die Wellenausbreitungsrichtung x_1)

gilt Gl. 2.65

$$\begin{bmatrix} \sigma_{11} \\ \sigma_{22} \\ \sigma_{33} \\ \sigma_{23} \\ \sigma_{13} \\ \sigma_{12} \end{bmatrix} = \begin{bmatrix} C_{11} & C_{12} & C_{13} & 0 & 0 & C_{16} \\ & C_{22} & C_{23} & 0 & 0 & C_{26} \\ & & C_{33} & 0 & 0 & C_{36} \\ & & & C_{44} & C_{45} & 0 \\ & SYM & & & C_{55} & 0 \\ & & & & & C_{66} \end{bmatrix} \begin{bmatrix} \epsilon_{11} \\ \epsilon_{22} \\ \epsilon_{33} \\ \gamma_{23} \\ \gamma_{13} \\ \gamma_{12} \end{bmatrix} \tag{2.65}$$

mit 13 unabhängigen Konstanten der Steifigkeitsmatrix. Ausgehend vom triklinischen Fall Gl. 2.50-2.52 vereinfachen sich die Bewegungsgleichungen unter Berücksichtigung von Gl. 2.65 für ein monoklinisches Material zu Gl. 2.66-2.68.

$$\begin{aligned} & C_{16}\left(\frac{\partial^2}{\partial {x_1}^2}u_2\right) + C_{11}\frac{\partial^2}{\partial {x_1}^2}u_1 + C_{13}\frac{\partial^2}{\partial x_1 \partial x_3}u_3 + C_{55}\left(\frac{\partial^2}{\partial x_1 \partial x_3}u_3 + \frac{\partial^2}{\partial {x_3}^2}u_1\right) \\ & + C_{45}\frac{\partial^2}{\partial {x_3}^2}u_2 = \rho\left(\frac{\partial^2}{\partial t^2}u_1\right) \end{aligned} \tag{2.66}$$

$$\begin{aligned} & C_{16}\frac{\partial^2}{\partial {x_1}^2}u_1 + C_{44}\frac{\partial^2}{\partial {x_3}^2}u_2 + C_{36}\frac{\partial^2}{\partial x_1 \partial x_3}u_3 + C_{66}\frac{\partial^2}{\partial {x_1}^2}u_2 \\ & + C_{45}\left(\frac{\partial^2}{\partial x_1 \partial x_3}u_3 + \frac{\partial^2}{\partial {x_3}^2}u_1\right) = \rho\left(\frac{\partial^2}{\partial t^2}u_2\right) \end{aligned} \tag{2.67}$$

$$\left(\frac{\partial^2}{\partial x_1 \partial x_3} u_2\right) C_{45} + C_{36}\frac{\partial^2}{\partial x_1 \partial x_3} u_2 + C_{55}\left(\frac{\partial^2}{\partial {x_1}^2} u_3 + \frac{\partial^2}{\partial x_1 \partial x_3} u_1\right) + C_{13}\frac{\partial^2}{\partial x_1 \partial x_3} u_1$$
$$+ C_{33}\frac{\partial^2}{\partial {x_3}^2} u_3 = \rho\left(\frac{\partial^2}{\partial t^2} u_3\right) \tag{2.68}$$

Weiterhin vereinfacht sich Gl. 2.56 um die Terme, in die die elastischen Konstanten $C_{14} = C_{15} = C_{24} = C_{25} = C_{34} = C_{35} = C_{46} = C_{56} = 0$ eingehen, zu

$$\begin{aligned}
K_{11} &= C_{11} - \rho c^2 + C_{55}\alpha^2 \\
K_{12} &= C_{16} + C_{45}\alpha^2 \\
K_{13} &= (C_{13} + C_{55})\,\alpha \\
K_{22} &= C_{66} - \rho c^2 + C_{44}\alpha^2 \\
K_{23} &= (C_{36} + C_{45})\,\alpha \\
K_{33} &= C_{55} - \rho c^2 + C_{33}\alpha^2 \ .
\end{aligned} \tag{2.69}$$

Die geringere Komplexität der Gleichungen 2.69 führt beim Berechnen und Lösen der Determinante zum Verschwinden der ungeraden Potenzen von α in Gl. 2.58 zu

$$\alpha^6 + A_1\alpha^4 + A_2\alpha^2 + A_3 = 0 \ . \tag{2.70}$$

mit folgenden Koeffizienten A_1, A_2 und A_3

$$A_1 = \left[\begin{array}{c} C_{11}C_{33}C_{44} - C_{13}^2C_{44} + 2C_{13}C_{36}C_{45} - 2C_{13}C_{44}C_{55} + 2C_{13}C_{45}^2 + C_{33}C_{55}C_{66} \\ -C_{36}^2C_{55} - 2C_{16}C_{33}C_{45} - (C_{33}C_{44} + C_{33}C_{55} + C_{44}C_{55} - C_{45}^2)\,\rho c^2 \end{array}\right] / \Delta$$

$$\begin{aligned}
A_2 &= \left[A_{21} - A_{22}\rho c^2 + (C_{33} + C_{44} + C_{55})\,\rho^2 c^4\right] / \Delta \\
A_{21} &= C_{11}C_{33}C_{66} - C_{11}C_{36}^2 - 2C_{11}C_{36}C_{45} + C_{11}C_{44}C_{55} - C_{11}C_{45}^2 - C_{13}^2C_{66} \\
&\quad + 2C_{13}C_{16}C_{36} + 2C_{13}C_{16}C_{45} - 2C_{13}C_{55}C_{66} - C_{16}^2C_{33} + 2C_{16}C_{36}C_{55} \\
A_{22} &= C_{11}C_{33} + C_{11}C_{44} - C_{13}^2 - 2C_{13}C_{55} - 2C_{16}C_{45} + C_{33}C_{66} - C_{36}^2 - 2C_{36}C_{45} \\
&\quad + C_{44}C_{55} - C_{45}^2 + C_{55}C_{66}
\end{aligned}$$

$$A_3 = \left[\begin{array}{c} C_{11}C_{55}C_{66} - C_{16}^2C_{55} - (C_{11}C_{55} + C_{11}C_{66} - C_{16}^2 + C_{55}C_{66})\,\rho c^2 \\ + (C_{11} + C_{55} + C_{66})\,\rho^2c^4 - \rho^3c^6 \end{array}\right] / \Delta$$

$$\text{mit } \Delta = C_{33}C_{44}C_{55} - C_{33}C_{45}^2 \tag{2.71}$$

Die Koeffizienten für A_2 und A_3 unterscheiden sich von denen in Nayfeh ([Nay95], S.74, Gl. 5.12 und S.120, Gl. 9.5) aufgeführten[1]. Die Lösungen von Gl. 2.70 führen zu sechs Teillösungen für α bzw. drei Teillösungen für α^2 mit

$$\alpha_2 = -\alpha_1, \quad \alpha_4 = -\alpha_3, \quad \alpha_6 = -\alpha_5 \; . \tag{2.72}$$

Aus diesen sechs Teillösungen für α setzen sich wieder die Lösungen für die Auslenkungen Gl. 2.62 und die Spannungen Gl. 2.63 zusammen. Aufgrund der Eigenschaften von Gl. 2.72 ergibt sich für die Amplitudenverhältnisse V_q (Gl. 2.60) und W_q (Gl. 2.61)

$$W_2 = -W_1, \quad W_4 = -W_3, \; W_6 = -W_5, \quad V_2 = V_1, \; V_4 = V_3, \quad V_6 = V_5 \; . \tag{2.73}$$

Aufgrund der monoklinischen Symmetrie vereinfacht sich Gl. 2.64 zu

$$\begin{aligned} D_{1q} &= C_{13} + C_{36}V_q + \alpha_q C_{33} W_q \\ D_{2q} &= C_{55}\left(\alpha_q + W_q\right) + C_{45}\alpha_q V_q \\ D_{3q} &= C_{45}\left(\alpha_q + W_q\right) + C_{44}\alpha_q V_q \end{aligned} \tag{2.74}$$

wobei unter Berücksichtigung von Gl. 2.72 und Gl. 2.73 für D_{iq} mit $i = 1, 2, 3$ und $q = 1, 2, \ldots 6$ gilt

$$\begin{aligned} &D_{12} = D_{11}, \quad D_{14} = D_{13}, \quad D_{16} = D_{15}, \quad D_{22} = -D_{21}, \quad D_{24} = -D_{23}, \\ &D_{26} = -D_{25}, \quad D_{32} = -D_{31}, \quad D_{34} = -D_{33}, \quad D_{36} = -D_{35} \; . \end{aligned} \tag{2.75}$$

[1]Zwei Vorzeichenfehler (in A_2 muss es $-C_{13}^2 C_{66}$ statt $C_{13}^2 C_{66}$ und in A_3 muss es $-C_{16}^2 \rho c^2$ statt $C_{16}^2 \rho c^2$ heißen) wurden abgedruckt sowie die höheren Potenzen von ρ fehlen. In die Lösung der Determinante von K_{ij} für den monoklinischen Fall muss mindestens ρ in der dritten Potenz eingehen, da dies durch die Multiplikation der Elemente der Hauptdiagonale $K_{11}K_{22}K_{33}$ (vgl. Gl. 2.69) bedingt ist.

2.1.4.2. Materialsystem mit orthotroper Symmetrie

Die Steifigkeitsmatrix eines Materials mit orthotropen Symmetrieeigenschaften weist eine weitere Symmetrieebene (in der $x_1 - x_2$ Ebene) verglichen mit dem monoklinischen Material auf, die sich im rechten Winkel zur ersten Symmetrieebene befindet. Alle unidirektionalen Einzelschichten verfügen in Faserlängsrichtung und in Faserquerrichtung über orthotrope Symmetrieeigenschaften (Abb. 2.27). Für ein derartiges Materialsystem gilt ausgehend von der monoklinischen Steifigkeitsmatrix für die Elemente $C_{16} = C_{26} = C_{36} = C_{45} = 0$ und es ergibt sich basierend auf Gl. 2.65 für das Hookesche Gesetz in Matrixform

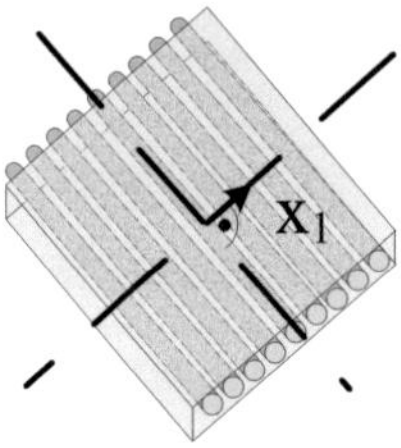

Abbildung 2.27.: Materialsystem mit orthotropen Symmetrieeigenschaften (zwei Symmetrieebenen bezogen auf die Wellenausbreitungsrichtung x_1)

$$\begin{bmatrix} \sigma_{11} \\ \sigma_{22} \\ \sigma_{33} \\ \sigma_{23} \\ \sigma_{13} \\ \sigma_{12} \end{bmatrix} = \begin{bmatrix} C_{11} & C_{12} & C_{13} & 0 & 0 & 0 \\ & C_{22} & C_{23} & 0 & 0 & 0 \\ & & C_{33} & 0 & 0 & 0 \\ & & & C_{44} & 0 & 0 \\ & SYM & & & C_{55} & 0 \\ & & & & & C_{66} \end{bmatrix} \begin{bmatrix} \epsilon_{11} \\ \epsilon_{22} \\ \epsilon_{33} \\ \gamma_{23} \\ \gamma_{13} \\ \gamma_{12} \end{bmatrix} \tag{2.76}$$

mit 9 unabhängigen Konstanten der Steifigkeitsmatrix. Die Bewegungsgleichungen reduzieren sich unter Berücksichtigung von 2.76 zu Gl. 2.77-Gl.2.79.

$$C_{11}\frac{\partial^2}{\partial {x_1}^2}u_1 + C_{13}\frac{\partial^2}{\partial x_1 \partial x_3}u_3 + C_{55}\left(\frac{\partial^2}{\partial x_1 \partial x_3}u_3 + \frac{\partial^2}{\partial {x_3}^2}u_1\right) = \rho\left(\frac{\partial^2}{\partial t^2}u_1\right) \tag{2.77}$$

$$C_{44}\frac{\partial^2}{\partial {x_3}^2}u_2 + C_{66}\frac{\partial^2}{\partial {x_1}^2}u_2 = \rho\left(\frac{\partial^2}{\partial t^2}u_2\right) \tag{2.78}$$

$$C_{55}\left(\frac{\partial^2}{\partial {x_1}^2}u_3 + \frac{\partial^2}{\partial x_1 \partial x_3}u_1\right) + C_{13}\frac{\partial^2}{\partial x_1 \partial x_3}u_1 + C_{33}\frac{\partial^2}{\partial {x_3}^2}u_3 = \rho\left(\frac{\partial^2}{\partial t^2}u_3\right) \tag{2.79}$$

Bei der Betrachtung der Gleichungen 2.77-2.79 fällt auf, dass diese zum Teil voneinander entkoppelt sind. Während Gl. 2.77 und 2.79 durch u_1 und u_3 miteinander gekoppelt sind, führen in Gleichung 2.78 lediglich Ansätze der Auslenkung u_2 zur Lösung. Gl. 2.77 und Gl. 2.79 liefern damit die Lösung der Wellenausbreitung für sagittale[2] Schwingungsmoden in orthotropen Medien. Wie bereits in Kapitel 2.1.3.2 beschrieben weisen Lamb-Wellen in isotropen Werkstoffen ebenfalls nur Auslenkungen u_1 und u_3 auf, da auch für den isotropen Fall die Wellengleichungen entkoppelt sind. Gl. 2.78 beschreibt dagegen Lösungen für SH-Wellenmoden in Medien mit orthotroper Symmetrie, die nur Auslenkungen u_2 aufwiesen. Nachfolgend sollen für beide getrennt voneinander die Lösungen der Wellengleichungen beschrieben werden.

SH-Wellenmoden in Materialsystemen mit orthotroper Symmetrie

Der Lösungsansatz von Gl. 2.78 reduziert sich ausgehend von Gl. 2.53 auf

$$u_2 = U_2 e^{ik(x_1 + \alpha x_3 - ct)} \tag{2.80}$$

und für σ_{23} folgt unter Berücksichtigung von Gl. 2.76 und Gl. 2.42

$$\sigma_{23} = C_{44} \frac{\partial u_2}{\partial x_3} \ . \tag{2.81}$$

Nach Einsetzen von Gl. 2.80 in Gl. 2.78 und dem Ausführen der Differentiationen erhält man zwei nichttriviale Lösungen für α

$$\alpha_1 = -\alpha_2 = \sqrt{\frac{\rho c^2 - C_{66}}{C_{44}}} \tag{2.82}$$

die unter Anwendung des Superpositionsprinzips zur Lösung der Auslenkung u_2

$$u_2 = \sum_{q=1}^{2} U_{2q} e^{ik(x_1 + \alpha_q x_3 - ct)} \tag{2.83}$$

führen. Das Einsetzen von Gl. 2.83 in Gl. 2.81 resultiert in

$$\sigma_{23} = \sum_{q=1}^{2} ik D_{2q} U_{2q} e^{ik(x_1 + \alpha_q x_3 - ct)} \text{ mit } D_{2q} = C_{44} \alpha_q \ . \tag{2.84}$$

[2] Der Begriff „sagittal“ ist der Originalliteratur [Nay95] entnommen und bezeichnet den Lamb-Wellen ähnelnde Schwingungsmoden in anisotropen Medien. Für diese gilt die bereits eingeführte Notation (A0, S0, usw.).

Sagittale (den Lamb-Wellen ähnliche) Schwingungsmoden in Materialsystemen mit orthotroper Symmetrie

Der Ansatz der Lösungen der gekoppelten Wellengleichungen 2.77 und 2.79 reduziert sich ausgehend von Gl. 2.53 auf

$$u_1 = U_1 e^{ik(x_1+\alpha x_3-ct)} \text{ und } u_3 = U_3 e^{ik(x_1+\alpha x_3-ct)} \ . \tag{2.85}$$

Für σ_{33}, σ_{13} folgt unter Berücksichtigung von Gl. 2.76 und Gl. 2.42

$$\begin{aligned} \sigma_{33} =& C_{13}\frac{\partial u_1}{\partial x_1} + C_{33}\frac{\partial u_3}{\partial x_3} \\ \sigma_{13} =& C_{55}\left(\frac{\partial u_3}{\partial x_1} + \frac{\partial u_1}{\partial x_3}\right) . \end{aligned} \tag{2.86}$$

Das Einsetzen von Gl. 2.85 in Gl. 2.77 und 2.79, sowie das Ausführen der Differentiationsvorgänge führt auf der Suche nach nichttrivialen Lösungen für α zu einer quadratischen Gleichung (in α^2)

$$A_1\alpha^4 + A_2\alpha^2 + A_3 = 0 \tag{2.87}$$

mit den Koeffizienten A_1, A_2, A_3

$$A_1 = C_{33}C_{55} \tag{2.88}$$

$$A_2 = C_{55}\left(C_{55} - \rho c^2\right) + C_{33}\left(C_{11} - \rho c^2\right) - \left(C_{13} + C_{55}\right)^2 \tag{2.89}$$

$$A_3 = \left(C_{55} - \rho c^2\right)\left(C_{11} - \rho c^2\right) \tag{2.90}$$

mit vier Lösungen für α, wobei $\alpha_2 = -\alpha_1$ und $\alpha_4 = -\alpha_3$ sind. Für die Auslenkungen u_1 und u_3 sowie die elastischen Spannungen σ_{33} und σ_{13} ergeben sich

$$(u_1, u_3) = \sum_{q=1}^{4} (1, W_q)\, U_{1q} e^{ik(x_1+\alpha_q x_3-ct)} \tag{2.91}$$

$$(\sigma_{33}, \sigma_{13}) = \sum_{q=1}^{4} ik\, (D_{1q}, D_{3q})\, U_{1q} e^{ik(x_1+\alpha_q x_3-ct)} \tag{2.92}$$

mit

$$W_q = \frac{\rho c^2 - C_{11} - C_{55}\alpha_q^2}{\left(C_{13} + C_{55}\right)\alpha_q} \tag{2.93}$$

$$D_{1q} = \left(C_{13} + C_{33}\alpha_q W_q\right) \tag{2.94}$$

$$D_{3q} = C_{55}\left(\alpha_q + W_q\right) \ . \tag{2.95}$$

Das eigene Nachrechnen des Lösungswegs hat auch hier einige Druckfehler in der Originalliteratur [Nay95] gezeigt[3].

2.1.4.3. Materialsystem mit isotroper Symmetrie

Nachfolgend werden noch die Lösungen der Bewegungsgleichungen für den isotropen Fall aufgeführt. Dies geschieht aus zwei Gründen. Zum Einen war es aufgrund der in der Originalliteratur entdeckten Fehler notwendig, die hier aufgeführten Lösungen für den orthotropen Fall zu überprüfen. In der Steifigkeitsmatrix eines isotropen Materials sind die gleichen Elemente besetzt wie in der orthotropen, lediglich mit dem Unterschied, dass zwei unabhängige Größen C_{11} und C_{12} die isotrope Steifigkeitsmatrix charakterisieren. Dies bietet die Möglichkeit, isotrope Materialkonstanten in die orthotrope Steifigkeitsmatrix einzusetzen und so Lösungen der Gleichungen 2.82-2.84 für die Ausbreitung von SH-Wellen und Gl. 2.87-2.95 für die Ausbreitung von Lamb-Wellen durch Vergleich mit Lösungen der bekannten Gleichungen zur Berechnung der Phasengeschwindigkeiten für Lamb- (Gl. 2.25) und SH-Wellen (Gl. 2.21) für isotrope Medien zu validieren. Zum Anderen soll dieses Unterkapitel die Ausführungen zur Wellenausbreitung abschließen, indem gezeigt wird, dass die im „phänomenologisch“ orientierten Teil der Arbeit (Kap. 2.1.1) aufgeführten Gl. 2.3 und Gl. 2.8 zur Bestimmung von c_l und c_t Lösungen der Wellengleichung für isotrope Medien sind.

$$\begin{bmatrix} \sigma_{11} \\ \sigma_{22} \\ \sigma_{33} \\ \sigma_{23} \\ \sigma_{13} \\ \sigma_{12} \end{bmatrix} = \begin{bmatrix} C_{11} & C_{12} & C_{12} & 0 & 0 & 0 \\ & C_{11} & C_{12} & 0 & 0 & 0 \\ & & C_{11} & 0 & 0 & 0 \\ & & & \frac{C_{11}-C_{12}}{2} & 0 & 0 \\ & SYM & & & \frac{C_{11}-C_{12}}{2} & 0 \\ & & & & & \frac{C_{11}-C_{12}}{2} \end{bmatrix} \begin{bmatrix} \epsilon_{11} \\ \epsilon_{22} \\ \epsilon_{33} \\ \gamma_{23} \\ \gamma_{13} \\ \gamma_{12} \end{bmatrix} \tag{2.96}$$

Gl. 2.96 beschreibt das Hookesche Gesetz in Matrixform für isotrope Festkörper, wobei sich C_{11} und C_{12} in Abhängigkeit der Lamé Konstanten mit

$$C_{11} = \Lambda + 2G \ , \ C_{12} = G \tag{2.97}$$

[3] So ist der Koeffizient A_2 in Gl. 2.89 in [Nay95], S.79, Gl. 5.30 (dort als Koeffizient B bezeichnet) falsch abgedruckt, in einem späteren Kapitel des gleichen Buches [Nay95], S.146, Gl. 10.36 (dort als Koeffizient A_2 bezeichnet) jedoch richtig. Auch Gl. 2.94 beinhaltet in der Originalliteratur auf S. 79 Gl. 5.28 einen Druckfehler. Es muss dort C_{33} statt C_{55} heißen, auf S.146 Gl. 10.41 des gleichen Buches ist es jedoch richtig wiedergegeben.

ausdrücken lassen. Ausgehend von den Bewegungsgleichungen 2.77-2.79 ebener Wellen in orthotropen Medien reduzieren sich diese unter Anwendung von Gl. 2.96 zu den nachfolgend dargestellten für die Ausbreitung im isotropen Medium.

$$\left(\frac{\partial^2}{\partial x_1 \partial x_3}u_3 - \frac{\partial^2}{\partial {x_3}^2}u_1\right)C_{12} + \left(2\frac{\partial^2}{\partial {x_1}^2}u_1 + \frac{\partial^2}{\partial x_1 \partial x_3}u_3 + \frac{\partial^2}{\partial {x_3}^2}u_1\right)C_{11} = 2\rho\left(\frac{\partial^2}{\partial t^2}u_1\right) \tag{2.98}$$

$$\left(-\frac{\partial^2}{\partial {x_3}^2}u_2 - \frac{\partial^2}{\partial {x_1}^2}u_2\right)C_{12} + \left(\frac{\partial^2}{\partial {x_3}^2}u_2 + \frac{\partial^2}{\partial {x_1}^2}u_2\right)C_{11} = 2\rho\left(\frac{\partial^2}{\partial t^2}u_2\right) \tag{2.99}$$

$$\left(-\frac{\partial^2}{\partial {x_1}^2}u_3 + \frac{\partial^2}{\partial x_1 \partial x_3}u_1\right)C_{12} + \left(\frac{\partial^2}{\partial {x_1}^2}u_3 + \frac{\partial^2}{\partial x_1 \partial x_3}u_1 + 2\frac{\partial^2}{\partial {x_3}^2}u_3\right)C_{11} = 2\rho\left(\frac{\partial^2}{\partial t^2}u_3\right) \tag{2.100}$$

Gl. 2.99 ist entkoppelt von Gl. 2.98 und Gl. 2.100 und wird daher ähnlich wie bei der Wellenausbreitung im orthotropen Medium getrennt betrachtet. Das Einsetzen des Lösungsansatzes für die Auslenkungen u_2 (Gl. 2.80) in Gl. 2.99 und das Ausführen der Differentiationen führt zu

$$\begin{aligned}\left(-U_2\alpha^2 - U_2\right)C_{12} + \left(U_2\alpha^2 + U_2\right)C_{11} - 2\rho c^2 U_2 &= 0\\ \alpha^2\left(-C_{12} + C_{11}\right) + \left(C_{11} - C_{12} - 2\rho c^2\right) &= 0\end{aligned} \tag{2.101}$$

und damit zu einer quadratischen Gleichung 2.102 für α, deren Lösung unter Berücksichtigung von Gl. 2.97

$$\alpha_{1/2} = \pm\sqrt{-2 + \frac{2\rho c^2}{G}} \tag{2.102}$$

die transversale Geschwindigkeit $c_2^2 = G/\rho = c_t^2$ ist.
Zur Lösung der anderen beiden Wellengleichungen 2.98 und Gl. 2.100 wird in diese der Lösungsansatz nach Gl. 2.85 eingesetzt und nach Durchführung der Differentiationen erhält man ein Gleichungssystem

$$\begin{bmatrix} K_{11} & K_{13} \\ K_{31} & K_{33} \end{bmatrix}\begin{bmatrix} U_1 \\ U_3 \end{bmatrix} = 0 \tag{2.103}$$

mit

$$\begin{aligned}K_{11} &= \alpha^2\left(C_{11} - C_{12}\right) + 2C_{11} - 2\rho c^2\\ K_{13} &= \alpha\left(C_{11} + C_{12}\right) = K_{31}\\ K_{33} &= 2\alpha^2 C_{11} + C_{11} - C_{12} - 2\rho c^2\ .\end{aligned} \tag{2.104}$$

Die Berechnung und Lösung der Determinante $K_{11}K_{33} - K_{13}K_{31} = 0$ führt zu vier Lösungen für α

$$\alpha_{1/2} = \pm\sqrt{\frac{\rho c^2}{C_{11}} - 1} \text{ und } \alpha_{3/4} = \pm\sqrt{\frac{2\rho c^2}{C_{11} - C_{12}} - 1} \tag{2.105}$$

aus denen unter Berücksichtigung von Gl. 2.97 die longitudinale und transversale Schallgeschwindigkeit

$$\begin{aligned} c_1^2 =& \frac{C_{11}}{\rho} = \frac{\Lambda + 2G}{\rho} = c_l^2 \\ c_3^2 =& \frac{C_{11} - C_{12}}{2\rho} = \frac{G}{\rho} = c_t^2 \end{aligned}$$

Lösungen der beiden gekoppelten Wellengleichungen 2.98 und Gl. 2.100 sind.

2.1.5. Wellenausbreitung in anisotropen Platten

Im vorangegangenen Kapitel wurde die Wellenausbreitung im unendlich ausgedehnten Medium behandelt. Im Folgenden wird eine Methodik eingeführt, die es erlaubt die Wellenausbreitung in anisotropen Platten zu beschreiben. Unterkapitel 2.1.5.1 stellt das Prinzip der lokalen Transfermatrix vor, dessen Anwendung es ermöglicht, die die Wellenausbreitung charakterisierenden Größen u_1, u_2, u_3, σ_{33}, σ_{13} und σ_{23} von beiden Oberflächen einer Einzelschicht aufeinander zu beziehen. Da Faserverbundwerkstoffe gewöhnlich aus mehreren Einzelschichten bestehen, wird in Kapitel 2.1.5.2 die globale Transfermatrix eingeführt, die den Bezug der bereits erwähnten Größen aufeinander im Schichtverbund beschreibt. Für das Lösen der globalen Transfermatrix müssen die Randbedingungen bzgl. geforderter Spannungsfreiheit $\sigma_{33} = \sigma_{13} = \sigma_{23} = 0$ an den Oberflächen des Laminatverbundes eingesetzt werden. Für Platten mit monoklinischer und orthotroper Symmetrie ist in Kapitel 2.1.5.3 bzw. 2.1.5.4 dieser Lösungsweg beschrieben.

2.1.5.1. Prinzip der lokalen Transfermatrix

Die lokale Transfermatrix A_k dient dem Transfer der Auslenkungen und Spannungen von der Oberseite der Laminatschicht $\hat{x}_3 = 0$ auf die der Unterseite $\hat{x}_3 = d_k$ der Laminatschicht k, wobei d_k die Dicke der Laminatschicht k kennzeichnet. Da dieser Transfer für jede Laminatschicht getrennt erfolgt, wird ein lokales kartesisches Koordinatensystem mit $0 \leq \hat{x}_3 \leq d_k, \hat{x}_1 = x_1$ eingeführt, das in Abb. 2.28 dargestellt ist. Für den Fall

Abbildung 2.28.: Auslenkungs-Spannungsmatrix P_k für Oberseite (P_k^-) und Unterseite (P_k^+) der Laminatschicht k

der Wellenausbreitung in einem Medium mit monoklinischer Symmetrie folgt aus Gl. 2.62 und 2.63 als Lösungen für die Auslenkungen und Spannungen

$$(u_1, u_2, u_3) = \sum_{q=1}^{6} (1, V_q, W_q)\, U_{1q} e^{ik\alpha_q \hat{x}_3} \tag{2.106}$$

$$(\sigma_{33}^*, \sigma_{13}^*, \sigma_{23}^*) = \sum_{q=1}^{6} (D_{1q}, D_{2q}, D_{3q})\, U_{1q} e^{ik\alpha_q \hat{x}_3} \ , \tag{2.107}$$

wobei hier und im Folgenden auf den Ausbreitungsterm $e^{ik(x_1-ct)}$ verzichtet und in Gl. 2.107 $\sigma_{ij}^* = \sigma_{ij}/ik$ eingeführt wird. Unter Berücksichtigung der in den Gl. 2.75, 2.73 und 2.72 definierten Eigenschaften der D_{iq}, V_q bzw. W_q und α_q für den monoklinischen Fall lassen sich Gl. 2.106 und 2.107 in Matrixform als Gl. 2.108 für die k-te Einzelschicht anordnen, wobei $E_q = e^{ik\alpha_q \hat{x}_3}$ gilt.

$$\underbrace{\begin{bmatrix} u_1 \\ u_2 \\ u_3 \\ \sigma_{33}^* \\ \sigma_{13}^* \\ \sigma_{23}^* \end{bmatrix}}_{P_k} = \underbrace{\begin{bmatrix} 1 & 1 & 1 & 1 & 1 & 1 \\ V_1 & V_1 & V_3 & V_3 & V_5 & V_5 \\ W_1 & -W_1 & W_3 & -W_3 & W_5 & -W_5 \\ D_{11} & D_{11} & D_{13} & D_{13} & D_{15} & D_{15} \\ D_{21} & -D_{21} & D_{23} & -D_{23} & D_{25} & -D_{25} \\ D_{31} & -D_{31} & D_{33} & -D_{33} & D_{35} & -D_{35} \end{bmatrix}}_{X_k} \underbrace{\begin{bmatrix} \mathrm{U}_{11}\mathrm{E}_1 \\ \mathrm{U}_{12}\mathrm{E}_2 \\ \mathrm{U}_{13}\mathrm{E}_3 \\ \mathrm{U}_{14}\mathrm{E}_4 \\ \mathrm{U}_{15}\mathrm{E}_5 \\ \mathrm{U}_{16}\mathrm{E}_6 \end{bmatrix}}_{U_k F_k} \tag{2.108}$$

Für die Oberfläche der Laminatschicht k gilt $\hat{x}_3 = 0$ und für die Auslenkungs-Spannungsmatrix P_k^- der Oberfläche folgt ausgehend von Gl. 2.108

$$\left[P_k^-\right] = [X_k]\,[U_k] \tag{2.109}$$

$$[X_k]^{-1} \left[P_k^-\right] = [U_k] \ . \tag{2.110}$$

Die Auslenkungs-Spannungsmatrix P_k^+ für die Unterseite der Laminatschicht $\hat{x}_3 = d_k$ ergibt

$$\left[P_k^+\right] = [X_k]\,[U_k]\,[F_k] \ \text{bzw.}$$

$$\left[P_k^+\right] = [X_k]\,[F_k]\,[U_k] \ . \tag{2.111}$$

Nach Einsetzen von Gl. 2.110 in Gl. 2.111 erhält man

$$\left[P_k^+\right] = [X_k]\,[F_k]\,[X_k]^{-1} \left[P_k^-\right]$$

$$\left[P_k^+\right] = A_k \left[P_k^-\right] \tag{2.112}$$

und damit als Ausdruck für die lokale Transfermatrix A_k

$$A_k = [X_k]\,[F_k]\,[X_k]^{-1} \ . \tag{2.113}$$

2.1.5.2. Prinzip der globalen Transfermatrix

Die globale Transfermatrix A verbindet die Auslenkungs-Spannungsmatrix $P_1^- = P^-$ der Oberseite des Laminatverbundes mit der Auslenkungs-Spannungsmatrix der Unterseite des Verbundes $P_N^+ = P^+$, wobei N die Anzahl der Lagen kennzeichnet (Abb. 2.29).

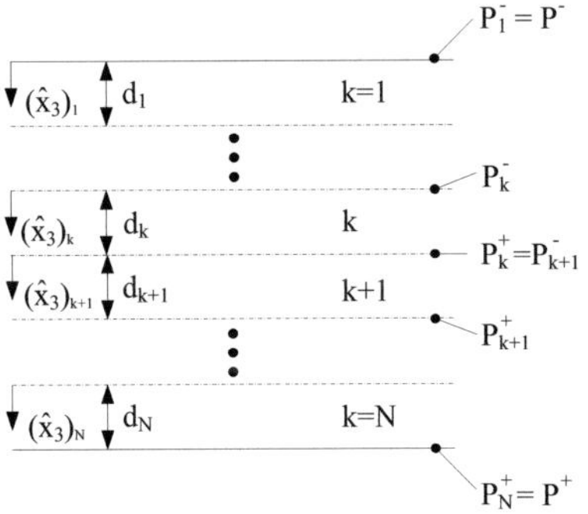

Abbildung 2.29.: Auslenkungs-Spannungsmatrix P für Oberseite (P^-) und Unterseite (P^+) des Laminatverbundes mit N Einzelschichten

Zur Sicherstellung der Kontinuität der Auslenkungen und Spannungen zwischen zwei benachbarten Schichten k und $k+1$ gilt Gl. 2.114.

$$P_k^+ = P_{k+1}^- \tag{2.114}$$

Für einen Laminatverbund mit N Lagen ergibt sich unter Berücksichtigung von Gl. 2.112 und 2.114

$$\begin{aligned}
P^+ &= A_N P_N^- = A_N P_{N-1}^+ \\
P^+ &= A_N A_{N-1} P_{N-1}^- = A_N A_{N-1} P_{N-2}^+ \\
P^+ &= A_N A_{N-1} \ldots A_1 P^- \\
P^+ &= A P^- \qquad (2.115)
\end{aligned}$$

mit der globalen Transfermatrix $A = A_N A_{N-1} ... A_1$, die den Auslenkungs- und Spannungsvektor P^- der Oberseite mit dem Vektor P^+ der Unterseite der Platte verbindet.

2.1.5.3. Wellenausbreitung in Platten mit monoklinischer Symmetrie

Für eine Platte mit monoklinischer Symmetrie (d.h. nur einer Symmetrieebene in der x_1-x_2 Ebene) lässt sich Gl. 2.115 als

$$\begin{bmatrix} u_1 \\ u_2 \\ u_3 \\ \sigma_{33}^* \\ \sigma_{13}^* \\ \sigma_{23}^* \end{bmatrix}^+ = \begin{bmatrix} A_{11} & A_{12} & A_{13} & A_{14} & A_{15} & A_{16} \\ A_{21} & A_{22} & A_{23} & A_{24} & A_{25} & A_{26} \\ A_{31} & A_{32} & A_{33} & A_{34} & A_{35} & A_{36} \\ A_{41} & A_{42} & A_{43} & A_{44} & A_{45} & A_{46} \\ A_{51} & A_{52} & A_{53} & A_{54} & A_{55} & A_{56} \\ A_{61} & A_{62} & A_{63} & A_{64} & A_{65} & A_{66} \end{bmatrix} \begin{bmatrix} u_1 \\ u_2 \\ u_3 \\ \sigma_{33}^* \\ \sigma_{13}^* \\ \sigma_{23}^* \end{bmatrix}^- \tag{2.116}$$

darstellen. Die Einführung der Spannungsfreiheit an den Oberflächen des Gesamtlaminates $\sigma_{33} = \sigma_{13} = \sigma_{23} = 0$ und die Aufteilung des Gleichungssystems 2.116 führt zu

$$\begin{bmatrix} 0 \\ 0 \\ 0 \end{bmatrix}^+ = \begin{bmatrix} A_{41} & A_{42} & A_{43} \\ A_{51} & A_{52} & A_{53} \\ A_{61} & A_{62} & A_{63} \end{bmatrix} \begin{bmatrix} u_1 \\ u_2 \\ u_3 \end{bmatrix}^- , \tag{2.117}$$

für dessen nichttriviale Lösung (in der die Auslenkungen u_1, u_2, u_3 nicht Null sind) die Determinante von Gl. 2.117 Null sein muss.

$$\begin{vmatrix} A_{41} & A_{42} & A_{43} \\ A_{51} & A_{52} & A_{53} \\ A_{61} & A_{62} & A_{63} \end{vmatrix} = 0 \tag{2.118}$$

Wird für eine gegebene Frequenz f und Phasengeschwindigkeit c die charakteristische Gleichung 2.118 für einen konkreten Material- und Lagenaufbau erfüllt, dann kann sich für diese Frequenz f eine geführte Welle im monoklinischen Materialverbund ausbreiten.

2.1.5.4. Wellenausbreitung in Platten mit orthotroper Symmetrie

Für eine Platte mit orthotroper Symmetrie kann wieder aufgrund der entkoppelten Wellengleichungen zwischen der Ausbreitung von SH-Wellen und sagittale Schwingungsmoden unterschieden werden. Das Vorgehen entspricht der im vorigen Kapitel 2.1.5.3 aufgeführten, daher werden lediglich die Unterschiede gekennzeichnet.

SH-Wellenmoden in Platten mit orthotroper Symmetrie

Gl. 2.115 reduziert sich unter Berücksichtigung der auftretenden Spannungen und Auslenkungen im orthotropen Laminat zu

$$\begin{bmatrix} u_2 \\ \sigma_{23}^* \end{bmatrix}^+ = \begin{bmatrix} A_{11} & A_{12} \\ A_{21} & A_{22} \end{bmatrix} \begin{bmatrix} u_2 \\ \sigma_{23}^* \end{bmatrix}^- \tag{2.119}$$

und mit der geforderten Spannungsfreiheit der Oberflächen $\sigma_{23} = 0$ ergibt sich als charakteristische Gleichung

$$A_{21} = 0 \ . \tag{2.120}$$

Sagittale (den Lamb-Wellen ähnliche) Schwingungsmoden in Platten mit orthotroper Symmetrie

Für die sagittalen Schwingungsmoden reduziert sich Gl. 2.115 im Fall der orthotropen Symmetrie zu

$$\begin{bmatrix} u_1 \\ u_3 \\ \sigma_{33}^* \\ \sigma_{13}^* \end{bmatrix}^+ = \begin{bmatrix} A_{11} & A_{12} & A_{13} & A_{14} \\ A_{21} & A_{22} & A_{23} & A_{24} \\ A_{31} & A_{32} & A_{33} & A_{34} \\ A_{41} & A_{42} & A_{43} & A_{44} \end{bmatrix} \begin{bmatrix} u_1 \\ u_3 \\ \sigma_{33}^* \\ \sigma_{13}^* \end{bmatrix}^- \tag{2.121}$$

und die charakteristische Gleichung ergibt sich nach Einsetzen der Spannungsfreiheit an den Oberflächen $\sigma_{33} = \sigma_{13} = 0$ zu

$$\begin{vmatrix} A_{31} & A_{32} \\ A_{41} & A_{42} \end{vmatrix} = 0 \ . \tag{2.122}$$

2.1.6. Visualisierung der Wellenausbreitung

Im Folgenden wird ein kurzer Abriss über die technischen Möglichkeiten und die vom Autor verwendete Technologie bei der Visualisierung von akustischen Wellenfeldern in Plattenstrukturen gegeben. Für die Visualisierung der Wellenausbreitung ist es notwendig, die Oberflächenauslenkungen oder Schwinggeschwindigkeiten der Teilchen über der Zeit und dem Ort zu erfassen. Die Beobachtungszeit setzt sich zusammen aus der Dauer des verwendeten Anregungssignals und der Laufzeit der Lamb-Welle zum gewünschten Beobachtungsort. Die Aufnahme über der Zeit ist bei der Visualisierung selten die begrenzende Größe, denn sie ist durch Eigenschaften des verwendeten Messsystems (Abtastrate, Aufnahmelänge) bestimmt. Die begrenzende Größe ist bei den existierenden Methoden die örtliche Auflösung und die Reproduzierbarkeit der Messungen, da für eine gute Signalqualität die Oberflächenauslenkungen (im Nanometer-Bereich) mehrfach gemittelt werden müssen. Dafür existieren verschiedene Ansätze.
Eine Variante ist über zeitweilig oberflächenapplizierte Piezosensoren die Auslenkungen zu erfassen und so ein Messfeld abzurastern. Diese Methode hat aufgrund der notwendigen Wandlerabmaße den Nachteil, dass diese Wandler über dem (Klebe-)Ort die Auslenkungen integral erfassen. Ebenfalls lassen sich die Auslenkungskomponenten nicht in In-plane- oder Out-of-plane-Auslenkungen trennen - ein applizierter Sensor wird alle Bewegungskomponenten (entsprechend der Größe und Richtungswirkung seiner piezoelektrischen Konstanten) summiert aufnehmen. [MI06] nutzte 4 applizierte Piezosensoren (Anregung f=400 kHz, U=900 V) um ein Wellenfeld in Aluminium zu erzeugen. Als Empfänger wurde ein luftgekoppelter piezoelektrischer Sensor verwendet, mit dem das Messfeld abgerastert wurde. Auch hier existiert der Nachteil der integralen Erfassung der Auslenkungskomponenten über dessen Wandlerfläche durch den piezoelektrischen Wandler, zusätzlich führt der hohe Impedanzunterschied durch die Luftkopplung zu geringen Empfangssignalen, die eine hohe Puls-Sendespannung erfordern. Die höhere Materialdämpfung in Faserverbundwerkstoffen führt bei Verwendung von luftgekoppeltem Ultraschall zu zusätzlichen Herausforderungen.

In dieser Arbeit werden die Oberflächenauslenkungen mittels scannendem Laservibrometer erfasst. Damit lassen sich Wellenfelder ortsbezogen mit der notwendigen Genauigkeit (geforderte Ortsauflösung 1mm) darstellen. Wellenfelder, die sich mit einer Geschwindigkeit von 1500 m/s bei einer Anregungsfrequenz von 150 kHz ausbreiten, können mit 10 Scanpunkten pro Wellenlänge abgetastet werden. Ein Vorteil ist das kontaktlose Scannen der Oberfläche. Als nachteilig ist die hohe Anzahl an notwendigen Mittelungen (ca. 256) pro Messpunkt und die damit verbundene lange Scanzeit zu nennen, die je-

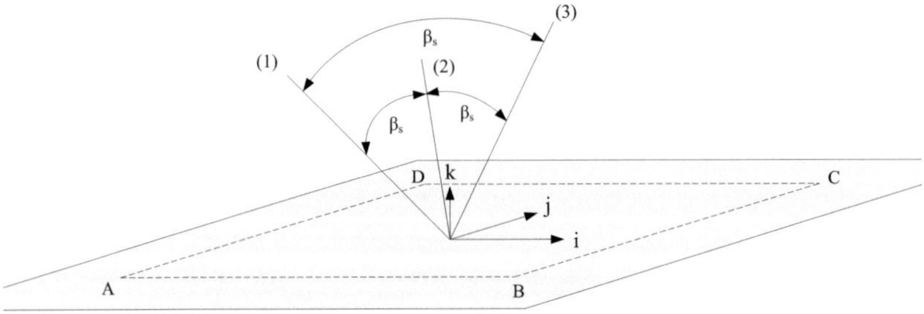

Abbildung 2.30.: Kalibrierrechteck ABCD, lokale Teilchenauslenkungen i,j,k und Scanrichtungen (1),(2),(3)

doch für die hier durchgeführten Laboruntersuchungen akzeptiert werden kann. Laservibrometrische Messungen von Wellenfeldern wurden bereits häufig durchgeführt [Keh03a, Köh04, Sta04, Köh04a, KM05, HW05, HW07, KM06, Ber06, Köh08]. Diese Untersuchungen beschränkten sich jedoch ausschließlich auf die Aufnahme der Schwingungskomponente parallel zum einfallenden Laserstrahl. Üblicherweise fällt der Laserstrahl normal zur Plattenoberfläche ein und die detektierte Komponente ist die Out-of-plane-Komponente des Wellenfeldes. Wellenmoden die jedoch über keine Out-of-plane-Schwingungskomponenten (SH-Moden in isotropen oder orthotropen Materialsystemen) oder nur geringe Anteile (z.B. S0-Mode im niedrigen Frequenzbereich) verfügen, können so jedoch gar nicht oder nur sehr schwach detektiert werden. [Köh08] ließ den Laserstrahl im flachem Winkel zur Oberfläche einfallen und detektierte die In-plane- und Out-of-plane-Komponente. Ein Abscannen einer Fläche gestaltet sich so jedoch schwierig, da sich für jeden Messpunkt der Einfallswinkel (bei ungeänderter Laservibrometerposition) ändert und damit das Verhältnis von erfasster In-plane- zu Out-of-plane-Schwingungskomponente ebenfalls variiert.

In der vorgelegten Arbeit wurde ein Verfahren angewendet, das im Rahmen einer Diplomarbeit [Bar07] im IZFP-D erarbeitet und dessen Leistungsfähigkeit bereits gezeigt wurde [SchL08, Bar08]. Dieses Verfahren ermöglicht die Erfassung aller drei räumlichen Schwingungskomponenten auf Basis eines 1-Punkt Scanning Laservibrometers. Allgemeine Informationen über die Funktionsweise eines Laservibrometers sind ebenfalls in [Bar07] zu finden. [Bar08a] stellt das Konzept und die verwendete Hardware vor. Im Folgenden wird das Vorgehen zur 3D Visualisierung lediglich in Übersichtsform dargestellt:

- Insgesamt muss das Objekt aus 3 unabhängigen Raumrichtungen jeweils im Winkel β_s gescannt werden (Abb. 2.30). Dazu wird das auf einem Tripod befestigte Laservibrometer um das Messobjekt bewegt.

- Auf das Messobjekt muss ein Kalibrierrechteck ABCD (Abb. 2.30) aufgezeichnet sein. Die Eckpunkte des Kalibrierrechteckes müssen vor jeder der drei notwendigen Messungen manuell mit dem Laserstrahl angefahren werden. Die Software errechnet die Lage des Messfeldes relativ zur Scannerposition und gibt die Abweichung des justierten Rechteckes als Fehlermerkmal zurück.

- Innerhalb des Kalibrierrechteckes kann ein beliebiges Messfeld gescannt werden. Nach Abschluss der drei notwendigen Messungen errechnet die Software für jeden Punkt des Messfeldes die beiden In-plane- (i,j) und die Out-of-plane- (k) Komponenten der Auslenkung oder der Schwinggeschwindigkeit. Als Bezugsachse für die In-plane-Komponenten gilt die AB-Gerade. Als i-Komponente wird die zu dieser Gerade parallel schwingende Auslenkungskomponente bezeichnet.

- Das verwendete Laservibrometer verfügt über keinen Autofokus. Bei größeren Messfeldern muss jedoch der Laserstrahl neu fokussiert werden. Aus diesem Grund ist eine Autofokusfunktion implementiert, die nach Vorgabe des maximal zulässigen Laserpunktdurchmessers den Scanbereich in Fokusbereiche einteilt und den Laserstrahl bei Überschreiten eines Bereiches neu fokussiert.

2.2. Faserverbundwerkstoffe

In diesem Kapitel wird einleitend in Kap. 2.2.1 der Aufbau von Faserverbundwerkstoffen vorgestellt. Eine Einzelschicht wird in Kap. 2.2.1 in ihren mechanischen Eigenschaften beschrieben, die die Grundlage für die in Kapitel 2.1.5 behandelte Wellenausbreitung bilden. Unterkapitel 2.2.2 stellt Versagensformen in Verbundwerkstoffen dar. Als Auslöser dieser Versagensformen wird die Schlagschädigung infolge Impakt in Kapitel 2.2.3 behandelt und Einflussgrößen auf diese aufgezeigt. Der Autor fasst in den Unterkapiteln 2.2.2 und 2.2.3 Ausarbeitungen in der von ihm betreuten Diplomarbeit [LI08] zusammen.

2.2.1. Aufbau von Faserverbundwerkstoffen

Faserverbundwerkstoffe bestehen aus der stapelweisen Anordnung von N unidirektionalen Einzelschichten, mit $1 \leq k \leq N$. Jede Einzelschicht ist in einem bestimmten Winkel ϕ_k angeordnet, der das lokale gestrichene (kartesische) Koordinatensystem mit $\acute{x}_1$ und $\acute{x}_2$ mit dem globalen kartesischem Koordinatensystem mit x_1 und x_2 verbindet.

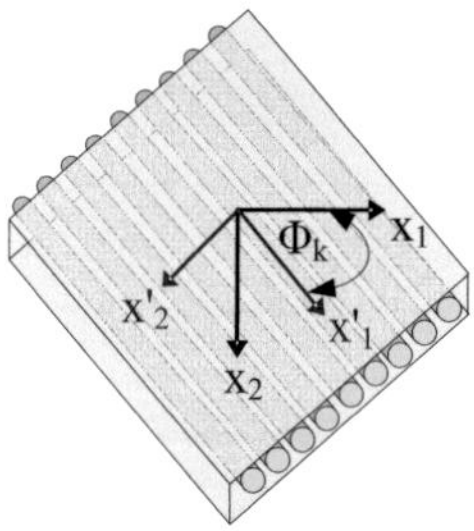

Abbildung 2.31.: Unidirektionale Einzelschicht

Dabei ist das gestrichene Koordinatensystem so definiert, dass $\acute{x}_1$ immer in Faserlängsrichtung zeigt. Es gelten folgende Beziehungen zwischen dem lokalen (auf eine Einzellage) und dem globalen (auf das Gesamtlaminat) bezogenen Koordinatensystem:

$$\acute{x}_1 = x_1 \cos(\phi_k) \quad (2.123)$$

$$\acute{x}_2 = x_2 \cos(\phi_k) \quad (2.124)$$

$$(2.125)$$

Abbildung 2.31 stellt beide Koordinatensysteme in einer unidirektionalen Einzelschicht dar. Aufgrund der in Kap. 2.1.4.2 behandelten Symmetrieeigenschaften der unidirektionalen Einzelschicht verfügt die Steifigkeitsmatrix über orthotrope Eigenschaften in Faserlängs- und Faserquerrichtung. Die Materialkonstanten einer unidirektionalen Einzelschicht werden in praktischen Tests in Faserlängsrichtung aus den Elastizitätsmoduln $\acute{E}_i$, $i = 1, 2, 3$, Schubmoduln $\acute{G}_{44}, \acute{G}_{55}, \acute{G}_{66}$ in der $\acute{x}_2 - \acute{x}_3$, $\acute{x}_1 - \acute{x}_3$ bzw. $\acute{x}_1 - \acute{x}_2$ Ebene und den Poisson-Konstanten $\acute{\nu}_{ij}$ (die die Querdehnung in j-Richtung kennzeichnen, wenn das Material in i-Richtung beansprucht wird) ermittelt und auch als Ingenieurskonstanten bezeichnet. Diese Kennwerte bilden die Nachgiebigkeitsmatrix $\acute{S}_{ij}$, die die Dehnungen mit den Spannungen nach Gl. 2.126 verbindet.

$$\begin{bmatrix} \acute{\epsilon}_{11} \\ \acute{\epsilon}_{22} \\ \acute{\epsilon}_{33} \\ \acute{\gamma}_{23} \\ \acute{\gamma}_{13} \\ \acute{\gamma}_{12} \end{bmatrix} = \begin{bmatrix} \frac{1}{\acute{E}_1} & -\frac{\acute{\nu}_{21}}{\acute{E}_2} & -\frac{\acute{\nu}_{31}}{\acute{E}_3} & 0 & 0 & 0 \\ -\frac{\acute{\nu}_{12}}{\acute{E}_1} & \frac{1}{\acute{E}_2} & -\frac{\acute{\nu}_{32}}{\acute{E}_3} & 0 & 0 & 0 \\ -\frac{\acute{\nu}_{13}}{\acute{E}_1} & -\frac{\acute{\nu}_{23}}{\acute{E}_2} & \frac{1}{\acute{E}_3} & 0 & 0 & 0 \\ 0 & 0 & 0 & \frac{1}{\acute{G}_{44}} & 0 & 0 \\ 0 & 0 & 0 & 0 & \frac{1}{\acute{G}_{55}} & 0 \\ 0 & 0 & 0 & 0 & 0 & \frac{1}{\acute{G}_{66}} \end{bmatrix} \begin{bmatrix} \acute{\sigma}_{11} \\ \acute{\sigma}_{22} \\ \acute{\sigma}_{33} \\ \acute{\sigma}_{23} \\ \acute{\sigma}_{13} \\ \acute{\sigma}_{12} \end{bmatrix} \tag{2.126}$$

Aus Gl. 2.126 geht hervor, dass lediglich $\acute{\nu}_{12}$, $\acute{\nu}_{13}$ und $\acute{\nu}_{23}$ bestimmt werden müssen, da $\acute{\nu}_{21}$, $\acute{\nu}_{31}$ und $\acute{\nu}_{32}$ in Abhängigkeit von den erst genannten Poisson-Konstanten und den Elastizitätsmoduln ausgedrückt werden können. Durch Invertieren der Nachgiebigkeitsmatrix erhält man die orthotrope Steifigkeitsmatrix Gl. 2.127

$$\acute{C} = \begin{bmatrix} \acute{C}_{11} & \acute{C}_{12} & \acute{C}_{13} & 0 & 0 & 0 \\ & \acute{C}_{22} & \acute{C}_{23} & 0 & 0 & 0 \\ & & \acute{C}_{33} & 0 & 0 & 0 \\ & & & \acute{C}_{44} & 0 & 0 \\ & SYM & & & \acute{C}_{55} & 0 \\ & & & & & \acute{C}_{66} \end{bmatrix}, \tag{2.127}$$

die die unidirektionale Schicht in Faserlängsrichtung in ihren Eigenschaften charakterisiert. Für alle Winkel $\phi \neq (0°, 180°)$ müssen die Materialeigenschaften entsprechend des Winkels ϕ vom gestrichenen in das ungestrichene Koordinatensystem unter Beachtung der in Gl. 2.128 dargestellten Beziehungen

$$\begin{aligned} C_{11} &= \acute{C}_{11}G^4 + \acute{C}_{22}S^4 + 2\left(\acute{C}_{12} + 2\acute{C}_{66}\right)S^2G^2 + 4\left(\acute{C}_{16}G^2 + \acute{C}_{26}S^2\right)SG \\ C_{12} &= \left(\acute{C}_{11} + \acute{C}_{22} - 2\acute{C}_{12} - 4\acute{C}_{66}\right)S^2G^2 + \acute{C}_{12} + 2\left(\acute{C}_{16} - \acute{C}_{26}\right)\left(S^2 - G^2\right)SG \end{aligned}$$

$$
\begin{aligned}
C_{13} =& C'_{13}G^2 + C'_{23}S^2 + 2C'_{36}SG \\
C_{16} =& \left(C'_{12} - C'_{11} + 2C'_{66}\right) SG^3 + \left(C'_{22} - C'_{12} - 2C'_{66}\right) GS^3 + 3\left(C'_{26} - C'_{16}\right) S^2G^2 \\
& + C'_{16}G^4 - C'_{26}S^4 \\
C_{22} =& C'_{11}S^4 + C'_{22}G^4 + 2\left(C'_{12} + 2C'_{66}\right) S^2G^2 - 4\left(C'_{16}S^2 + C'_{26}G^2\right) SG \\
C_{23} =& C'_{23}G^2 + C'_{13}S^2 - 2C'_{36}SG \\
C_{26} =& \left(C'_{12} - C'_{11} + 2C'_{66}\right) GS^3 + \left(C'_{22} - C'_{12} - 2C'_{66}\right) SG^3 + 3\left(C'_{16} - C'_{26}\right) S^2G^2 \\
& - C'_{16}S^4 + C'_{26}G^4 \\
C_{33} =& C'_{33} \\
C_{36} =& \left(C'_{23} - C'_{13}\right) SG + C'_{36}\left(G^2 - S^2\right) \\
C_{44} =& C'_{44}G^2 + C'_{55}S^2 - 2C'_{45}SG \\
C_{45} =& \left(C'_{44} - C'_{55}\right) SG + C'_{45}\left(G^2 - S^2\right) \\
C_{55} =& C'_{55}G^2 + C'_{44}S^2 + 2C'_{45}SG \\
C_{66} =& \left(C'_{11} + C'_{22} - 2C'_{12} - 4C'_{66}\right) S^2G^2 + C'_{66} + 2\left(C'_{16} - C'_{26}\right)\left(S^2 - G^2\right) SG
\end{aligned} \tag{2.128}
$$

transformiert werden, wobei $G = cos(\phi)$ und $S = sin(\phi)$ ist. Im Ergebnis der Transformationen von orthotropen Materialdaten nach Gl. 2.128 erhält man eine monoklinische Steifigkeitsmatrix nach Gl. 2.129, die für alle Winkel ϕ das Verhalten zwischen Spannungen und Dehnungen in der unidirektionalen Schicht beschreibt.

$$
C = \begin{bmatrix}
C_{11} & C_{12} & C_{13} & 0 & 0 & C_{16} \\
 & C_{22} & C_{23} & 0 & 0 & C_{16} \\
 & & C_{33} & 0 & 0 & C_{36} \\
 & & & C_{44} & C_{45} & 0 \\
 & SYM & & & C_{55} & 0 \\
 & & & & & C_{66}
\end{bmatrix} \tag{2.129}
$$

Abhängig vom Herstellungsverfahren des Laminatverbundes werden in MAG (Multiaxiale Gelege) oder TAPE Laminate unterschieden. Ein MAG Laminat besteht aus mehreren CFK Fasermatten unterschiedlicher Orientierungsrichtungen, die über Stützfäden aneinander fixiert sind. Über ein RTM - Verfahren wird mittels Kolben das Polymerharz in die Fasermatten gespritzt und härtet anschließend unter Wärmezufuhr und Druck aus. TAPE Laminate bestehen aus unidirektionalem Prepregs (Endlosfasern in ungehärtetem Polymerharz) verschiedener Orientierungsrichtungen, die gemeinsam im Autoklaven konsolidiert werden.

2.2.2. Versagensformen von Faserverbundwerkstoffen

Es wird in drei grundlegende Versagensformen bei Faserverbundwerkstoffen unterschieden:

- Als **Zwischenfaserbruch** (Abb. 2.32, (A)) wird eine Werkstofftrennung verstanden, die zwischen den Fasern, d.h. vorwiegend durch das Matrixmaterial, aber auch entlang der Faser/Matrix-Grenzfläche verläuft und eine Schicht des Laminates komplett durchtrennen kann [LI08]. Die Fasern der betroffenen Schicht werden dabei kaum geschädigt, so dass die Steifigkeit und Festigkeit in Faserrichtung kaum beeinflusst wird [Heu00]. Der Zwischenfaserbruch ist auf eine lokale Dehnungsüberhöhung im Laminat zurückzuführen. Dehnungsüberhöhungen entstehen, da bei Belastungen senkrecht zum Faserlauf einer unidirektionalen Schicht, die Fasern aufgrund ihres hohen E-Moduls kaum Querdehnungen aufnehmen. Die verbleibende Matrix zwischen den Faserbündeln muss diese überhöhte Dehnung kompensieren. Die Dehnungsüberhöhung in der Matrix zwischen den Fasern ist umso höher, je größer der Unterschied in den E-Moduln zwischen Faser und Matrix und je höher der Faservolumengehalt ist.

- **Delaminationen** (Abb. 2.32, (B)) können an der Grenzfläche zwischen zwei benachbarten Schichten auftreten. Eine Schichttrennung kann nur von Spannungen verursacht werden, die als Zugspannungen senkrecht zur Schichtgrenze oder als Schubspannungen in der Grenzfläche der Schicht wirken. In der Literatur wird gegenwärtig davon ausgegangen, das intensive Delaminationsvorgänge, von Schlagschädigungen (Impakten) abgesehen, meist erst eintreten, wenn zuvor Zwischenfaserbrüche entstanden sind, deren Rissspitze die Schichtgrenze erreicht hat. Die Spannungskonzentration im Bereich der Rissspitze löst danach die Schichttrennung

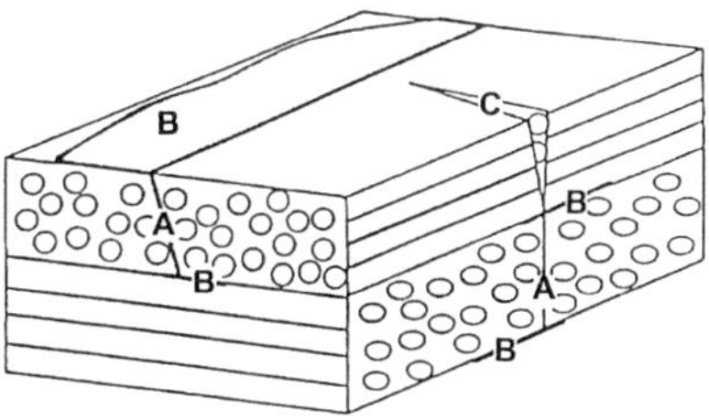

Abbildung 2.32.: Grundlegende Versagensformen von faserverstärkten Laminaten: Zwischenfaserbruch (A), Delamination (B), Faserbruch (C) [Heu00]

aus. Darüber hinaus wirken Laminatkanten und -ränder sowie Defekte im Laminat selbst als Ausgangspunkte für Delaminationen [Heu00].

- Als **Faserbruch** (Abb. 2.32, (C)) wird das nahezu gleichzeitige Versagen mehrerer Elementarfasern bezeichnet. Dies ist im Falle einer Zugbelastung der Fall, wenn die Zugfestigkeit der Fasern überschritten wird [LI08]. Nach dem Versagen eines Faserbündels müssen die Belastungen von den übrigen Faserbündeln übernommen werden. Faserbrüche können ebenfalls entstehen, wenn die Belastung quer zur Faserrichtung eingebracht wird. Falls die umgebende Matrix die Belastungen nicht aufnehmen kann, können Faserbündel knicken und ausbrechen. Das Versagen einzelner Elementarfasern unterliegt statistischen Gesetzmäßigkeiten. Bei etwa 70 bis 80% der Bruchlast versagen einzelne Elementarfasern bis durch weitere Laststeigerung sowie Lasterhöhung durch Kraftumleitung der schon geschädigten Bereiche ganze Faserbündel versagen. Bei Faserbrüchen wird der Verbund von Faser und Matrix aufgrund der hohen Energiefreisetzung oft vollständig gelöst. In vielen Fällen verursacht der Faserbruch einer Schicht des Laminates auch Schäden in den Nachbarschichten, die sich zumeist in Form von Zwischenfaserbrüchen oder Delaminationen äußern [LI08, Puc96].

2.2.3. Impaktschäden in CFK-Laminaten

Impaktschäden entstehen infolge Schlagbeanspruchung des Laminates. Der Schädigungsverlauf kann dabei in mehrere Teilschritte gegliedert werden. Zuerst tritt eine zur Faserlängsrichtung orthogonale Zugbeanspruchung auf, die zur lokalen Dehnungsüberhöhung innerhalb der Matrix und damit zum Zwischenfaserbruch führt (Kap. 2.2.2). Mit steigender Belastung wächst der Zwischenfaserbruch bis in die Grenzschicht zwischen zwei unterschiedlich orientierten Faserlagen. Der an dieser Stelle vorhandene Steifigkeitssprung an der Lagengrenze infolge der unterschiedlichen Faserorientierung, erzwingt den Rissfortschritt zwischen den Lagen und damit die flächige Trennung zweier benachbarter Schichten (Delamination) [Ehr04, LI08]. Diese breitet sich zunächst oft nur einseitig, bei Belastungssteigerung auch beidseitig von der Rissspitze aus [Puc96]. Abbildung 2.33 zeigt schematisch ein typisches Schadensbild durch Schlagbeanspruchung.

In Abhängigkeit des Lagenaufbaus gibt es Richtungen, in denen eine Delamination bevorzugt stattfindet. Der Unterschied in der Biegsteifigkeit benachbarter Laminatlagen wird

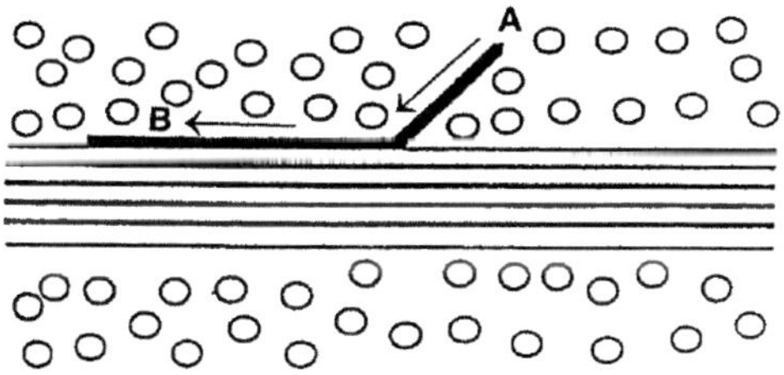

Abbildung 2.33.: Charakteristisches Schadensbild von Zwischenfaserbruch und Delamination, A: intralaminarer Riss, B: Delamination, [Heu00]

durch den Missanpassungskoeffizienten M charakterisiert. Bei zwei um 90° verdrehten Laminatlagen kann M wie folgt geschrieben werden [Liu88]:

$$M = \cos(2\theta) \tag{2.130}$$

Abbildung 2.34 (a) zeigt die Missanpassung eines [90°/0°] Laminates in Abhängigkeit vom Winkel. Die untere 0° Lage entspricht der 0° Hauptachse des Laminates.
In Winkelbereichen, in denen der Missanpassungskoeffizient negativ ist, findet keine Delamination statt. In Bereichen, für die $M > 0$ gilt, wird die Laminattrennung bevorzugt stattfinden. Abbildung 2.34 (b) zeigt eine schematische Darstellung des Delaminationsvorganges zwischen zwei Laminatlagen, deren Orientierungsunterschied 90° beträgt. In Faserorientierung ist die Biegung wegen der hohen Steifigkeit gering, wohingegen die Biegung senkrecht zu den Fasern leichter stattfinden kann. Dadurch wirken in Bereichen mit positivem Missanpassungskoeffizienten $M > 0$ Zugkräfte (Bereich A) und bei $M < 0$ Druckkräfte (Bereich B) [Heu00, LI08]. Je größer die Faserorientierung zweier benachbarter Laminatlagen abweicht, desto größer ist auch die Missanpassung. Die Größe der Missanpassung hängt außerdem von dem Verhältnis der E-Moduln von Faser und Matrix ab. Je größer der Unterschied zwischen den E-Moduln, desto größer ist die Missanpassung. Die daraus resultierende Delamination ist allerdings auch von Eigenschaften der Faser-Matrix-Grenzfläche abhängig [Liu88].
Die geometrische Grundeinheit der Delamination ist „erdnussförmig“, ähnlich einer Lemniskate, und wird bei allen Faserverbundwerkstoffen beobachtet [Liu88, LI08].
Die rechnerische Modellierung von Schlagschädigungen ist bis heute nicht mit ausreichender Genauigkeit möglich. Die besondere Gefahr dieser Schäden besteht darin, dass sie, trotz des Fehlens visueller Hinweise auf der Impaktseite, insbesondere bei Druckbelastung einen starken Steifigkeits- und Festigkeitsverlust bewirken können. Aus diesem Grund stellen Schlagschäden und die durch sie hervorgerufenen Delaminationen einen wichtigen

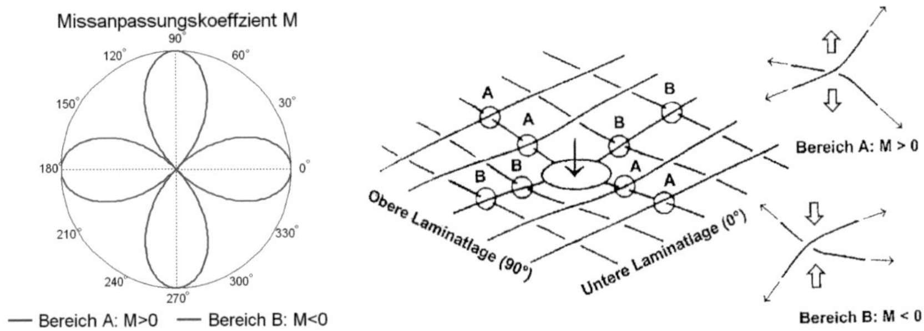

(a) Isokonturlinie der Missanpassung der Biegesteifigkeiten zweier benachbarter Laminatlagen, nach [Liu88]

(b) Schematische Darstellung des Delaminationsvorganges, [Heu00]

Abbildung 2.34.: Delaminationsvorgang in der Grenzfläche zweier Laminatlagen, deren Faserorientierung um 90° abweicht

Schadensmodus bei Faserverbundwerkstoffen dar [Keh03, LI08].

Die Größe des entstehenden Schlagschadens wird von verschiedenen Parametern beeinflusst. Diese lassen sich in materialspezifische Einflussgrößen und in äußere Beanspruchungsbedingungen trennen.

- **Materialspezifische Einflussgrößen** sind Faser- und Matrixeigenschaften, die Schichtdicken sowie der Laminataufbau. Größere Orientierungsunterschiede zwischen benachbarten Lagen sowie größere Lagendicken führen zu größeren Delaminationsgebieten.
  Höhere Faservolumengehalte begünstigen den Zwischenfaserbruch bei schlagbeanspruchten Bauteilen, wogegen sie die mechanischen Eigenschaften in Faserrichtung verbessern. Unterschiedliche Fasertypen führen zwangsläufig auch zu unterschiedlichen Faser-Matrix-Haftungen sowie zu unterschiedlichen Faservolumengehalten und sind daher nicht vergleichbar [LI08]. Die Literatur weist auf ein zum Teil deutlich besseres Impaktverhalten von Glasfaser/Epoxid- und Kohlenstoff/Epoxid- gegenüber Kevlar/Epoxid- Verbundwerkstoffen hin, das auf die interlaminaren Festigkeiten zurückgeführt wird und sich in Form von geringeren Ausdehnungen der Delaminationsgebiete äußert [Heu00].
  Im Gegensatz zum Faserwerkstoff ist der Einfluss der Matrixeigenschaften auf die Schadenstoleranz bei Schlagbeanspruchung relativ sicher einzuschätzen. Mit

zunehmender Bruchzähigkeit der Matrix nimmt die Schädigungsfläche ab. In Modellvorstellungen wird davon ausgegangen, dass bei einem Matrixmaterial mit hoher Bruchzähigkeit mehr Energie in Form von Deformationen der Matrix, als durch Schaffung freier Oberflächen umgesetzt wird [Ehr04].

- Zu den **äußeren Beanspruchungsbedingungen** ohne werkstoffseitige Ursache zählen die Impaktenergie, insbesondere die Impaktgeschwindigkeit, die Geometrie des Indentors, die Strukturgröße sowie Umweltfaktoren in Form von Umgebungstemperatur und Luftfeuchtigkeit.

  Eine höhere Impaktenergie kann sowohl durch eine höhere Impaktormasse als auch eine höhere Impaktgeschwindigkeit erreicht werden, wobei diese Faktoren voneinander getrennt betrachtet werden müssen. Ausschlaggebend für diese Unterscheidung ist die Ausbreitungsgeschwindigkeit einer Schädigung im Bauteil. Findet der Schlagschaden unterhalb einer Grenzgeschwindigkeit statt, kann sich die Last in der Gesamtstruktur ausbreiten, so dass das Bauteil quasistatisch belastet wird. Wird diese Grenzgeschwindigkeit überschritten, dominiert eine lokale Überbelastung der Struktur. Der Hochgeschwindigkeitsimpakt führt daher bei gleicher Energie zu einer lokal begrenzten, aber stärkeren Zerstörung, verglichen mit der weiter ausgedehnten aber schwächeren Zerstörung im Niedergeschwindigkeitsbereich [Ehr04]. Die dominierende Schadensart bei Hochgeschwindigkeitsimpakts sind Faserbrüche. Bei niedrigen Impakt-Geschwindigkeiten dominieren dagegen Zwischenfaserbrüche und Delaminationen [Liu87]. Der Niedergeschwindigkeitsbereich wird unterhalb von 20 m/s angegeben. Vom Hochgeschwindigkeitsbereich wird oberhalb von 100 m/s ausgegangen (Abbildung 2.35) [Ehr04].

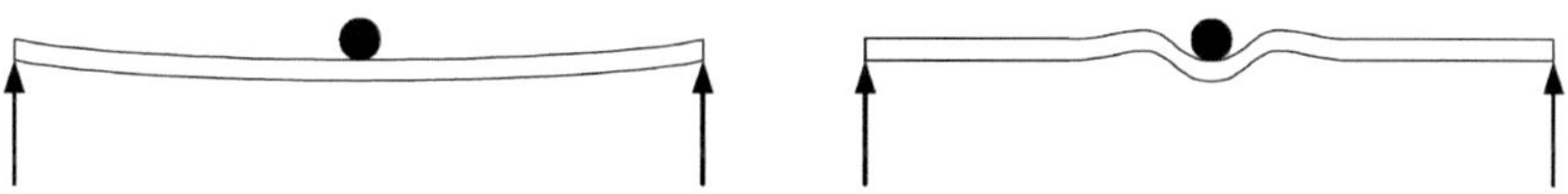

Abbildung 2.35.: Niedergeschwindigkeitsimpakt (a), Hochgeschwindigkeitsimpakt (b) [Ehr04]

Eine höhere Impaktormasse führt bei gleicher Impaktgeschwindigkeit zu höherem Energieeintrag, der in Form von verstärkter Rissbildung und Risswachstum dissipiert werden muss. Die Form des Indentors beeinflusst über die Kontaktfläche beim Impakt ebenfalls das Schadensbild. Die Impakt-Energie und die Größe der projizierten Delaminationsfläche sind proportional [Heu00].

Da Bauteile den Einflüssen der Umgebung ausgesetzt sind, wirken sich sowohl die Umgebungstemperatur als auch die Feuchtigkeit der Umgebung auf die Werkstoffeigenschaften aus. Eine Durchwärmung dünnwandiger CFK-Strukturen findet nahezu über das gesamte Volumen gleichzeitig statt. Die Feuchteaufnahme ist dagegen von der Einwirkdauer bestimmt. Steigende Temperaturen begünstigen die Erweichung der Matrix, was zur Steigerung der Bruchzähigkeit beiträgt. Starke Temperaturschwankungen können aufgrund thermischer Spannungen sowohl zur Rissbildung führen als auch die Eigenschaften der Faser/Matrix-Grenzfläche beeinflussen. Impaktversuche bei niedrigen Temperaturen zeigen eine zunehmende Schadensgröße bei gleicher Impaktenergie [Rio05].
Feuchtigkeit führt vor allem bei duroplastischen Matrixsystemen zur Quellung und verursacht Mikrorisse im Bereich der Faser-Matrix-Grenzfläche [Cin05].

3. Wechselwirkung geführter Wellen mit Impaktschäden

In diesem Kapitel wird die Wechselwirkung geführter Wellen mit Impaktschäden untersucht. Kapitel 3.1 beschäftigt sich einführend mit der Frage, welche Bedingungen ein Wellenmode erfüllen muss, damit er eine starke Wechselwirkung mit dem potentiellem Schadensbild eingeht.

Nach der Identifikation der Bedingungen für eine optimale Wechselwirkung folgt Kapitel 3.2, in dem eine neue Methode vorgestellt wird, mit der elastische Spannungskomponenten und darauf aufbauend das Wechselwirkungspotential verschiedener geführter Wellen quantifiziert werden können. Der Anwender erhält damit die Möglichkeit, Ergebnisse, die an verschiedenen Laminataufbauten oder mit unterschiedlichen Signaturanalysesystemen gewonnen wurden, vergleichen zu können.

Die in Kapitel 3.2 vorgestellte Methode zur Quantifizierung der elastischen Spannungen basiert auf der Verwendung von Ergebnissen 3D-laservibrometrischer Messungen. Kapitel 3.3 fasst einführend die Möglichkeiten zusammen, die die 3D-Laservibrometrie zur Charakterisierung (Kap. 3.3.2) der Art der Wellenmoden und des Schadensumfanges (Kap. 3.3.3) bietet. In diesem Zusammenhang wird ein geeigneter Schadensindikator eingeführt. Anschließend werden die bis dahin theoretischen Darlegungen zum Wechselwirkungspotential aus den Kap. 3.1 und 3.2 am praktischen Beispiel validiert.

Nachdem ein Schadensindikator zur Erkennung einer Impaktschädigung gefunden wurde, beschäftigt sich Kapitel 3.4 mit der Fragestellung, inwiefern der Schadensindikator mit der Schadensgröße korreliert. Dazu werden eine größere Anzahl von schlaggeschädigten Proben mittels Signaturanalyse mit dem Ziel untersucht, ob ein mittels Signaturanalyse gewonnener Signalparameter den Schädigungsumfang nach Impaktschädigung beschreiben kann.

3.1. Analyse des Wechselwirkungspotentials geführter Wellen mit Impaktschäden

In Kap. 3.1.1 wird ein Schädigungsmodell einer Delamination eingeführt. Die Auswirkungen der Randbedingungen dieses Modells bezüglich geforderter Spannungsfreiheit auf die Wellenausbreitung werden in Kapitel 3.1.2 getrennt für spezielle Laminatsymmetrien betrachtet und daraus das Wechselwirkungspotential verschiedener geführter Wellen abgeleitet.

3.1.1. Modell eines Impaktschadens

Abbildung 3.1a zeigt ein Schliffbild einer impaktgeschädigten Laminatprobe, in der nach der Impaktierung verschiedene Trennungen benachbarter Laminatlagen (Delaminationen) auftraten. Ebenfalls gut erkennbar sind Zwischenfaserbrüche als Ausgangspunkt für das Entstehen einer Delamination. Im unteren Teil des Schliffbildes sind ebenfalls Matrixbrüche erkennbar. Das hier eingeführte Modell (Abb. 3.1b) berücksichtigt ausschließlich Delaminationen als flächige Trennungen benachbarter Laminatlagen, die in dieser Abbildung rot eingefärbt dargestellt sind. Es wird angenommen, dass die Delamination zu einer vollständigen Trennung von benachbarten Laminatlagen parallel zur Plattenoberfläche führt. Die Delamination wird mit freien Randbedingungen für den Spannungsvektor definiert

$$\sigma_{ij} n_j = 0 \quad i,j = 1,2,3 \quad , \tag{3.1}$$

wobei n den Normalenvektor kennzeichnet. Die Ausdehnung der Delamination senkrecht zur Plattenoberfläche wird mit einer Länge l=0 angenommen. Mit diesen Annahmen folgt

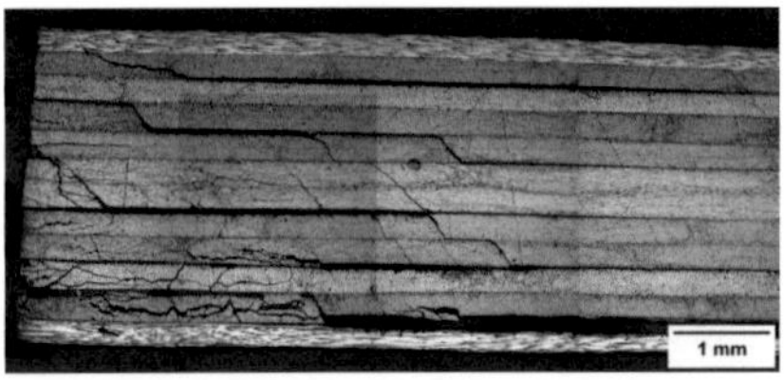

(a) Schliffbild nach Impakt (10J) [LI08]

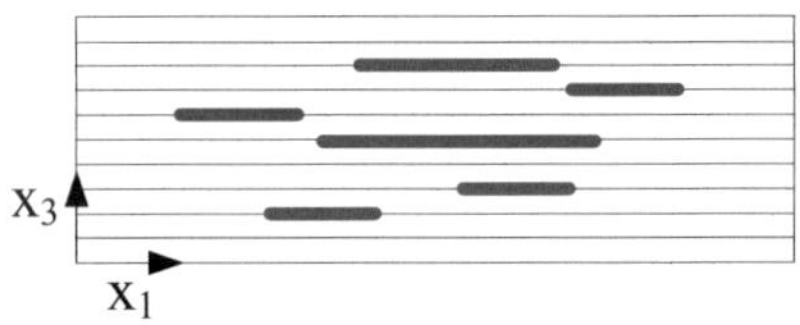

(b) Modell mit eingefärbten Lagentrennungen

Abbildung 3.1.: Schliffbild einer impaktgeschädigten CFK-Probe (a), Modellskizze (b) unter Berücksichtigung der Delaminationen als flächige Trennung benachbarter Laminatschichten (rot eingefärbt)

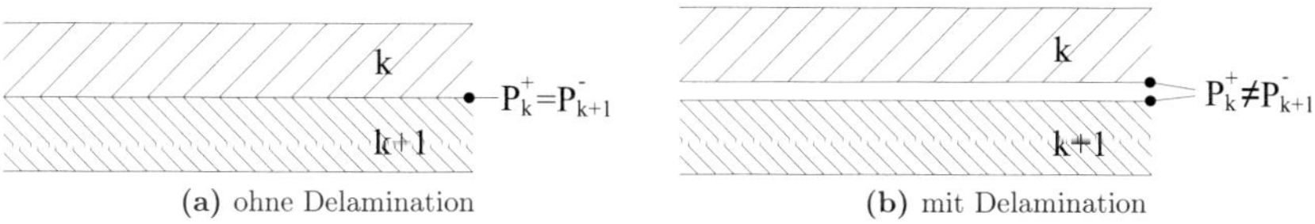

Abbildung 3.2.: Auslenkungs-Spannungsvektor P zweier benachbarter Laminatschichten k und $k+1$ ohne (a) und mit (b) Annahme des Modellschadens

für den Normalenvektor

$$n = \begin{pmatrix} 0 \\ 0 \\ 1 \end{pmatrix} \tag{3.2}$$

und aus Gl. 3.1 folgt unter Berücksichtigung von Gl. 3.2

$$\sigma_{13} = \sigma_{23} = \sigma_{33} = 0 \; . \tag{3.3}$$

Die Oberfläche des Schadens ist damit entsprechend Gl. 3.3 spannungsfrei. Für den Auslenkungs-Spannungsvektor P zweier benachbarter Schichten k und $k+1$ ergibt sich für den ungeschädigten Fall weiterhin (Abb. 3.2a)

$$P_k^+ = P_{k+1}^- \; , \tag{3.4}$$

während sich für den geschädigten Fall (Abb. 3.2b) unter Berücksichtigung der durch den Modellschaden entstandenen Randbedingungen (Gl. 3.3) im Falle eines monoklinischen Laminataufbaus

$$\begin{bmatrix} u_1 \\ u_2 \\ u_3 \\ 0 \\ 0 \\ 0 \end{bmatrix}_k^+ = P_k^+ \neq P_{k+1}^- = \begin{bmatrix} u_1 \\ u_2 \\ u_3 \\ 0 \\ 0 \\ 0 \end{bmatrix}_{k+1}^- \tag{3.5}$$

ergibt.

3.1.2. Wechselwirkungspotential geführter Wellen mit Delaminationen

Ein Wellenmode wird nicht mit dem Schaden wechselwirken, wenn der Mode die durch den Schaden eingebrachten Randbedingungen der Spannungsfreiheit an den Grenzflächen der Delamination bereits von sich aus erfüllt. Ein derartiger Wellenmode verfügt somit über kein Wechselwirkungspotential mit dem Modellschaden. Erfüllt im umgekehrten Fall der Wellenmode nicht die durch den Schaden neu entstandenen Randbedingungen, dann müssen diese Randbedingungen gemeinsam durch die einfallende Welle und die neu entstehenden Wellen (Streuwellen) erfüllt werden. Ein solcher Wellenmode verfügt über hohes Wechselwirkungspotential.

In diesem Kapitel wird ausgehend von den in Kapitel 2.1.4 erarbeiteten Bewegungsgleichungen für orthotrope und monoklinische Werkstoffsymmetrien das Wechselwirkungspotential geführter Wellen mit dem in Kap. 3.1.1 definierten Modellschaden betrachtet.

3.1.2.1. Laminataufbauten mit orthotroper Symmetrie

Liegt in Richtung der Wellenausbreitung x_1 eine orthotrope Symmetrie des Laminataufbaus vor, dann folgt aus Gl. 2.76 und unter Berücksichtigung von Gl. 2.1 für die Spannungskomponenten σ_{13}, σ_{23}, σ_{33}

$$\sigma_{13} = C_{55}\left(\frac{\partial u_1}{\partial x_3} + \frac{\partial u_3}{\partial x_1}\right) \tag{3.6}$$

$$\sigma_{23} = C_{44}\left(\frac{\partial u_2}{\partial x_3}\right) \tag{3.7}$$

$$\sigma_{33} = C_{13}\left(\frac{\partial u_1}{\partial x_1}\right) + C_{33}\left(\frac{\partial u_3}{\partial x_3}\right). \tag{3.8}$$

Im orthotropen Fall ist die Wellengleichung 2.78 von den anderen beiden entkoppelt und liefert die Lösung für die Ausbreitung von SH-Plattenwellen. Diese verfügen lediglich über Auslenkungen u_2. Durch den Modellschaden werden die in Gl. 3.3 dargestellten Randbedingungen in das Material eingebracht. Für SH-Wellen ist in orthotropen Medien σ_{13} (Gl. 3.6) und σ_{33} (Gl. 3.8) null, da diese unabhängig von u_2 sind. Die Schubspannungskomponente σ_{23} (Gl. 3.7) wird lediglich für den SH0-Mode null, da für diesen $\partial u_2/\partial x_3 = 0$ gilt. Für SH-Moden höherer Ordnung $n > 0$ gilt $\partial u_2/\partial x_3 \neq 0$ und damit $\sigma_{23} \neq 0$. Der SH0-Mode erfüllt damit bereits die durch den Schaden vorgegebenen Randbedingungen und weist daher kein Wechselwirkungspotential mit dem in Kap. 3.1.1 definierten Modellschaden auf.

Tabelle 3.1.: Wechselwirkungspotential geführter Wellen in orthotropen Laminataufbauten

Wellenmode	Ordnung	σ_{13}	σ_{23}	σ_{33}	Potential
SH	0	0	0	0	kein
SH	1,2,3,...	0	gering	0	gering
S	0,1,2,3,...	hoch*	0	hoch**	hoch
A	0,1,2,3,...	hoch*	0	hoch**	hoch

* wenn C_{55}, $\partial u_1/\partial x_3$ und $\partial u_3/\partial x_1$ hoch

** wenn C_{13}, C_{33}, $\partial u_1/\partial x_1$ und $\partial u_3/\partial x_3$ hoch

Der Ansatz der Auslenkungen u_1 und u_3 führte zur Lösung der Wellengleichungen 2.77 und 2.79 für sagittale Schwingungsmoden in orthotropen Medien. Für die Schubspannungskomponente σ_{23} folgt $\sigma_{23} = 0$ da $u_2 = 0$. Die anderen beiden Spannungen σ_{13} und σ_{33} sind jedoch ungleich null. Sagittale Schwingungsmoden weisen daher in orthotropen Laminataufbauten Wechselwirkungspotential auf. Tabelle 3.1 fasst abschließend das Wechselwirkungspotential geführter Wellen in Laminataufbauten mit orthotroper Symmetrie zusammen.

3.1.2.2. Laminataufbauten mit monoklinischer Symmetrie

Für Laminate mit monoklinischer Symmetrieeigenschaft in Richtung der Wellenausbreitung x_1 folgt aus Gl. 2.65 unter Berücksichtigung von Gl. 2.1 für die Spannungskomponenten σ_{13}, σ_{23}, σ_{33}

$$\sigma_{13} = C_{45}\left(\frac{\partial u_2}{\partial x_3}\right) + C_{55}\left(\frac{\partial u_1}{\partial x_3} + \frac{\partial u_3}{\partial x_1}\right) \tag{3.9}$$

$$\sigma_{23} = C_{44}\left(\frac{\partial u_2}{\partial x_3}\right) + C_{45}\left(\frac{\partial u_1}{\partial x_3} + \frac{\partial u_3}{\partial x_1}\right) \tag{3.10}$$

$$\sigma_{33} = C_{13}\left(\frac{\partial u_1}{\partial x_1}\right) + C_{33}\left(\frac{\partial u_3}{\partial x_3}\right) + C_{36}\left(\frac{\partial u_2}{\partial x_1}\right). \tag{3.11}$$

Im Fall der Wellenausbreitung im Medium mit monoklinischer Symmetrieeigenschaft sind die Wellengleichungen 2.66-2.68 nicht voneinander entkoppelt, da alle 3 Bewegungsgleichungen Auslenkungskomponenten u_1, u_2 und u_3 aufweisen. Der Umfang der Wechselwirkungen geführter Wellen in monoklinischen Laminaten ist abhängig von der Größe der Normal- und Schubspannungen (Gl. 3.9-3.11) im Laminat. Diese wiederum verhalten sich proportional zur Größe der Steifigkeitselemente $C_{13}, C_{33}, C_{36}, C_{44}, C_{45}, C_{55}$ und der Normal- und Schubdehnungen bei gegebener Frequenz.

Tabelle 3.2.: Wechselwirkungspotential geführter Wellen in monoklinischen Laminataufbauten

Wellenmode	Ordnung	σ_{13}	σ_{23}	σ_{33}	Potential
SH	0,1,2,3,...	gering	gering	gering	gering
S	0,1,2,3,...	hoch*	hoch**	hoch***	hoch
A	0,1,2,3,...	hoch*	hoch**	hoch***	hoch

* wenn C_{45}, C_{55}, $\partial u_2/\partial x_3$, $\partial u_1/\partial x_3$ und $\partial u_3/\partial x_1$ hoch
** wenn C_{44}, C_{45}, $\partial u_2/\partial x_3$, $\partial u_1/\partial x_3$ und $\partial u_3/\partial x_1$ hoch
*** wenn C_{13}, C_{33}, C_{36}, $\partial u_1/\partial x_1$, $\partial u_3/\partial x_3$ und $\partial u_2/\partial x_1$ hoch

Sagittale Schwingungsmoden und SH-Moden erfüllen die Randbedingungen des Schadens (Gl. 3.9-3.11) a priori noch nicht und weisen daher beide Wechselwirkungspotential auf. Die Höhe des Potentials ist proportional zur Größe der Spannungskomponenten und damit abhängig von den in die Richtung der Wellenausbreitung gültigen Größen der Steifigkeitsmatrix (die wiederum in die Gl. 3.9-3.11 zur Berechnung der Spannungen eingehen) und den Ableitungen der Auslenkungen

$$\frac{\partial u_y}{\partial x_z} \tag{3.12}$$

mit y=1,2,3 und z=1,3. Tabelle 3.2 fasst dies zusammen.

Für eine optimale Wechselwirkung einer geführten Welle mit dem Modellschaden sollte daher ein Wellenmode gewählt werden, der über hohe Spannungskomponenten σ_{13}, σ_{23} und σ_{33} verfügt. Dies wurde auch durch [Guo93] beobachtet, der Folien als künstliche Delaminationen zwischen verschiedene Lagen in CFK-Platten einbrachte und die Amplitude des am Schaden reflektierten S0-Modes experimentell beobachtete. Die Amplitude des reflektierten S0-Modes variierte mit der Tiefenlage des Fehlers. Er vereinfachte das Laminat als transversal isotrop und konnte so die Spannungsverteilungen σ_{13} und σ_{33} im Laminat mit dem kommerziell erhältlichen Programm „Disperse“ [Dis10] berechnen. Befand sich die künstliche Delamination zwischen Laminatschichten mit hohen Spannungsanteilen σ_{13} und σ_{33} so korrelierte dies mit hohen Reflexionsamplituden des S0-Modes. Im umgekehrten Fall sank die Amplitude des reflektierten S0-Modes, wenn der Fehler sich zwischen Schichten mit niedrigen σ_{13}- und σ_{33}-Komponenten befand.

3.2. Quantifizierung der Wechselwirkung

Im vorangegangenen Kapitel 3.1 wurde herausgestellt, dass eine geführte Welle für eine optimale Wechselwirkung mit einer Delamination über hohe Spannungskomponenten σ_{13}, σ_{23} und σ_{33} verfügen sollte. Die letztendlich entstehenden Spannungen im Laminat sind abhängig vom Laminataufbau und den Eigenschaften einer Einzelschicht bzw. des Gesamtaufbaus in Richtung der Wellenausbreitung, der Frequenz und Spannungsamplitude des Anregungssignals und dem verwendetem Ultraschallwandler. Damit applikationsabhängig die geeignetste Konfiguration des Überwachungssystems gefunden werden kann, ist ein Vergleich der resultierenden Spannungsverteilungen über den Laminatdicken notwendig. Dieses Kapitel fasst die durchgeführten Berechnungsschritte zur Normierung der Spannungskomponenten zusammen. Dies erfolgt getrennt für orthotrope und monokline Laminataufbauten in Kap. 3.2.1 und 3.2.2. Die programmiertechnische Umsetzung erfolgte in Matlab®. Die Skripte sind neben Hinweisen und Erläuterungen zum Umgang mit denselben im Anhang B.2 der Arbeit zu finden.

3.2.1. Laminataufbauten mit orthotroper Symmetrie

Die nachfolgenden Ausführungen zur Quantifizierung der Auslenkungen und Spannungen beschränken sich auf die sagittalen Schwingungsmoden, da der SH0-Mode im orthotropen Medium kein Wechselwirkungspotential mit einem Schaden zeigte. Dies bedeutet, dass die hier angegebenen Gleichungen zur Normierung sich lediglich auf Amplituden u_1 und u_3 beziehen.

Normierung auf u_3 Auslenkungskomponente

Die Auslenkungen u_3^{1-}, u_1^{1-} und Spannungen σ_{13}^{1-}, σ_{33}^{1-} auf der Oberseite $x_3 = 0$ des Laminatverbundes, sowie die entsprechenden Größen u_3^{N+}, u_1^{N+}, σ_{13}^{N+}, σ_{33}^{N+} für die Unterseite $x_3 = d$ des Gesamtlaminates lassen sich aus der globalen Transfermatrix A und unter Berücksichtigung der spannungsfreien Oberflächen nach Gl. 2.122 mit

$$\begin{aligned} u_3^{1-} &= u_3^{1-} & u_3^{N+} &= u_3^{1-}\left(A_{22} - \frac{A_{21}A_{32}}{A_{31}}\right) & \sigma_{13}^{1-} &= \sigma_{13}^{N+} = 0 \\ u_1^{1-} &= -u_3^{1-}\left(\frac{A_{32}}{A_{31}}\right) & u_1^{N+} &= u_3^{1-}\left(A_{12} - \frac{A_{11}A_{32}}{A_{31}}\right) & \sigma_{33}^{1-} &= \sigma_{33}^{N+} = 0 \end{aligned} \tag{3.13}$$

berechnen. Der Exponent $1-$ kennzeichnet Größen der Oberseite der ersten Laminatschicht, der Exponent $N+$ die entsprechenden Größen der Unterseite der N-ten Schicht. Dabei wurden hier alle Größen auf die mittels 3D-Laservibrometrie ermittelte Out-of-plane-Auslenkungskomponente u_3^{1-} der Oberseite des Laminatverbundes normiert. Für die N-te Lage muss ausgehend von der jetzt bekannten Auslenkungs-Spannungsmatrix P_N^+ der Unterseite des Laminataufbaus über die bekannte lokale Transfermatrix A_N der Lage N die Auslenkungs-Spannungsmatrix P_N^- der Oberseite der N-ten mit

$$P_N^- = (A_N)^{-1} P_N^+ = (A_N)^{-1} \begin{pmatrix} u_1^{N+} \\ u_3^{N+} \\ \sigma_{33}^{N+} \\ \sigma_{13}^{N+} \end{pmatrix} \tag{3.14}$$

errechnet werden. Dies führt zu einem rekursiven Ansatz zur Errechnung der Auslenkungs-Spannungsmatrix P_k^- der k-ten Lage

$$P_k^- = (A_k)^{-1} P_k^+ \ . \tag{3.15}$$

Normierung auf u_1 Auslenkungskomponente

Zur Quantifizierung der Auslenkungen und Spannungen eines Wellenmodes mit geringer u_3 Komponente (bspw. S0-Mode bei niedrigen Frequenzen) ist die Normierung auf die In-plane-Komponente der Oberfläche u_1^{1-} erforderlich. Nach Durchführung einer 3D laservibrometrischen Messung und Extraktion der In-plane-Komponente u_1 können diese mittels

$$\begin{aligned} u_1^{1-} &= u_1^{1-} & u_1^{N+} &= u_1^{1-}\left(A_{11} - \frac{A_{12}A_{41}}{A_{42}}\right) & \sigma_{13}^{1-} &= \sigma_{13}^{N+} = 0 \\ u_3^{1-} &= -u_1^{1-}\left(\frac{A_{41}}{A_{42}}\right) & u_3^{N+} &= u_1^{1-}\left(A_{21} - \frac{A_{22}A_{41}}{A_{42}}\right) & \sigma_{33}^{1-} &= \sigma_{33}^{N+} = 0 \end{aligned} \tag{3.16}$$

für die Ober- und Unterseite des Laminatverbundes quantifiziert werden. Die weitere Berechnung der Werte der lokalen Transfermatrizen entspricht dem in Gl. 3.14 und 3.15 aufgeführten Vorgehen.

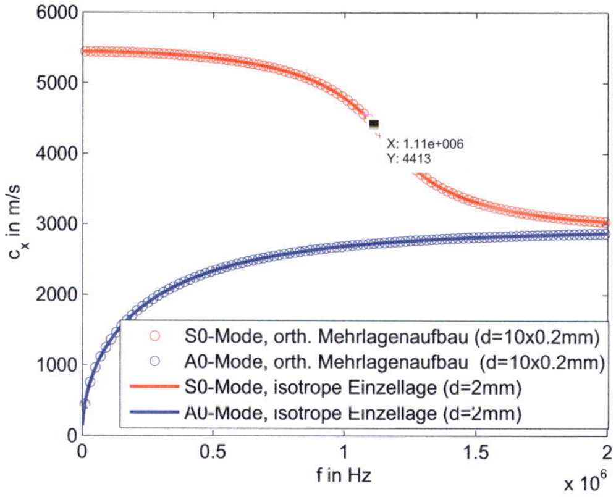

Abbildung 3.3.: Vergleich der Phasengeschwindigkeiten c_x für S0- und A0-Mode, Aluminium (c_l=6320 m/s, c_t=3130 m/s, ρ=2.7g/cm^{-3}) errechnet mit dem orthotropen Mehrlagenansatz (N=10, d_k=0.2mm) und durch Lösung der Lamb-Wellen-Gleichung 2.25 (d=2mm)

Verifikation der Lösungen der charakteristischen Gleichung

Zur Sicherstellung der in Kapitel 2.1.4.2 durchgeführten Korrekturen der charakteristischen Gleichung und der Richtigkeit der Lösungen zur Berechnung der Auslenkungen und Spannungen (Gl. 3.13 und 3.16) wurden diese unter Nutzung von isotropen Materialdaten mit den aus der Lamb-Wellen-Gleichung errechneten Lösungen verglichen. Abbildung 3.3 zeigt, dass die erhaltenen Phasengeschwindigkeiten durch Lösung der Lamb-Wellen-Gleichung 2.25 verglichen mit den Lösungen des orthotropen Mehrlagenansatzes identisch sind. Die Berechnung der Elemente der orthotropen Steifigkeitsmatrix erfolgte mit isotropen Materialdaten (Gl. 2.96) mit

$$C_{11} = \rho c_l^2 \quad \text{und} \quad C_{12} = -\frac{\rho c_l^2 \nu}{\nu - 1} \ . \tag{3.17}$$

Abbildung 3.4 stellt für eine ausgewählte Frequenz die normierten Auslenkungen für den A0-Mode über dem Plattenquerschnitt dar, wobei auch hier beide Lösungen identisch sind. Abbildung 3.5 zeigt abschließend die für den S0-Mode charakteristische Änderung der Drehrichtung der Schwingungsellipse für $f(d/\lambda_x = 0.5)$. Die entsprechende Phasengeschwindigkeit für den Phasensprung der Auslenkungen zwischen 1.1MHz $\leq f \leq$ 1.11MHz ist aus Abbildung 3.3 mit $c_x(f = 1.11\text{MHz})$=4413m/s ermittelbar. Daraus lässt sich das charakteristische Verhältnis $d/\lambda_x = 0.5$ für die Nullstelle in den In-plane-Auslenkungen und die Änderung der Drehrichtung der Schwingungsellipse ableiten.

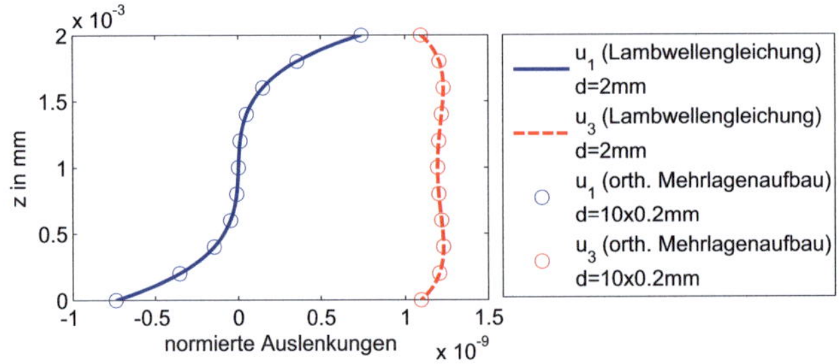

Abbildung 3.4.: Vergleich der Auslenkungen für A0-Mode, Aluminium (f=1MHz, c_l=6320 m/s, c_t=3130 m/s, ρ=2.7g/cm^{-3}) errechnet mit dem orthotropen Mehrlagenansatz (N=10, d_k=0.2mm) und durch Lösung der Lamb-Wellen-Gleichung 2.25 (d=2mm)

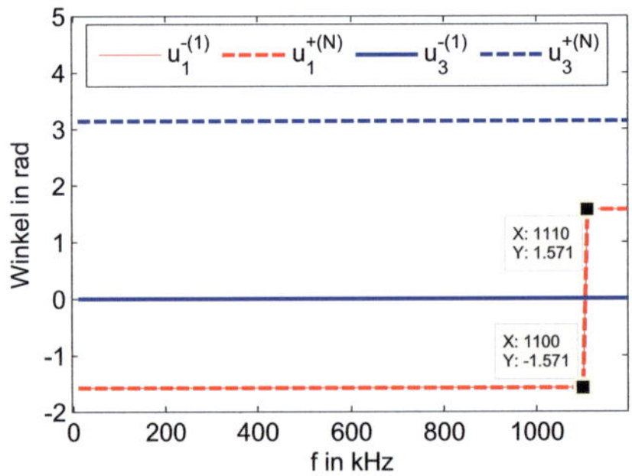

Abbildung 3.5.: Phasenwinkel der Auslenkungen des S0-Modes als Indikator für die Drehrichtung der Schwingungsellipse, Aluminium (c_l=6320 m/s, c_t=3130 m/s, ρ=2.7g/cm^{-3}) errechnet mit dem orthotropen Mehrlagenansatz (N=10, d_k=0.2mm)

3.2.2. Laminataufbauten mit monoklinischer Symmetrie

Aus Gleichung 2.117 folgt für die Auslenkungen u_3^{1-}, u_2^{1-}, u_1^{1-} und Spannungen σ_{13}^{1-}, σ_{23}^{1-}, σ_{33}^{1-} auf der Oberseite $x_3 = 0$ des Laminatverbundes

$$\begin{aligned}
u_3^{1-} &= u_3^{1-} \\
u_2^{1-} &= u_3^{1-} \left(\frac{A_{43}A_{51} - A_{53}A_{41}}{A_{41}A_{52} - A_{42}A_{51}} \right) \\
u_1^{1-} &= - u_3^{1-} \left(\frac{(A_{43}A_{51} - A_{53}A_{41}) A_{42}}{(A_{41}A_{52} - A_{42}A_{51}) A_{41}} + \frac{A_{43}}{A_{41}} \right) \\
\sigma_{33}^{1-} &= \sigma_{13}^{1-} = \sigma_{23}^{1-} = 0 \ .
\end{aligned} \tag{3.18}$$

Die entsprechenden Größen u_3^{N+}, u_2^{N+}, u_1^{N+}, σ_{13}^{N+}, σ_{23}^{N+}, σ_{33}^{N+} für die Unterseite $x_3 = d$ des Gesamtlaminates lassen sich ebenfalls aus der globalen Transfermatrix A unter Berücksichtigung der spannungsfreien Oberflächen und Gl. 3.18 mit

$$\begin{aligned}
u_3^{N+} &= u_1^{1-} A_{31} + u_2^{1-} A_{32} + u_3^{1-} A_{33} \\
u_2^{N+} &= u_1^{1-} A_{21} + u_2^{1-} A_{22} + u_3^{1-} A_{23} \\
u_1^{N+} &= u_1^{1-} A_{11} + u_2^{1-} A_{12} + u_3^{1-} A_{13} \\
\sigma_{33}^{N+} &= \sigma_{13}^{N+} = \sigma_{23}^{N+} = 0
\end{aligned} \tag{3.19}$$

berechnen. Für eine Normierung der Spannungen und Auslenkungen wurden diese wieder in Abhängigkeit der Out-of-plane-Komponente u_3^{1-} der Laminatoberseite dargestellt. Für die Auslenkungs-Spannungsmatrix P_N^- der Oberseite des N-ten Laminates folgt

$$P_N^- = (A_N)^{-1} P_N^+ = (A_N)^{-1} \begin{pmatrix} u_1^{N+} \\ u_2^{N+} \\ u_3^{N+} \\ \sigma_{33}^{N+} \\ \sigma_{13}^{N+} \\ \sigma_{23}^{N+} \ . \end{pmatrix} \tag{3.20}$$

Mittels rekursivem Ansatz kann die Auslenkungs-Spannungsmatrix P_k^- der k-ten Lage nach Gl. 3.15 errechnet werden.

Sollen Auslenkungs- bzw. Spannungsverteilungen eines Modes quantifiziert werden, der über geringe und damit messtechnisch schlecht auflösbare u_3 Auslenkungen jedoch aber über hohe u_2 (z.B. SH0-Mode) oder u_1 (z.B. S0-Mode bei niedrigen Frequenzen) Auslenkungen verfügt, kann Gl. 2.117 bzw. Gl. 3.18 auch in Abhängigkeit von u_2 oder u_1 dargestellt werden. Dies zeigt nachfolgend Gl. 3.21 für die Normierung auf u_2^{1-} bzw. Gl. 3.22 für die Normierung auf u_1^{1-}.

$$u_2^{1-} = u_2^{1-} \; , \qquad u_3^{1-} = u_2^{1-} \left(\frac{A_{52}A_{41} - A_{42}A_{51}}{A_{43}A_{51} - A_{53}A_{41}} \right) \; , u_1^{1-} = -\frac{u_2^{1-}A_{52} + u_3^{1-}A_{53}}{A_{51}} \tag{3.21}$$

$$u_1^{1-} = u_1^{1-} \; , \qquad u_3^{1-} = u_1^{1-} \left(\frac{A_{42}A_{51} - A_{41}A_{52}}{A_{43}A_{52} - A_{42}A_{53}} \right) \; , u_2^{1-} = -\frac{u_1^{1-}A_{51} + u_3^{1-}A_{53}}{A_{52}} \tag{3.22}$$

Die Anwendung der hier vorgestellten Normierung der Auslenkungen und Spannungen für monoklinische Laminatverbunde erfolgt in Kap. 3.3.3.4 in Abb. 3.23.

3.3. Anwendung der 3D Laservibrometrie

Für die Wahl eines geeigneten Setups zur Zustandsüberwachung (Wellenmode, Frequenz, Wandlerpositionen) ist es notwendig, die auftretenden Wellenmoden experimentell charakterisieren und die erwartete Wechselwirkung mit dem Schaden quantifizieren zu können. Dieses Kapitel fasst die Möglichkeiten zusammen, die die Anwendung der 3D Laservibrometrie zur Charakterisierung geführter Wellen und ihrer Impaktwechselwirkung bietet. Ausgehend von den bisherigen Arbeiten in Kap. 3.3.1 werden die Möglichkeiten der Modenidentifizierung (Kap. 3.3.2) an praktischen Beispielen gezeigt. In Kapitel 3.3.3 folgt die Betrachtung der Impaktwechselwirkung verschiedener Wellenmoden innerhalb eines monoklinischen Laminataufbaus unter Nutzung der in den vorangegangenen Kapiteln erarbeiteten Methoden zur Beschreibung der Spannungsverteilungen im Laminat. Es wird gezeigt, dass unter Nutzung der 3D-Vibrometrie und der damit möglichen Extraktion der Out-of-plane-Schwingungskomponente u_3 eine Normierung der Spannungskomponenten und damit eine Aussage zur Höhe der Schadenswechselwirkung möglich wird.

3.3.1. Ausgangssituation, Konzeption und Durchführung

Ausgangssituation

Laservibrometrische Messungen wurden von [Köh04] an CFK-Platten durchgeführt. Es wurden zwei Impakts der Stärke 3.5J und 10J eingebracht und mittels Scanning-Laservibrometer vorrangig die Out-of-plane-Komponente des A0-Modes aufgezeichnet. Dabei wurden eine Verzögerung des transmittierten A0-Wellenfeldes sowie die Erzeugung von Streuwellen beobachtet. [Ber06] untersuchte mittels Laservibrometer die Wechselwirkung von A0- und S0-Moden an Impaktschäden in GFK- und CFK-Platten. Aufgezeichnet wurden Linienscans (x-t Scans), wobei die Linie durch den Impaktschaden führte. Beobachtet wurde in einer 2.13mm starken mit 16,5J geschädigten CFK-Platte eine schwache S0 zu A0 Modenkonversion trotz (messtechnisch bedingtem) nicht sichtbarem S0-Mode. Der Autor vermutet das Entstehen von Rissen, die quer zur Ausbreitungsrichtung des S0-Modes zur Modenkonversion führen. Er begründet seine Vermutung mit zuvor durchgeführten Messungen an GFK-Platten, in denen Nuten als Modellschäden für Risse ([All92]) eingebracht wurden. Die Folge war eine sehr deutliche ausgeprägte S0- zu A0-Modenkonversion. Das durchlaufende (primär angeregte) A0-Wellenfeld zeigte hier ebenfalls eine Verzögerung und das Entstehen von Streuwellen, jedoch wurde keine

A0 zu S0 Modenkonversion beobachtet. Einen Sprung in der Laufzeit der durchlaufenden Wellenfront an dem Ort der Delamination beobachtete auch [HW05], die Aufnahme der Oberflächenauslenkungen erfolgte mit einem beweglichen piezoelektrischen Sensor. Unklar ist allerdings auf welchen Wellenmode sich der Autor bezieht. [KM05, KM06] untersuchte geschädigte streifenförmige CFK-Bauteile der Dicke d=1.5 mm und CFK-Platten (d=2.2 mm), in denen piezoelektrische Wandler zur Anregung des A0- und S0-Modes einlaminiert waren. Es wurden Schädigungen in Form von Flachbohrungen (0.8mm Restwandstärke) unterschiedlicher Durchmesser in die CFK-Streifen eingebracht. Aufgezeichnet wurde die Out-of-plane-Komponente des Laservibrometers. Bei den über einen Frequenzbereich von f=25 kHz bis f=500 kHz durchgeführten Messungen konnten die aussagekräftigsten Wechselwirkungen im Frequenzbereich von f=120 kHz bis f=150 kHz für Bohrungen des Durchmessers 4 und 5 mm beobachtet werden, die 3mm und 2mm Bohrungen wurden mit f=250 kHz detektiert. Die 1mm Bohrung blieb unentdeckt. Der in die CFK-Platte eingebrachte 3J Impakt wurde mit f=350 kHz detektiert. Die Darstellung der Wechselwirkungen erfolgte als C-Bild und die Beschreibungen der Schadenswechselwirkungen qualitativ.
Alle diese Messungen erfolgten an bereits geschädigten Proben, so dass die Auswertung der Signale aufgrund mehrfach hin- und herlaufender Randreflexionen der verschiedenen Wellenmoden erschwert wird. Bei den laservibrometrischen Messungen wurde vorrangig die Out-of-plane-Komponente und damit der A0-Mode detektiert. Das Piezoelement in [HW05] wurde im nicht resonanten Bereich betrieben - das resultierende aufgezeichnete Signal setzt sich aus In- und Out-of-plane-Komponenten zusammen.

Konzeption

In dieser Arbeit werden unter Nutzung von 3D Laservibrometermessungen erstmals für impaktgeschädigte Faserverbundwerkstoffe die In- und Out-of-plane-Oberflächenauslenkungen getrennt ermittelt und ausgewertet [SchL08, SchL09b]. Die Einflüsse der Randreflexionen werden durch Subtraktion der Messergebnisse an geschädigter und ungeschädigter Struktur weitgehend eliminiert. Dazu erfolgen Laserscans des Messfeldes vor und nach dem Impaktschaden. Abbildung 3.6 zeigt die Konzeption des Versuches. Es müssen je drei Oberflächenscans (aus voneinander unabhängigen Raumrichtungen) mittels Laservibrometer vor und nach dem Einbringen der Impakts durchgeführt werden. Aus diesen Datensätzen werden dann die In- und Out-of-plane-Schwingungskomponenten errechnet (Kap. 2.1.6). Die Auswertung erfolgt anhand der gewonnenen In- und Out-of-plane-Datensätze, in denen die Wellenmoden systematisch durch laufzeit- und amplitudenbasierte Bewertungskriterien untersucht werden.

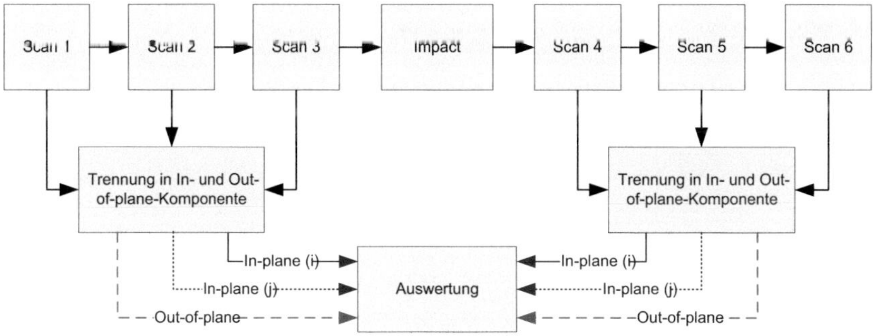

Abbildung 3.6.: Konzeption der Messungen zur Impaktwechselwirkung mittels Laservibrometer

Durchführung

Für die nachfolgend dargestellten Experimente wurde eine 17lagige CFK-Platte (h=2.3 mm) in den Abmaßen l=1520 mm und b=600 mm verwendet, die mit dem in Tabelle 3.3 dargestellten Lagenaufbau aufgebaut ist.
Die eingesetzte Kohlefaser (PAN) verfügt über eine Dichte von ρ_F=1770 kg/m^3, eine Flächenmasse von 134 g/cm^2. Das E-Modul ist mit 240 GPa vom Hersteller angegeben. Über die Poisson-Konstante der Faser war im Datenblatt des Herstellers keine Angabe zu finden. Sie wurde aus der Literatur [Ber06] mit ν_F=0.18 übernommen, da die dort verwendete (PAN-)Faser das gleiche E-Modul sowie Dichte aufwies. Der Faservolumenanteil beträgt 65 Prozent. Die Fasern fixierende Stützfäden wurden bei den Berechnungen nicht berücksichtigt, da auch über Umfang und Eigenschaften keine Informationen vorlagen. Von der Matrix lag die Dichte mit ρ_M=1310 kg/m^3 und das E-Modul mit 3.52 GPa als Herstellerangabe vor, die Poisson-Zahl wurde mit ν_M=0.35 ebenso wie das Lufteinschlussvolumen mit 1 Prozent von [Ber06] übernommen.

Tabelle 3.3.: Lagenaufbau der CFK-Platte, h=2.3 mm

Lage	1	2	3	4	5	6	7	8	9	10	11	12	13	14	15	16	17
ϕ in °	45	0	-45	90	45	0	-45	0	90	0	-45	0	45	90	-45	0	45

Mit diesen Eigenschaften von Faser und Matrix ergibt sich unter Nutzung der in [Ber06] aufgeführten Mischungsregeln folgende Steifigkeitsmatrix einer Einzellage

$$C = \begin{bmatrix} 138.4 & 5.36 & 5.36 & 0 & 0 & 0 \\ 5.36 & 15.05 & 7.18 & 0 & 0 & 0 \\ 5.36 & 7.18 & 15.05 & 0 & 0 & 0 \\ 0 & 0 & 0 & 3.93 & 0 & 0 \\ 0 & 0 & 0 & 0 & 4.61 & 0 \\ 0 & 0 & 0 & 0 & 0 & 4.61 \end{bmatrix} \text{GPa.} \tag{3.23}$$

Abbildung 3.7 zeigt, dass die mit dem (monoklinischen) Transfermatrixansatz errechneten Phasengeschwindigkeiten gute Übereinstimmungen mit experimentell ermittelten Werten zeigen, insbesondere wenn man berücksichtigt, das zur Berechnung von Gl. 3.23 Werte teilweise der Literatur entnommen werden mussten. Für die später verwendete Anregungsfrequenz von f=150 kHz lagen die Abweichungen bei 5.82 %, 1.74 % und 3.27 % für den S0, SH0 bzw. A0-Mode. Für Frequenzen unterhalb von f=50 kHz ist die Abweichung der rechnerisch ermittelten Phasengeschwindigkeit S0-Modes noch geringer. Die genaue Ursache des charakteristischen Abfalls der Phasengeschwindigkeit zwischen f=50 kHz und f=100 kHz ist unbekannt, Gründe könnten die für die Rechnung teilweise der Literatur entnommenen Materialwerte und/oder lokal in der Struktur auftretende Inhomogenitäten sein.

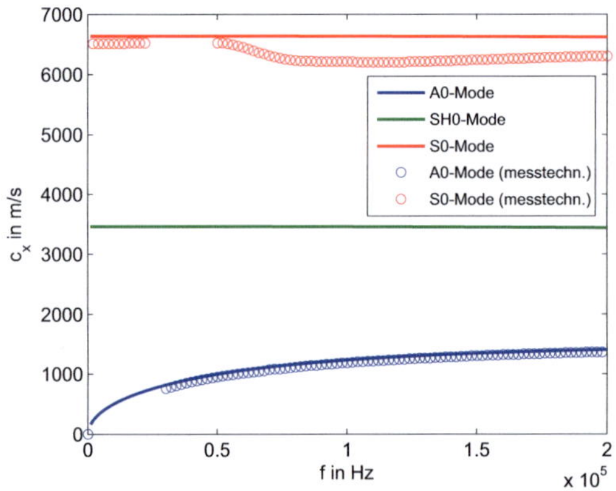

Abbildung 3.7.: rechnerisch (Steifigkeitsmatrix Gl. 3.23, $\phi = 1°$) und experimentell ermittelte Phasengeschwindigkeiten im verwendeten Laminataufbau nach Tabelle 3.3

3.3.2. Möglichkeiten der Modenidentifizierung

In diesem Kapitel werden die Möglichkeiten zusammengefasst, die die Anwendung der 3D-Laservibrometrie zur Charakterisierung geführter Wellen bietet. Damit sind Aussagen über die Art und der Geschwindigkeit der auftretenden Wellenmoden möglich. Beispielhaft wird dies an der bereits vorgestellten CFK-Platte (Lagenaufbau: Tab. 3.3, Phasengeschwindigkeiten: Abb. 3.7) durchgeführt.

Zur Identifizierung der Art und Eigenschaften auftretender Wellenmoden wurde ein Flächenscan mit den in Abb. 3.8 aufgeführten Einstellungen durchgeführt. Diese Abbildung beinhaltet ebenfalls die Zuordnungen zu Faserlagen, Messfeldkoordinaten und den In-plane-Schwingungskomponenten. Angeregt wurde ein RC-4 Signal der Frequenz $f = 150\,\text{kHz}$. Die Phasengeschwindigkeiten und der Anteil der am Aufbau der Wellenmoden beteiligten In- bzw. Out-of-plane-Schwingungskomponenten werden nachfolgend mittels B-Scan (x-t-Scan) ermittelt, für die Schwingungsellipsen der Lamb-Wellen werden die Schwingungskomponenten an einem Punkt der Oberfläche in ihren einzelnen Auslenkungsanteilen dargestellt.

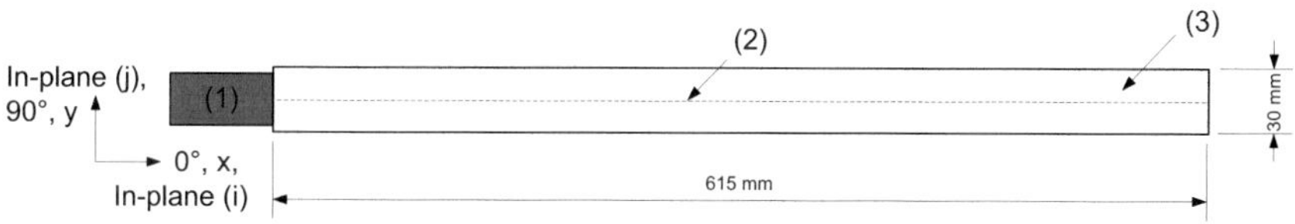

Abbildung 3.8.: Skizze mit Zuordnung der Faserrichtung (Gradangaben), Messfeldkoordinaten (x,y) und In- und Out-of-plane- Schwingungskomponenten (i,j) zur Position des Faserwandlers (1) und des Messfeldes (3), gescannt wurde mit Scanpunktraster $x_{sr} = 2\,\text{mm}$ in positiver X- sowie $y_{sr} = 3\,\text{mm}$ in positiver Y-Richtung; (2) kennzeichnet den zur Auswertung herangezogenen x-t Scan ($Y = 15\,\text{mm}$); Wellenausbreitung in positiver X-Richtung

3.3.2.1. B-Scan

Eine sehr gute Möglichkeit zur Identifizierung der auftretenden Wellenmoden bietet der B-Scan. Mit ihm können Amplitudenverteilungen über dem (eindimensionalen) Ort und der Zeit visualisiert werden. Diese zeitabhängigen Amplitudenverteilungen entsprechen den verschiedenen sich mit unterschiedlicher Geschwindigkeit ausbreitenden Wellenmoden. Aus den Verteilungen über Ort und Zeit lässt sich die Geschwindigkeit der Wellen-

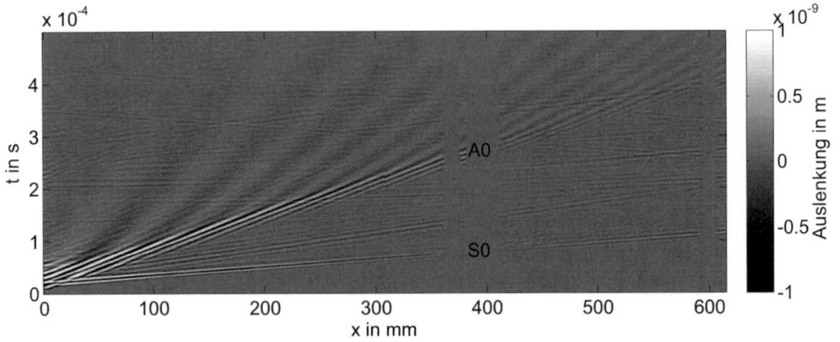

(a) Out-of-plane

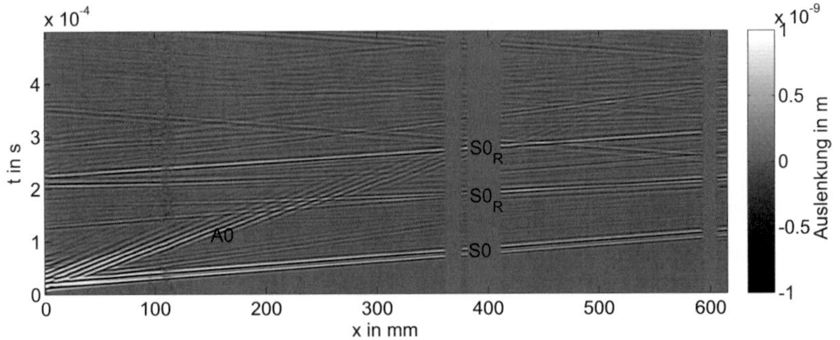

(b) In-plane (i)

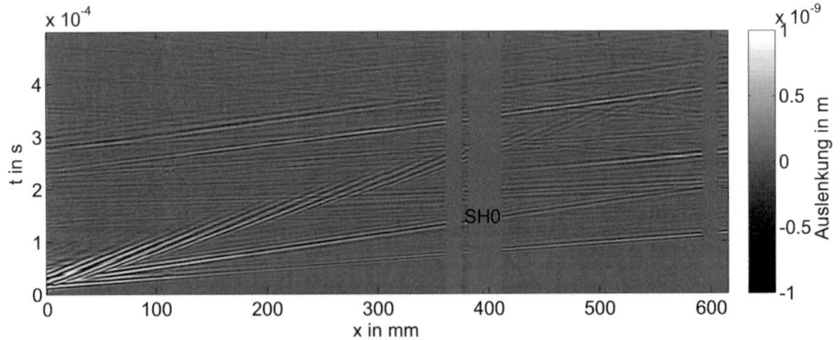

(c) In-plane (j)

Abbildung 3.9.: x-t-Scans der einzelnen Auslenkungskomponenten entlang der Linie y=15 mm des Messfeldes

moden ermitteln. Angeregt wird für $x = 0$ ein Wellenpaket, anhand dessen noch keine einzelnen Wellenmoden separierbar sind. Da sich die Wellenmoden in ihrer Ausbreitungsgeschwindigkeit unterscheiden, lösen sie sich erst mit steigender x-Koordinate aus dem einheitlichen Wellenpaket und sind dann als einzelne Wellenmoden identifizierbar. Abbildung 3.9 stellt die x-t Scans in den drei Auslenkungsrichtungen dar. Es sind vertikale Streifen zu beobachten, an denen keine Auslenkungsinformationen aufgenommen wurden. Hier waren Vergleichsultraschallwandler aufgeklebt. In der Nähe des anregenden Wandlers traten Auslenkungen von ±=4 nm auf.
In der Out-of-plane-Komponente (Abb. 3.9a) sind zwei Wellenpakete deutlich zu erkennen, die bei $x = 0$ beginnen und dann mit unterschiedlicher positiver Steigung in x-Richtung ansteigen. Der Mode mit dem geringsten Anstieg und damit der höchsten Ausbreitungsgeschwindigkeit ist als S0-Mode gekennzeichnet. Er weist außerdem die verhältnismäßig stärkste In-plane- (i) Schwingungskomponente in Ausbreitungsrichtung der Welle auf (Abb. 3.9b). Randreflexionen des S0-Modes sind mit $S0_R$ gekennzeichnet. Es ist gut erkennbar, dass sich die Phasengeschwindigkeiten der am Aufbau des S0-Modes beteiligten Frequenzen nur gering unterscheiden, es ist keine Dispersion erkennbar.
Im Gegensatz dazu zeigt das als A0-Mode gekennzeichnete Wellenpaket in allen Schwingungskomponenten starke Dispersionserscheinungen, es „verläuft“ mit wachsender Ortskoordinate zunehmend. Die Out-of-plane-Komponente ist für den A0-Mode am stärksten ausgeprägt, es ist jedoch auch eine In-plane-Komponente vorhanden.
Das als SH0-Wellenmode gekennzeichnete Wellenpaket ist in der In-plane- (j) Komponente am deutlichsten erkennbar (3.9c), die hier die In-plane-Schwingungsrichtung senkrecht zur Wellenausbreitungsrichtung bedeutet. Die Phasengeschwindigkeit des SH0-Modes wurde mit v_{SH0}=3391m/s auf Grundlage des x-t Scans ermittelt.

3.3.2.2. C-Scan

Prinzipiell können die Wellenmoden anhand Ihrer Wellenlänge mittels C-Scan charakterisiert werden. Unter einem C-Scan versteht man die zeitaufgelöste Aufnahme von Wellenfeldern über zwei Ortskoordinaten x und y. Diese Identifikationsmöglichkeit ist am zeitaufwendigsten, da eine Abtastung des Messfeldes in zwei Raumkoordinaten notwendig ist. Typischerweise werden dabei die Wellenfelder zu einem bestimmten Zeitpunkt t visualisiert und der Abstand benachbarter Wellenberge bzw. Wellentäler über Gl. 2.2 in eine Geschwindigkeit überführt. Die so ermittelte Geschwindigkeit kann aufgrund möglicher Dispersionseffekte und je nach verwendeten Wellenbergen oder Wellentälern nicht der Phasen- oder Gruppengeschwindigkeit des Wellenpaketes entsprechen.

3.3.2.3. Schwingungsellipsen

Für die Darstellung der Schwingungsellipsen eines Punktes an der Oberfläche sind die In- und Out-of-plane-Komponenten des A0- bzw. S0-Modes in einer Ebene in Abbildung 3.10 dargestellt. Wie bereits theoretisch in Kapitel 2.1.3.2 gezeigt, unterscheiden sich beide Grund-Lamb-Moden in ihren Schwingungsellipsen. Zusätzlich ändert sich die Drehrichtung der S0-Ellipse oberhalb einer bestimmten Frequenz (Abb. 2.23) von mit dem Uhrzeigersinn auf gegen den Uhrzeigersinn. Der A0-Mode weist über dem gesamten Frequenzbereich eine gegen den Uhrzeigersinn laufende Drehrichtung auf. Bei der hier verwendeten CFK-Platte und Anregungsfrequenz von f=150 kHz überwiegt beim S0-Mode die In-plane-Komponente und die Drehrichtung verläuft mit dem Uhrzeigersinn (Abb. 3.10a). Der A0-Mode weist eine starke Out-of-plane-Komponente aus und der Zeiger dreht gegen den Uhrzeigersinn (Abb. 3.10b). Die Darstellung der Auslenkungen des S0- bzw. A0-Modes erfolgt an zwei unterschiedlichen X-Koordinaten, da sich einerseits die Wellenmoden trennen müssen und andererseits keine Randreflexionen die elliptischen Auslenkungen verfälschen sollen.

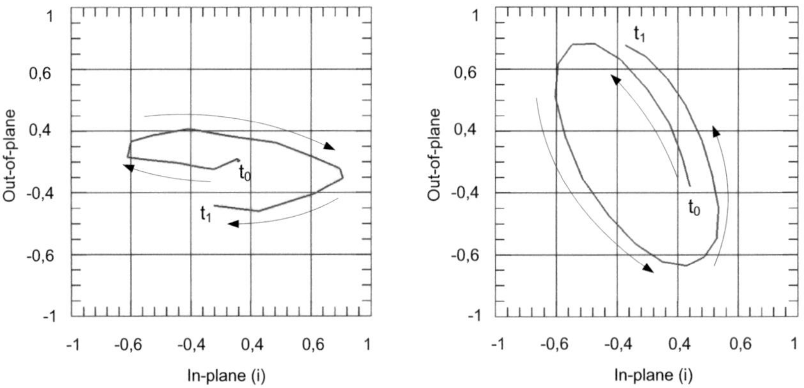

(a) S0-Mode, t_0=89.5 µs, t_1=99.0 µs, x=524 mm, y=15 mm

(b) A0-Mode, t_0=195.0 µs, t_1=207.0 µs, x=282 mm, y=15 mm

Abbildung 3.10.: Schwingungsellipsen (Auslenkungen normiert) und Drehrichtung des S0- und A0-Wellenmodes; Ausbreitungsrichtung der Moden in positive In-plane-Richtung

3.3.3. Studium der Wechselwirkung mit Impaktschäden

In diesem Unterkapitel werden gezielt der S0, A0 und SH0-Mode in einer CFK-Platte mit luftfahrtrelevantem Lagenaufbau angeregt. Anschließend werden mittels laservibrometrischer Messungen die Wechselwirkungen mit einem Impaktschaden betrachtet und beschrieben. Ausgehend von den Messungen werden potentielle amplituden- und laufzeitbasierende Schadensindikatoren zur Schadensdetektion qualifiziert. In der abschließenden Diskussion werden die über der Plattendicke auftretenden Spannungsverteilungen (Modeshapes) der geführten Wellen quantifiziert und mit dem beobachteten Wechselwirkungsumfang korreliert.

3.3.3.1. Konzeption und Durchführung

Der verwendete Messaufbau ist im Anhang C.1 beschrieben. Für die laservibrometrischen Messungen wurde eine Anregungsfrequenz des transienten RC4-Signals von f=150 kHz gewählt. Die kleinste auftretende Wellenlänge bei dieser Frequenz ist die des A0-Modes mit ca. 10 mm (c_x=1550 m/s, Abb. 3.7). Für die Messungen zur Impaktwechselwirkung (siehe Abb. 3.11b) wurde ein größeres Messfeld (3) auf der bereits beschriebenen Platte (Tab. 3.3) mit Reflexfolie beklebt. Innerhalb des für die 3D-Laservibrometermessungen notwendigen Kalibrierrechteckes ABCD wurde ein 120mmx120mm großes Messfeld gescannt. Der Scanpunktabstand wurde mit 1mm in x- und y- Richtung gewählt. Jeder der 121x121 Messpunkte wurde aus den drei notwendigen Richtungen gescannt. Pro Punkt und Scan wurde das Signal 256-mal gemittelt. Danach wurde ein Impakt der Stärke 7J eingebracht. Abbildung 3.11a ordnet die mittels Scanmaster (siehe Kap. C.2.1, Scanpunktversatz 0.5mm in beide Richtungen) ermittelte Delaminationsfläche den Scanfeldkoordinaten zu. Farbkodiert ist der Schalllaufweg, rote Bereiche verweisen auf oberflächennahe, violette auf oberflächenferne Delaminationsgebiete.

Die Beurteilung der Schadenswechselwirkung erfolgt für jede Schwingungskomponente jedes Wellenmodes für jeden Scanpunkt. Die Ausbreitung der Wellenmoden erfolgt hauptsächlich in x-Richtung des Messfeldes. Die Wellenmoden treffen jedoch nicht als ebene Welle auf das Messfeld (an der Koordinate $x = 0$), sondern weisen eine leichte Krümmung auf. Daher ist es notwendig diese Krümmung bei der scanpunktbasierenden Auswertung zu berücksichtigen. Dazu wird eine Fensterfunktion $x_f(t)$ abhängig vom Scanpunkt (x,y) und dem Wellenmode nachgeführt. Die Abhängigkeit der Wellenfront in y-Richtung des Messfeldes wurde aus y-t Scans ermittelt (Abb. 3.12). Die Ergebnisse wurden als quadra-

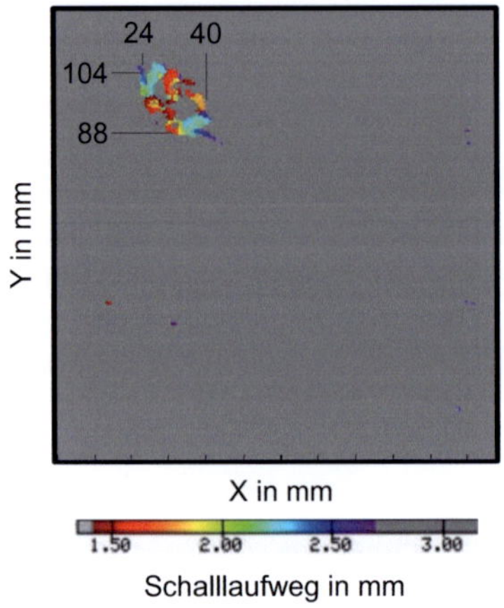

(a) Delaminationsfläche bezogen auf Scanfeldkoordinaten

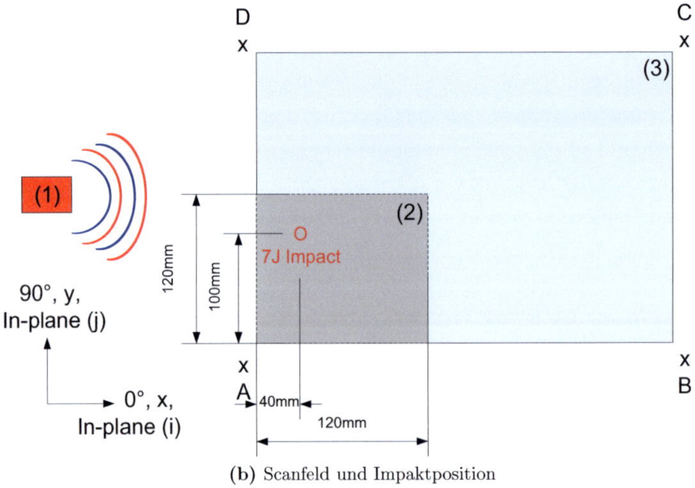

(b) Scanfeld und Impaktposition

Abbildung 3.11.: Delaminationsfläche innerhalb des Messfeldes (a), Skizze mit Zuordnung der Faserrichtung (Gradangaben), Messfeldkoordinaten (x,y) und In- und Out-of-plane-Schwingungskomponenten (i,j) zur Position des Faserwandlers (1), des Messfeldes (2) und Kalibrierrechteckes ABCD auf dem mit Reflexfolie beklebten Plattenabschnitt (3), gescannt wurde mit Scanpunktraster x_{sr}=1 mm in positiver X- sowie y_{sr}=1 mm in positiver Y-Richtung; Wellenausbreitung in positiver X-Richtung (b) tische Polynome angenähert und liefern für jedes y eine entsprechende Zeitverschiebung, die auf die Parameter t_b und t_e der Fensterfunktion addiert werden. Die Abhängigkeit von x wird über die Geschwindigkeit v_x des entsprechenden Wellenmodes berechnet.

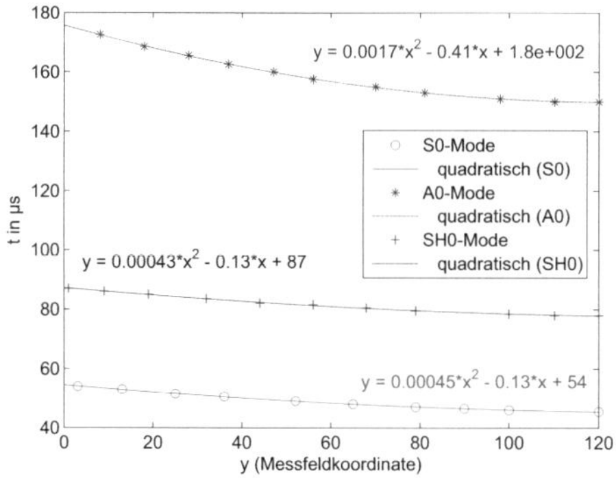

Abbildung 3.12.: zeitlicher Beginn der Wellenmoden in Abhängigkeit der y-Koordinate des Messfeldes

3.3.3.2. Signalvorverarbeitung und Bewertungsfaktoren

Signalaufbereitung

Die Filterung aller Daten erfolgt unter Verwendung von FIR-Filtern (je 512 Koeffizienten). Die Grenzfrequenz des Hochpasses ist f_u=50 kHz, die Grenzfrequenz des Tiefpasses beträgt f_o=200 kHz. Die Abtastfrequenz beträgt f_a=2 MHz. Der kleinste auflösbare Zeitschritt und damit die kleinste detektierbare Zeitverschiebung ist t_a=0.5 µs. Für eine Erhöhung der Abtastrate und wegen der Vermeidung von Signalverzerrungen wird die Sin(x)/(x) Interpolation (Gl. 3.24) genutzt. Die Daten werden mittels FFT in den Frequenzbereich transformiert und bilden das komplexe Spektrum $X(f)$. Je nach Faktor der Überabtastung F werden an die bestehenden komplexen Frequenzträger neue angehangen, deren komplexe Amplituden mit Null belegt werden. Das Ergebnis ist ein komplexes Spektrum $X'(f)$ mit $f'_a = F * f_a$.

$$X'(f) = \begin{cases} X(f), & \text{für } f \leq f_a/2 \\ 0, & \text{für } f_a/2 < f \leq F * f_a/2 \end{cases} \tag{3.24}$$

Nach Rücktransformation durch die IFFT ist der kleinste Zeitschritt $t'_a = t_a/F$. Eine Erhöhung der Abtastrate ist auch für die Wellenmodeselektion (Kap. 3.3.3.2) sinnvoll, da die dort verwendete gleitende Fensterfunktion in kleineren Zeitschritten berechnet werden kann. Es wurden Tastfaktoren von $F = 10...100$ verwendet.

Wellenmodeselektion

Für die Bestimmung von Laufzeitunterschieden mittels Kreuzkorrelation ist es wichtig, dass der zu untersuchende Wellenmode von anderen Wellenmoden oder Randreflexionen separiert wird. Existierende Fensterfunktionen in Matlab®(Hanning, Kaiser, Hamming) weisen einen (zeitlich) zu kleinen ungedämpften Durchlassbereich im Zeitbereich auf, deshalb können sie hier nicht ohne Veränderungen angewendet werden. Für den Zweck der Wellenmodeselektion wurde eine Fensterfunktion $x_f(t)$ mit Hanningfenster-Charakter entworfen, die in ihren Einstellungen dem zu untersuchenden Wellenmode und der Anregungsfunktion (Signaldauer) anpassbar ist.

$$x_f(t) = \begin{cases} 0, & \text{für } t < t_b \\ x_{-h}, & \text{für } t_b \leq t < t_b + t_r \\ 1, & \text{für } t_b + t_r \leq t < t_e - t_f \\ x_{+h}, & \text{für } t_e - t_f \leq t < t_e \\ 0, & \text{für } t \geq t_e \ , \end{cases} \tag{3.25}$$

Der Beginn t_b und das Ende t_e des Durchlassbereiches sowie die Anstiegs- t_r bzw. Abfallszeit t_f sind einstellbar. Die Funktionen x_{-h} (Fensteranstieg) bzw. x_{+h} (Fensterabfall) sind die negative bzw. positive Seite des symmetrischen Hanningfensters der Länge $2t_r$ bzw. $2t_f$. Für die Auswertung der verschiedenen ortsabhängigen Datensätze des Messfeldes ist es notwendig, das Fenster in Abhängigkeit der aktuellen Position und der Geschwindigkeit des Wellenmodes v_x nachzuführen. In Abhängigkeit der aktuellen Messfeldkoordinaten x, y und der Wellenmodegeschwindigkeit v_x wird eine zeitliche Korrekturgröße berechnet, die auf t_b und t_e addiert wird. Abb. 3.13 stellt ein mit der Fensterfunktion $x_f(t)$ multipliziertes Originalsignal dar.

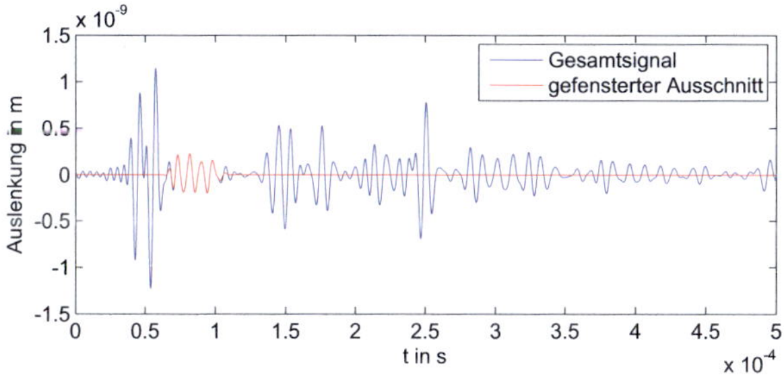

Abbildung 3.13.: Originalsignal und durch $x_f(t)$ gefenstertes Teilsignal

Hüllkurvenbildung

Die Bildung der Hüllkurve erfolgt über die Hilberttransformation. Die Hilberttransformation wandelt ein reellwertiges Signal in ein komplexwertiges um, d.h. es wird ein Imaginärteil bzw. eine Phase ergänzt. Der Realteil der Hilberttransformierten entspricht dem ursprünglichen Signal, der Imaginärteil lässt sich im Zeitbereich als Überlagerung aller um 90° verschobenen Frequenzkomponenten des ursprünglichen Signales verstehen. Die Hüllkurve entsteht nach der Betragsbildung der komplexen Hilberttransformierten (Abbildung 3.14). Mit Bildung der Hüllkurve verliert das auszuwertende Signal seine hochfrequenten

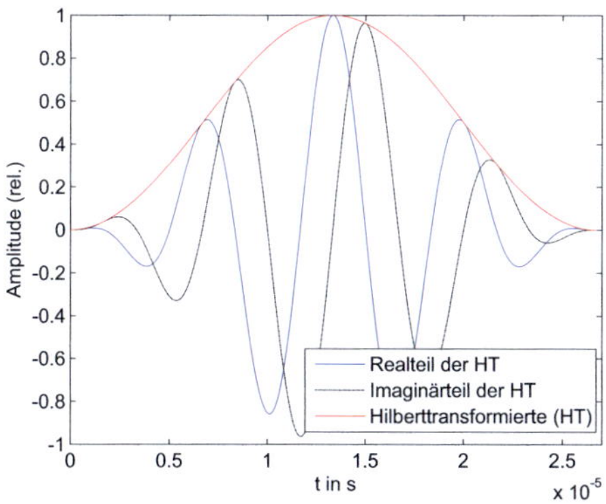

Abbildung 3.14.: Bildung der Hilberttransformierten

Anteile. Dies wirkt sich vorteilig bei der Laufzeitermittlung mittels Kreuzkorrelation aus, denn die Anzahl der Maxima in der resultierenden KKF sinkt ebenso wie die Mehrdeutigkeit bei der Ermittlung der Maxima und die damit verbundene Fehleranfälligkeit.

Als nachteilig ist die geringere Sensibilität gegenüber Laufzeitdifferenzen einzelner Frequenzkomponenten anzusehen. Beispielhaft zeigt Abb. 3.15 die Anwendung der Hilberttransformation an Signalen bzw. Zuständen, die vor und nach einer Impaktschädigung aufgenommen wurden.

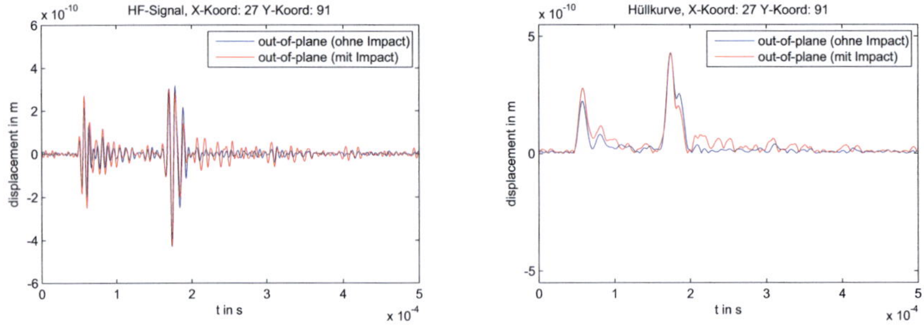

Abbildung 3.15.: HF-Signale (links) und Hilberttransformierte (rechts) als Beispiel der Bewertung von Signalen vor und nach Impaktschäden

Kreuzkorrelation als laufzeitbasierende Bewertung

Die Kreuzkorrelation wird verwendet, um den Zeitunterschied zwischen geschädigtem $y(t)$ und ungeschädigtem Zustand $x(t)$ zu ermitteln. Das Ergebnis der Kreuzkorrelation ist die Korrelationsfunktion $r_{xy}(\tau)$, welche die Übereinstimmung der beiden Signale $x(t)$ und $y(t)$ in Abhängigkeit der Verschiebungszeit τ beschreibt [Grü04]. Das Maximum der KKF markiert dabei den Zeitpunkt, an dem sich beide Signale (Zustände) am ähnlichsten sind. Für die Kreuzkorrelationsfunktion gilt

$$r_{xy}(\tau) = \int_{-\infty}^{\infty} x(t)y(t+\tau)dt \ . \tag{3.26}$$

Für diskretisierte Zeitsignale ist die Berechnung der KKF, die Bestimmung des Maxima der Kreuzkorrelationsfunktion und die Ermittlung der Zeitverschiebung Δt in Kapitel 4.2.3 in Gl. 4.8, 4.9 und 4.10 erläutert.

Korrelationskoeffizient als laufzeitbasierende Bewertung

Der Korrelationskoeffizient ist ein dimensionsloses Maß über dem Wertebereich von 1 bis -1, das den linearen Zusammenhang zweier Zeitreihen x_n und y_n beschreibt:

$$KK(x_n, y_n) = \frac{\frac{1}{n}\sum_{i=1}^{n}(x_i - \overline{x})(y_i - \overline{y})}{\sqrt{\frac{1}{n}\sum_{i=1}^{n}(x_i - \overline{x})^2} \cdot \sqrt{\frac{1}{n}\sum_{i=1}^{n}(y_i - \overline{y})^2}}$$
$$\overline{x} = \frac{1}{n}\sum_{i=1}^{n} x_i; \quad \overline{y} = \frac{1}{n}\sum_{i=1}^{n} y_i; \tag{3.27}$$

Bei einem Korrelationskoeffizienten von 1 besteht ein positiver, bei -1 ein negativer linearer Zusammenhang. Vorteilhaft ist die Unabhängigkeit von der Maximalamplitude. Die Korrelation zweier Zeitreihen, die sich nur um einen konstanten Faktor der Amplituden unterscheiden, liefert einen Korrelationskoeffizient von 1, wodurch systematische Abweichungen beim Messen von Zeitsignalen nicht in die Bewertung einfließen. Abbildung 3.16 stellt beispielhaft phasenverschobene Sinussignale dar. In dieser Darstellung wurden die Korrelationskoeffizienten zwischen x_1 und y_n mit n=1,2,3,4,5 berechnet. Die Phasenverschiebung betrug 0, $\pi/8$, $\pi/4$, $\pi/2$ und π für n=1,2,3,4,5.

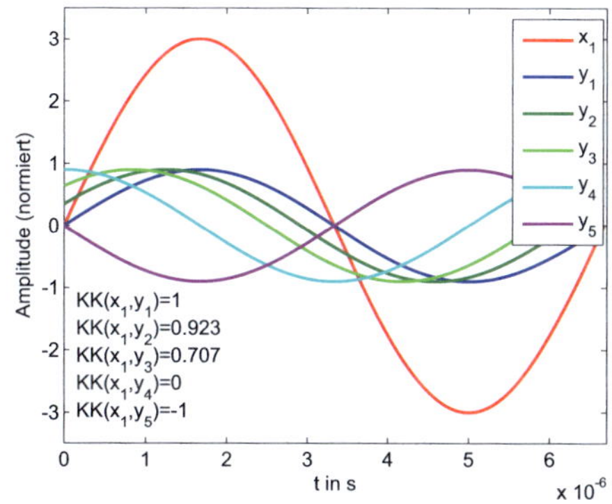

Abbildung 3.16.: phasenverschobene Sinussignale und zwischen x_1 und y_n nach Gl. 3.27 errechnete Korrelationskoeffizienten $KK(x_1, y_n)$ mit n=1,2,3,4,5

Energieverhältnis als amplitudenbasierende Bewertung

Die Bewertung der Amplitudenänderungen erfolgt für jeden Wellenmode getrennt, indem das Energieverhältnis ΔE zwischen den Auslenkungskomponenten $x_i(t)$ und $y_i(t)$ mit $i = 1, 2, 3$ berechnet wird. In dieser Arbeit entsprechen $x(t)$ und $y(t)$ dem Signalverlauf (der laservibrometrisch aufgezeichneten Auslenkungen) vor $x(t)$ bzw. nach $y(t)$ Impaktschädigung.

$$\Delta E = \frac{E_y}{E_x} \tag{3.28}$$

Nach der Anwendung der Fensterfunktion (Gl. 3.25) zur Separierung des Wellenmodes wird die Energie E_y bzw. E_x innerhalb des Zeitfensters $t_b \leq t \leq t_e$ mit

$$E_x = \int_{t=t_b}^{t_e} x_i(t)^2 dt \;\; \text{bzw.} \;\; E_y = \int_{t=t_b}^{t_e} y_i(t)^2 dt \;\; \text{und } i = 1, 2, 3 \tag{3.29}$$

berechnet.

3.3.3.3. Ergebnisse

Wechselwirkung mit S0-Mode

Der S0-Mode zeigt sehr deutlich den Effekt der Modenkonversion vom S0- in den A0-Mode. Abbildung 3.17 zeigt einige Momentaufnahmen der Wellenausbreitung (C-Scans) der Out-of-plane- (a,c,e-f) und In-plane-Komponente (b,d) des Wellenfeldes zu verschiedenen Zeitpunkten. Die Teilabbildungen (e,f) sind dabei Darstellungen von Differenzdatensätzen, gewonnen aus der Subtraktion der Out-of-plane-Datensätze vor und nach Einbringen des Impaktschadens.

Es ist bereits an den Darstellungen der Wellenfelder nach dem Impaktschaden (a-d) erkennbar, das sich nach dem Durchlaufen des S0-Modes ein A0-Wellenmode mit entsprechender kleinerer Wellenlänge bildet. Dieser Mode ist besonders gut in den Out-of-plane-Datensätzen erkennbar. Die Differenzdatensätze (e,f) zeigen, dass sich die modekonvertierte A0-Welle kreisrund vom Ort des Impaktschadens ausbreitet. Eine S0-Streuwelle war nicht zu beobachten. Für die Beurteilung der Transmissionswechselwirkungen wurde das Energieverhältnis und die Zeitverschiebung an jedem Scanpunkt zwischen den mittels (nachgeführter) Fensterfunktion separierten S0-Moden vor und nach Einbringung des Impaktschadens gebildet. Der durchlaufende transmittierte S0-Mode zeigt in beiden Auslenkungskomponenten keine signifikanten Änderungen (Abb. 3.18a,b) bezüglich des

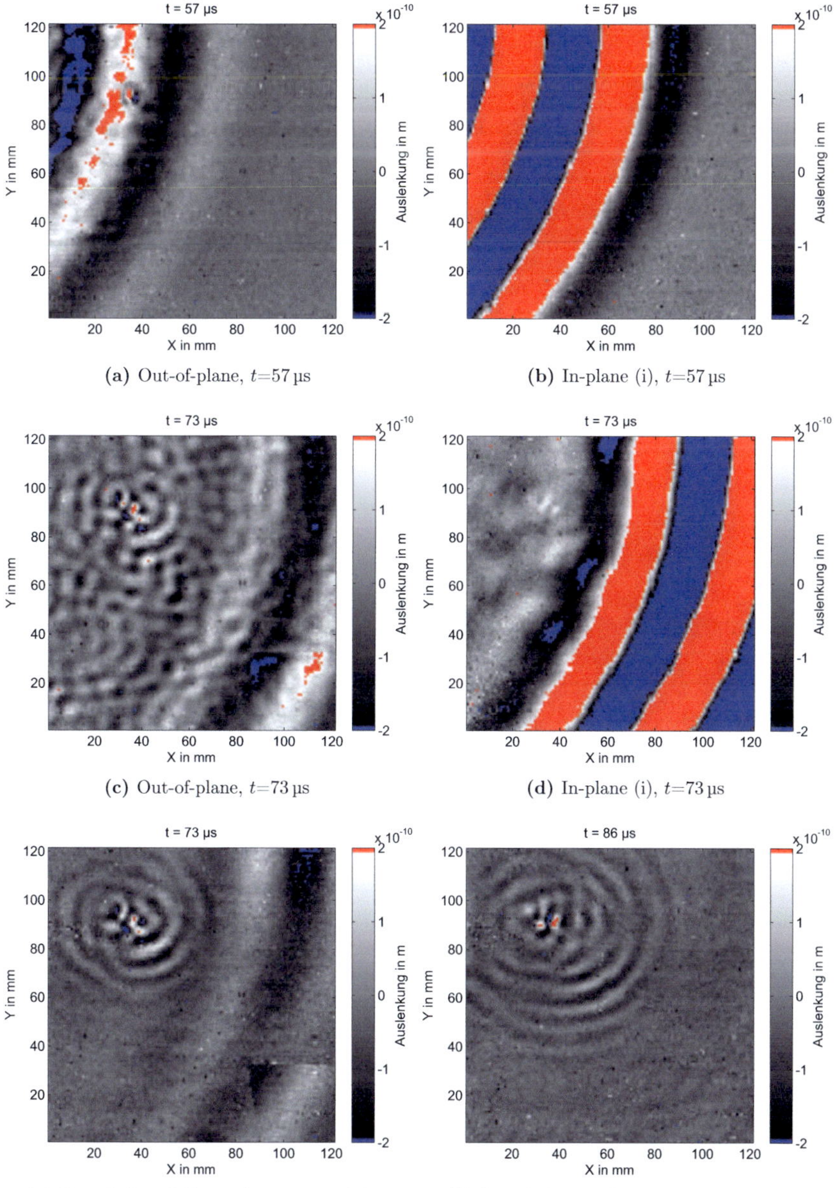

(a) Out-of-plane, t=57 µs

(b) In-plane (i), t=57 µs

(c) Out-of-plane, t=73 µs

(d) In-plane (i), t=73 µs

(e) Out-of-plane-Differenzdatensatz, t=73 µs

(f) Out-of-plane-Differenzdatensatz, t=86 µs

Abbildung 3.17.: C-Scans der Impaktwechselwirkung mit S0-Mode (a-d), Darstellung als Differenzdatensatz (e-f)

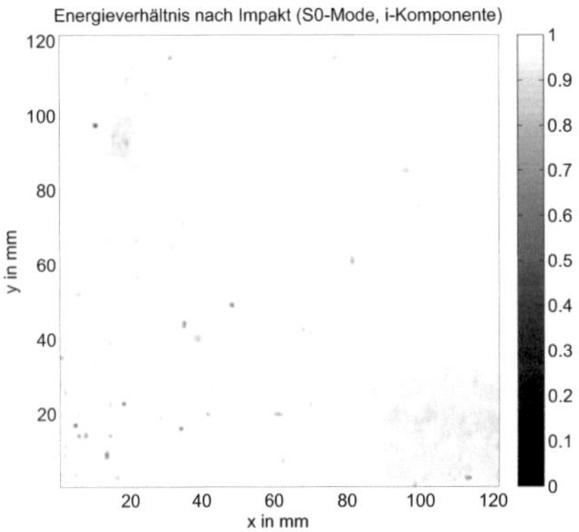

(a) In-plane (i)

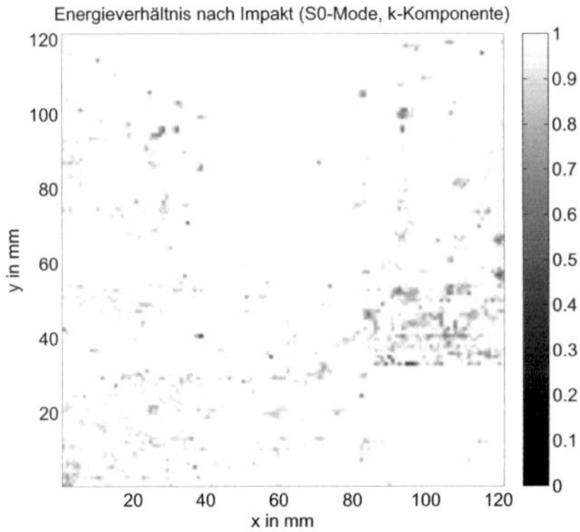

(b) Out-of-plane (k)

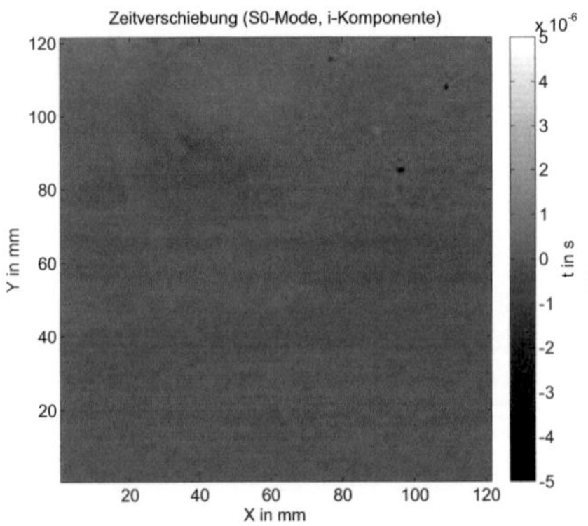

(c) In-plane (i)

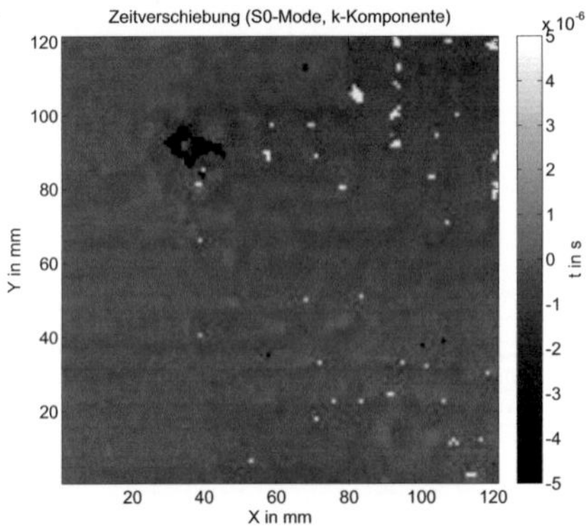

(d) Out-of-plane (k)

Abbildung 3.18.: Energieverhältnis (a-b) und Zeitverschiebung (c-d, $F = 100$) des S0-Modes vor und nach dem Impaktschaden

Energieverhältnisses. Dies gilt auch für die Darstellung der Zeitverschiebung der In-plane-Komponente (Abb. 3.18c), lediglich bei der Out-of-plane-Komponente (Abb. 3.18d) ist im Bereich des Impaktschadens eine Verzögerung bis t >-5 µs erkennbar.

Wechselwirkung mit SH0-Mode

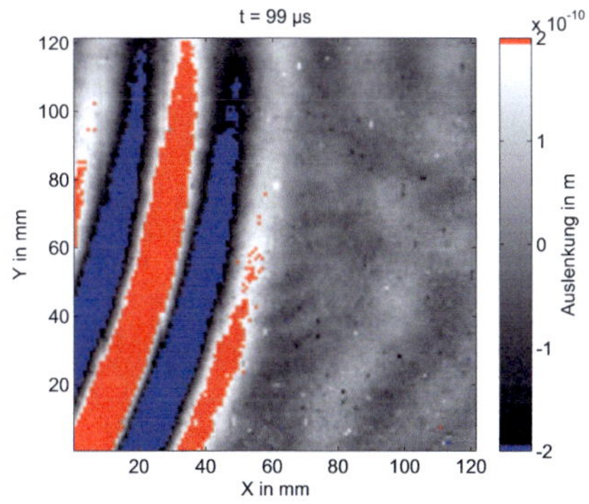

(a) In-plane (j), t=99 µs

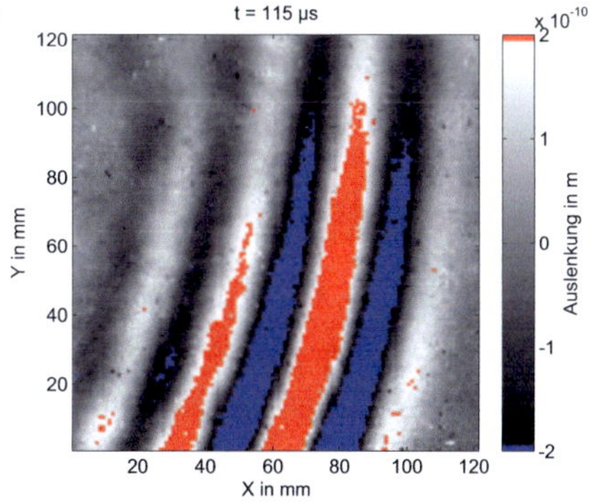

(b) In-plane (j), t=115 µs

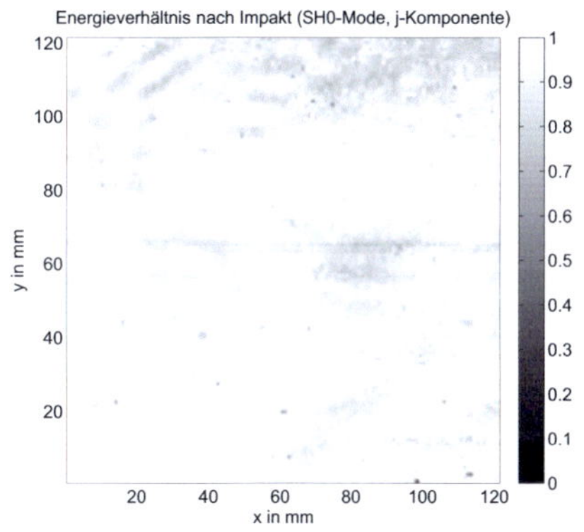

(c) In-plane (j), Energieverhältnis

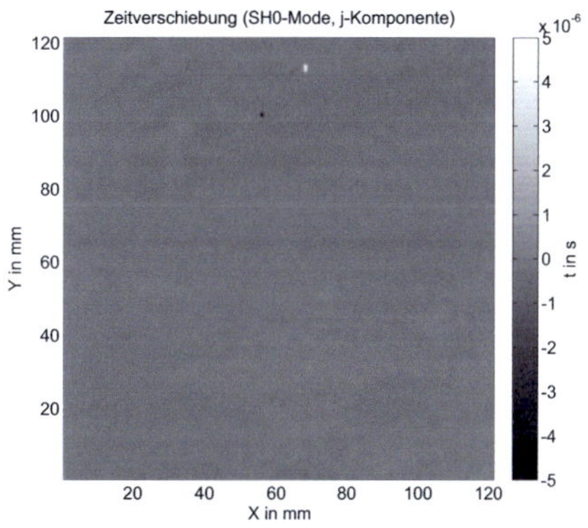

(d) In-plane (j), Zeitverschiebung

Abbildung 3.19.: C-Scans der Impaktwechselwirkung mit SH0-Mode (a-b, Maximalamplituden begrenzt), Energieverhältnis (c) und Zeitverschiebung (d, $F = 100$) des SH0-Modes vor und nach dem Impaktschaden

Beim Durchlaufen des SH0-Modes durch den Impaktschaden konnten keine Streuwellen und Modenkonversionen in andere Wellentypen beobachtet werden. Abbildung 3.19a,b stellt dazu Momentaufnahmen der Wellenausbreitung des SH0-Modes dar. Bezüglich der Transmission gibt es weder im Energieverhältnis (Abb. 3.19c) noch in der Zeitverschiebung (Abb. 3.19d) Änderungen, die auf eine Wechselwirkung des SH0-Modes mit dem Impaktschaden deuten. In der Darstellung des Energieverhältnisses (Abb. 3.19c) sind lediglich links des Impaktschadens Bereiche geänderter (periodischer) Energieverhältnisse erkennbar, die jedoch auf konstruktive Überlagerungen mit dem neu entstandenen modekonvertierten S0- zu A0-Mode zurückzuführen sind.

Wechselwirkung mit A0-Mode

Der A0-Mode zeigte die stärkste Wechselwirkung mit dem Impaktschaden. Abb. 3.20 zeigt für drei verschiedene Zeitpunkte die Wechselwirkung getrennt für In- und Out-of-plane-Schwingungskomponenten des Wellenfeldes. In der Out-of-plane-Komponente ist bereits im ersten dargestellten Zeitpunkt (Abb. 3.20a) eine Schwächung und Verzögerung des durchlaufenden Wellenfeldes erkennbar. Die nächsten Zeitpunkte (Abb. 3.20c,e) zeigen eine A0-Streuwelle, die am Ort des Impaktschadens entsteht und die sich kreisförmig von diesem ausbreitet. Eine Modenkonversion von A0- in den S0-Mode konnte nicht beobachtet werden.

Zur Quantifizierung der Änderungen nach Transmission wurden erneut Zeitbereiche des A0-Modes scanpunktabhängig vor und nach dem Impaktschaden untersucht. Abbildung 3.21 stellt Energieverhältnis und Zeitverschiebung innerhalb dieser Fensterbereiche dar. Auch hier ist besonders die Out-of-plane-Komponente geeignet, Änderungen im Wellenfeld aufgrund des Impaktschadens darzustellen. In den Darstellungen des Energieverhältnisses (Abb. 3.21c) und der Zeitverschiebung (Abb. 3.21d) sind charakteristische Muster erkennbar. Ein kegelförmiger Bereich hinter dem Impaktschaden (und damit in Ausbreitungsrichtung des durchlaufenden A0-Modes) zeigt eine Verminderung des Energieverhältnisses bis auf unter 10 Prozent des Ausgangswertes (Werte siehe Abb. 3.22a). Dieser Kegel verbreitert sich mit zunehmender (in Wellenausbreitung positiver) Entfernung vom Impaktschaden. Zu beiden Seiten dieses Kegels schließt sich ein Bereich an, in dem die Energieverhältnisse bis zum 1,5fachen des Ausgangswertes betragen. Anschließend folgen wieder Bereiche mit im Vergleich zum Ausgangszustand niedrigeren Energieverhältnissen, danach wieder Bereiche höherer Energien. Dieses Muster ist die Folge der Interferenzerscheinung der neu entstandenen kreisrund abgestrahlten A0 Welle mit dem transmittierten A0-Mode. Maximale Energieverhältnisse wurden im Bereich des Impaktschadens mit bis zum 5,5fachen des Ausgangswertes beobachtet (Abb. 3.22a).

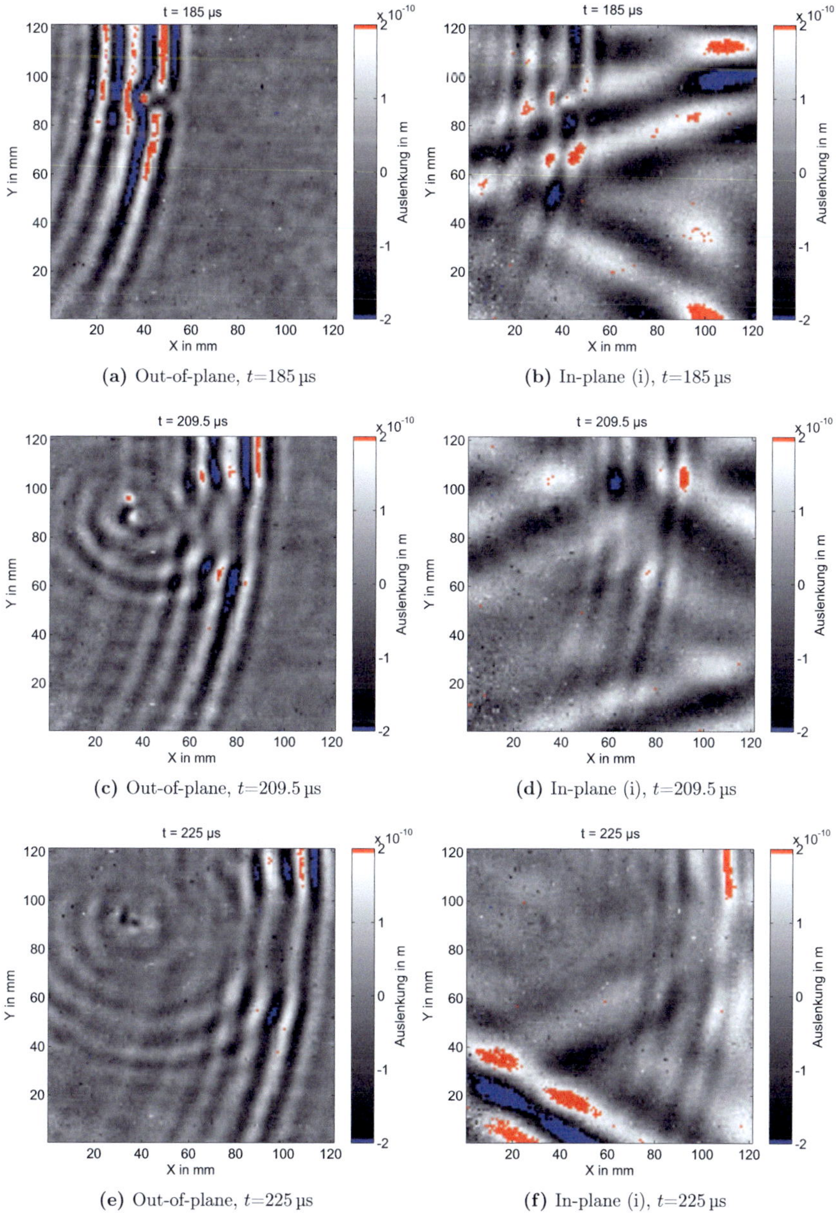

(a) Out-of-plane, t=185 µs

(b) In-plane (i), t=185 µs

(c) Out-of-plane, t=209.5 µs

(d) In-plane (i), t=209.5 µs

(e) Out-of-plane, t=225 µs

(f) In-plane (i), t=225 µs

Abbildung 3.20.: C-Scans der Impaktwechselwirkung mit A0-Mode, Maximalamplituden begrenzt

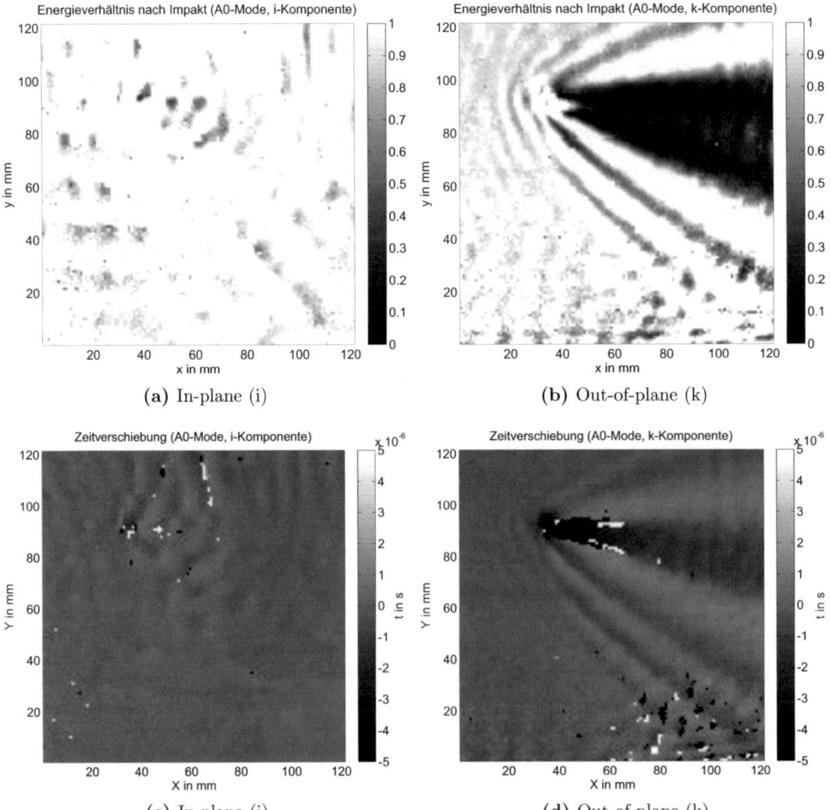

(a) In-plane (i)

(b) Out-of-plane (k)

(c) In-plane (i)

(d) Out-of-plane (k)

Abbildung 3.21.: Energieverhältnis (a-b) und Zeitverschiebung (c-d, $F = 100$) des A0-Modes vor und nach dem Impaktschaden

Ein ähnliches Muster zeigt die Auswertung der Zeitverschiebungen (Abb. 3.21d bzw. Abb. 3.22b). Spitzenwerte von Zeitdifferenzen wurden innerhalb des Impaktschaden von über $\pm$ 10 µs beobachtet. Die kegelförmigen Bereiche hinter dem Impaktschaden weisen Verzögerungen im Bereich von ± 1.5 µs auf.

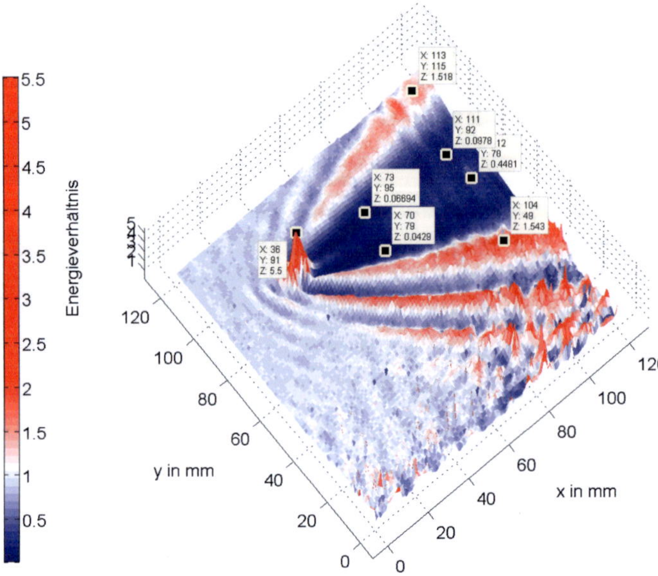

(a) Energieverhältnis

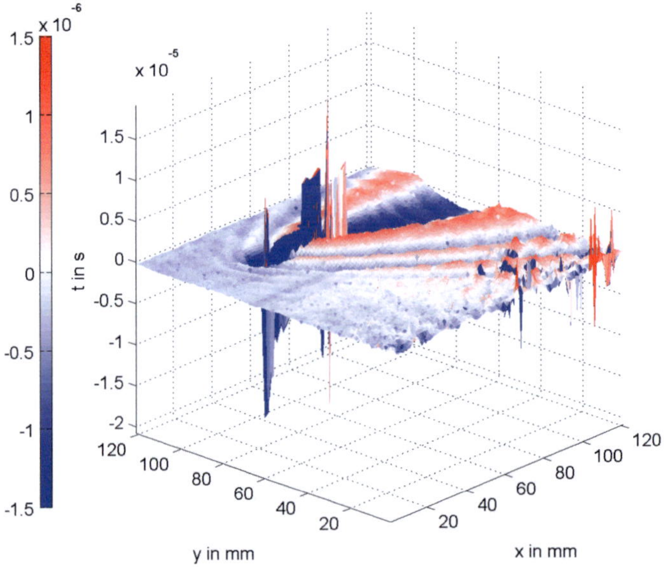

(b) Zeitverschiebung [SchL09b]

Abbildung 3.22.: Energieverhältnis (a) und Zeitverschiebung (b) der Out-of-plane-Komponente des A0-Modes nach Impaktschaden

3.3.3.4. Diskussion

Im vorangegangenen Kapitel 3.3.3.3 zeigte sich, dass vor allem der A0-Mode und der S0-Mode eine Wechselwirkung mit dem Impaktschaden eingegangen sind. In diesem Kapitel

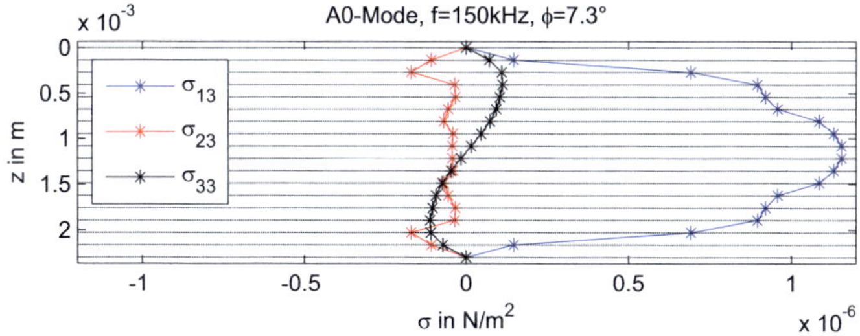

(a) A0-Mode

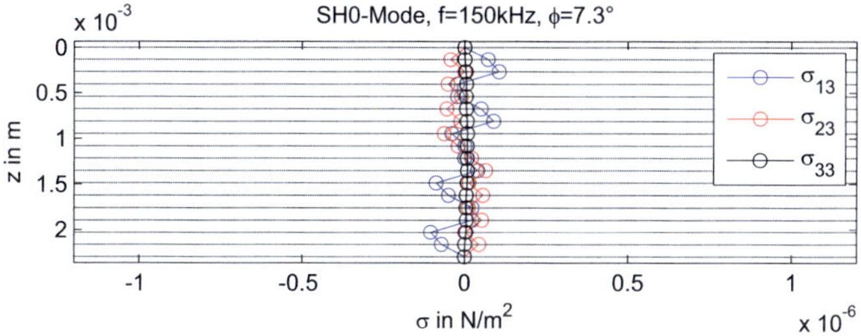

(b) SH0-Mode

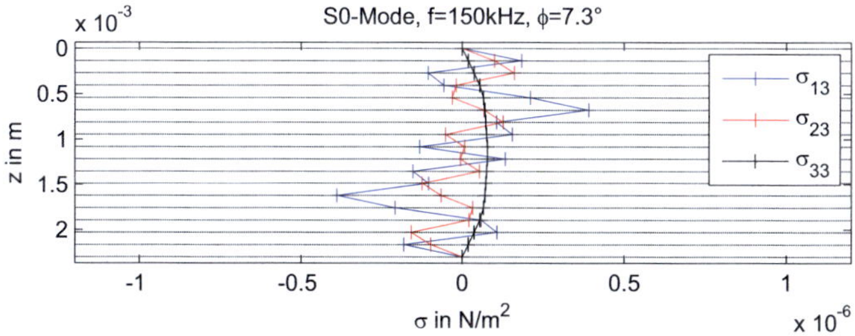

(c) S0-Mode

Abbildung 3.23.: Spannungen σ_{13}, σ_{23} und σ_{33} im Laminataufbau für A0- (a), SH0 (b) und S0- (c) Mode, Anregung RC4, f=150 kHz, ϕ=7.3° (entspricht Scanpunkt x=36mm, y=91mm), verwendete Normierungsamplituden $u_3(S0)$ =1.142e-10 m, $u_2(SH0)$ =3.19e-10 m, $u_3(A0)$ =4.067e-10 m soll nun unter Nutzung der Transfer-Matrix-Technik zur Berechnung der elastischen Spannungen der Zusammenhang zwischen den Spannungskomponenten und dem Umfang der Wechselwirkungen dargestellt werden. Die Wellenausbreitung vom anregenden Wandler zum Impakt-Ort fand im Winkel von ϕ=7.3° statt. Für diesen Winkel und die Anregungsfrequenz von f=150 kHz zeigt Abb. 3.23 die Spannungsverteilungen für σ_{13}, σ_{23} und σ_{33} für die drei angeregten Wellenmoden. Die Zusammenschau der Darstellungen zeigt, dass die Maximalwerte der für eine Wechselwirkung relevanten Spannungen für den SH0-Mode (Abb. 3.23b) ca. 10mal und Maximalwerte des S0-Modes (Abb. 3.23c) ca. 3mal geringer als die Werte des A0-Modes (Abb. 3.23a) sind. Dies korrespondiert gut mit den experimentellen Beobachtungen, bei der der SH0-Mode keine Wechselwirkung mit dem Impakt zeigte. Weiterhin kann den Darstellungen entnommen werden, dass die gesamte Plattendicke von den Spannungen integral „erfasst“ wird, d.h. es existieren keine Laminatschichten in denen nicht mindestens eine der relevanten Spannungskomponenten ungleich Null ist.

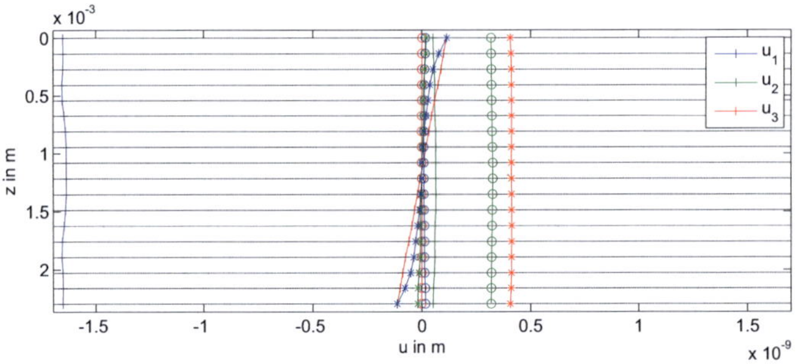

(a) Auslenkungen

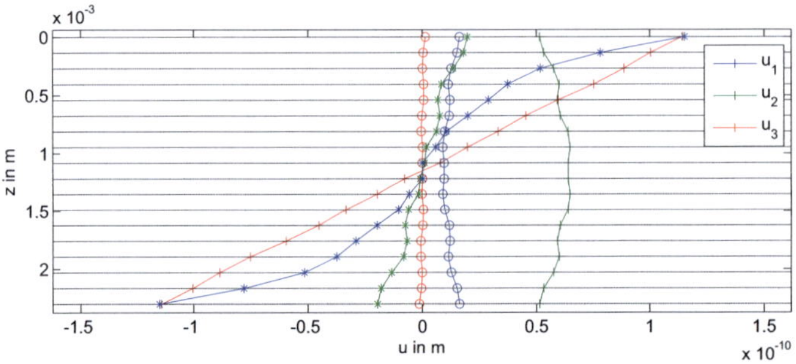

(b) Auslenkungen (Zoom)

Abbildung 3.24.: quantifizierte Auslenkungen u_1 (blau), u_2 (grün) und u_3 (blau) für S0- (Kreuz), SH0- (Kreis) und A0- (Stern) Moden im Laminataufbau, RC4, f=150 kHz, ϕ=7.3°, Scanpunkt x=36mm, y=91mm

Dies ist vor allem bei der späteren Applikation wichtig, da sich die potentielle Delamination in jeder Tiefe befinden kann und eine Wechselwirkung mit der geführten Welle auftreten soll.

Abbildung 3.24 stellt die Auslenkungen in Abhängigkeit der Plattendicke für alle drei Wellenmoden dar. Dabei ist erkennbar, dass der Maximalwert der In-plane Komponente u_1 des S0-Modes (Abb. 3.24a) mehr als 3mal so groß wie der Maximalwert der Out-of-plane-Komponente u_3 ist und trotzdem vergleichbare Maximalwerte in den Spannungen (vgl. Abb. 3.23) erreicht werden. Ein wichtiger Grund dafür ist, dass bei der Berechnung der Spannungen (vgl. Gl. 2.63) die Größe des Wellenvektors k proportional mit eingeht. Für die Anwendung bedeutet dies, dass ein Wellenmode und eine Frequenz gewählt werden sollte, die über einen hohen Wellenvektor k verfügt. Für eine optimale Schadenswechselwirkung wird bei gegebener Frequenz die Verwendung des A0-Modes empfohlen.

Denkbare Alternativen neben der Auswertung der Änderungen der transmittieren Wellenmoden wäre die Nutzung des modekonvertierten A0-Modes zur Ja/Nein-Aussage bezüglich der Existenz eines Schadens, jedoch ist dieser aufgrund der niedrigen Amplitude und hohen Dämpfung in Verbundwerkstoffen bei gefordertem großen Wandlerabstand schlecht detektierbar. Daher wird dieser am Schadensort neu entstandene Wellenmode nicht für die Verwendung als Schadensindikator vorgeschlagen.

Die theoretischen Betrachtungen zum Wechselwirkungspotential der geführten Wellen mit dem Modellschaden aus dem vorangegangenen Kapitel 3.2 stimmen sehr gut mit den hier dargestellten experimentellen Beobachtungen überein. Das Messregime kann optimiert werden, indem Wellenmoden und Frequenzen gewählt werden, die über hohe σ_{13}, σ_{23} und σ_{33} Spannungen verfügen. Unter Nutzung der Skripte im Anhang B der Arbeit ist der Anwender in der Lage, für beliebige Laminataufbauten die elastischen Spannungen zu berechnen und damit entsprechend das Messregime auszulegen.

3.4. Nachweis von Impaktschäden mittels Signaturanalyseverfahren

In Kapitel 3.3.3 wurden die Effekte der Schadenswechselwirkung exemplarisch an einem Impaktschaden gezeigt und untersucht. Die Zeitverschiebung zwischen geschädigten und ungeschädigtem Zustand wurde dabei als schadenssensitives Merkmal eingeführt. In diesem Kapitel werden die gewonnenen Erkenntnisse auf die Signaturanalyse übertragen und der Korrelationskoeffizient als phasensensitives Merkmal (vgl. Abb. 3.16) verwendet. Es soll anhand praktischer Messungen untersucht werden, ob eine wachsende Größe des Impaktschadens mit einem sinkendem Korrelationskoeffizienten in Verbindung gebracht und so als Merkmal für das Schadenswachstum verwendet werden kann. Die diesem Kapitel zugrunde liegenden Messungen und Auswertungen wurden im Rahmen einer vom Autor betreuten Diplomarbeit [LI08] erarbeitet.

3.4.1. Durchführung und Konzeption

Im Rahmen der Versuchsreihe wurden CFK-Platten durch Impakt geschädigt. Für eine minimale statistische Sicherheit und unter Berücksichtigung der Anzahl verfügbarer Probenmaterialien wurden Impaktschäden gleicher Stärke in je drei Proben eingebracht. Der Schadensumfang wurde mittels konventionellem scannendem Impuls-Echo-Verfahren (C-Scan) vor und nach dem Impaktschaden charakterisiert (Abb. 3.25) und bildete die Vergleichsgröße zur Signaturanalyse. Diese erfolgte unter Nutzung oberflächenapplizierter Fasersensoren ebenfalls vor und nach dem Impaktschaden in einem breiten und relativ niedrigen Frequenzbereich, so dass der gesamte Plattenquerschnitt von den Auslenkungen erfasst wird. Der Versuchsaufbau ist in Kap. C.2 getrennt für die Ultraschallprüfung mittels C-Scan (Kap. C.2.1) und die Signaturanalyse (Kap. C.2.2) beschrieben.

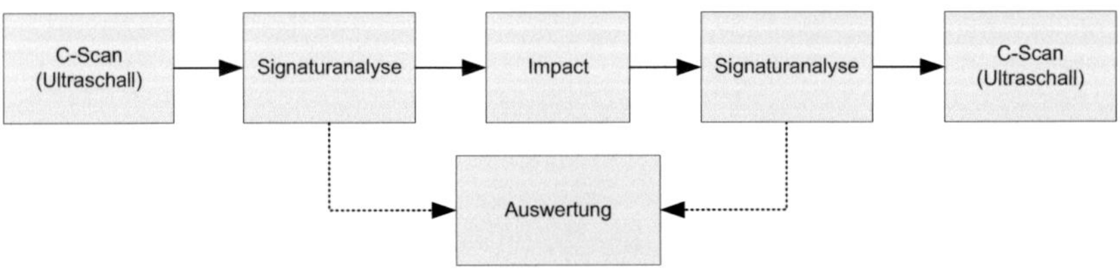

Abbildung 3.25.: Konzeption der Messungen zur Impaktwechselwirkung mittels Signaturanalyse

Als Probenmaterial standen zwei verschiedene CFK-Laminate zur Verfügung. Herstellerseitig war die Stapelfolge für beide Laminate mit $[(0°,90°)(30°,120°)(60°,150°)]_S$ angegeben. Die beiden Materialien unterschieden sich hinsichtlich ihrer Fertigungstechnologie.
Beim ersten Material, dem multiaxialen Gelege (MAG), wird der Laminataufbau durch das Stapeln von biaxialen CFK-Lagen erzeugt. Die beiden Faserrichtungen in jedem Einzelgelege unterscheiden sich um jeweils 90°. Durch das um jeweils 30° verdrehte Stapeln der biaxialen Lagen wird die Laminatkonfiguration erzeugt. Die Konsolidierung erfolgt in einem Autoklaven, in dem das niedrigviskose Harz das Laminatgelege unter Evakuieren der Atmosphäre im Autoklavenraum bei einer Temperatur von etwa 130°C das Laminatgelege infiltriert. Unter mechanischem Druck erfolgt die Verdichtung zur CFK-Platte. [LI08]
Das zweite Probenmaterial war ein TAPE aus unidirektionalen CFK-Prepregs. Prepregs sind einlagige unidirektionale Fasermatten, die schon mit dem Harzsystem vorimprägniert sind. Die Herstellung eines Laminates entsteht durch das Übereinanderstapeln verschieden ausgerichteter Prepreg-Lagen. Anschließend erfolgt ebenfalls die Verdichtung zur fertigen CFK-Platte in einem Autoklaven, allerdings ohne Infiltration, da das Harz und der Härter schon homogen im Material verteilt sind. [LI08]
Die Verstärkungsfasern waren in beiden Fällen Kohlenstofffasern mit 12000 Einzelfasern je Faserbündel. Die Plattendicke beim MAG betrug 3,3 mm und beim TAPE 3,1 mm. Die verwendete Polymermatrix ist in beiden Fällen unbekannt, was die Vergleichbarkeit der Materialien einschränkt. Die Ausgangsmaße der Platten betrugen 620x470 mm^2. Diese wurden für die folgenden Untersuchungen zu je 15 Proben mit den Abmessungen von 150x100 mm^2 zugeschnitten.
Die Schlagbeanspruchung von Faserverbundlaminaten soll einen möglichst reproduzierbaren Schadenszustand im Probenmaterial herstellen. Zu diesem Zweck wurden die MAG und TAPE Proben durch einen zentralen Stoß (Impakt) definiert belastet. Das Einbringen der Impakt-Schäden erfolgte an einem Impakt-Versuchsstand der Firma IMA Materialforschung und Anwendungstechnik GmbH Dresden nach der Testspezifikation AITM 1-0010 von Airbus. Um die Abhängigkeit der Schadenswechselwirkung von Lamb-Wellen mit den Impaktschäden zu untersuchen, sind verschiedene Impakt-Energien und deren Schadensbilder als Stützstellen notwendig. Aus diesem Grund wurden abweichend von der Spezifikation jeweils 3 Proben mit identischer Impakt-Energie belastet, um eine minimale statistische Sicherheit der Messwerte zu erhalten. Tabelle 3.4 enthält die Impakt-Energien für die einzelnen Probekörper.
Die Temperatur während der Impakt-Versuche betrug 20°C. Als Indentorgeometrie kam eine Halbkugel mit 16 mm Durchmesser zum Einsatz. Unter Verwendung von Impaktoren unterschiedlicher Masse wurde die Impakt-Energie variiert. Die Fallhöhe wurde konstant

Tabelle 3.4.: Probenanzahl und Impakt-Energien [LI08]

	13 J	20 J	26 J
MAG	3	-	3
TAPE	3	3	3

gehalten. Dadurch war die Geschwindigkeit beim Aufschlag in allen Fällen gleich und der entstehende Schaden nur von der Impaktormasse abhängig.

3.4.2. Ergebnisse

3.4.2.1. Ergebnisse der Ultraschallprüfung

Anhand einer visuellen Schadensbeurteilung kann nicht auf den genauen Schadensumfang im geschädigten Laminat geschlossen werden. Abbildung 3.26 stellt die Ergebnisse der Ultraschallprüfung dar. Dabei ist unabhängig vom Probenmaterial ein annähernd linearer Zusammenhang zwischen der auf die Plattendicke bezogenen Impakt-Energie und der Größe des resultierenden Schadensgebietes erkennbar.

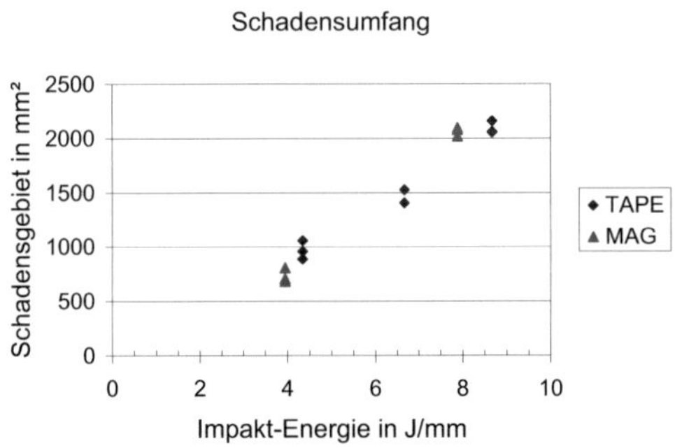

Abbildung 3.26.: Größe des Schadensgebietes in Abhängigkeit der Impakt-Energie [LI08]

3.4.2.2. Ergebnisse der Signaturanalyse

Im Folgenden wird der Korrelationskoeffizient im Ergebnis der Signaturanalyse mit dem Schadensumfang der CFK-Proben in Verbindung gesetzt. Der Korrelationskoeffizient wurde aus dem Vergleich des Referenzsignals der ungeschädigten Probe mit dem Signal des jeweiligen Schadzustandes an der dann geschädigten Probe ermittelt. An diesen Proben exemplarisch durchgeführte laservibrometrische Messungen haben im Vorfeld gezeigt, dass nachweisbare Änderungen im Signalverlauf vor allem bei geringen Impakt-Schäden durch die Wechselwirkung des A0-Mode mit dem Schadensgebiet entstehen. Demzufolge ist für den Korrelationskoeffizient vor allem der Zeitbereich nach Eintreffen des A0-Wellenmode am empfängerseitigen Piezofaserwandler interessant. Für die Korrelation wurden die in Abbildung 3.27 dargestellten drei Bereiche der Zeitsignale ausgewählt. Im Bereich 1 finden vor allem Schadenswechselwirkungen statt, die vom erstmaligen Durchlaufen der Wellenmoden durch das Schadensgebiet geprägt sind. Der Bereich 2 ist danach vor allem von Schadenswechselwirkungen geprägt, die durch Reflexionen von an den Probenrändern reflektierten Wellenpaketen entstehen. Der Bereich 3 soll schließlich zeigen, ob auch ohne gezielte Bereichsauswahl zuverlässige Ergebnisse erhalten werden können.

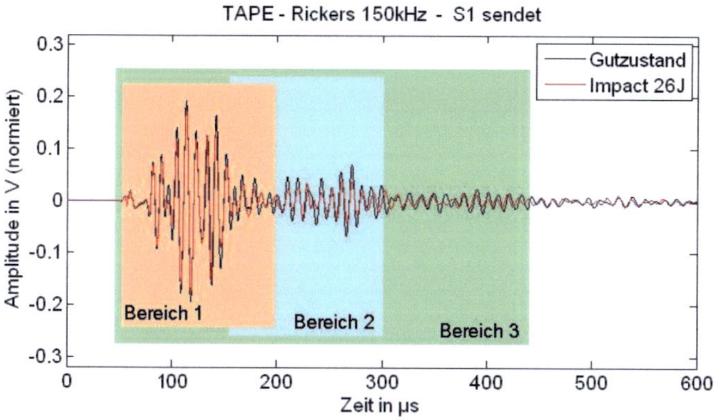

Abbildung 3.27.: Bereichsauswahl für die Korrelation der Zeitsignale [LI08]

Die auf diese Art bestimmten Korrelationskoeffizienten sind für die verschiedenen Probenmaterialien und Mittenfrequenzen des Sendesignals in Abbildung 3.28 für die drei Zeitbereiche dargestellt. Mit dem Korrelationskoeffizienten sind, je nach Bereichswahl im Zeitsignal, verschiedene Schädigungszustände eindeutig unterscheidbar. Am unempfindlichsten und damit zur Schadensdetektion nicht empfehlenswert ist der Kor-

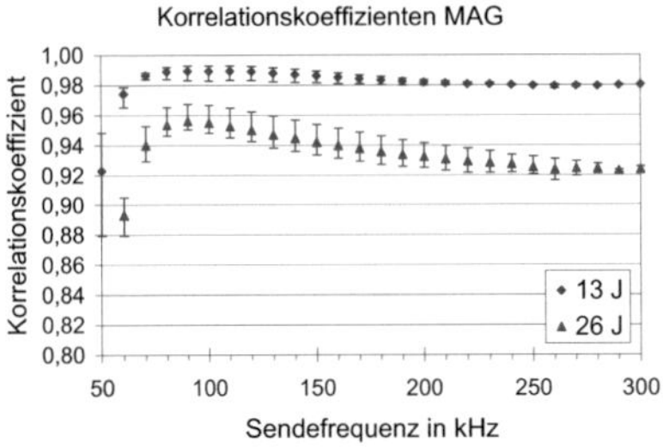

(a) Bereich 1: multiaxiales Gelege (MAG)

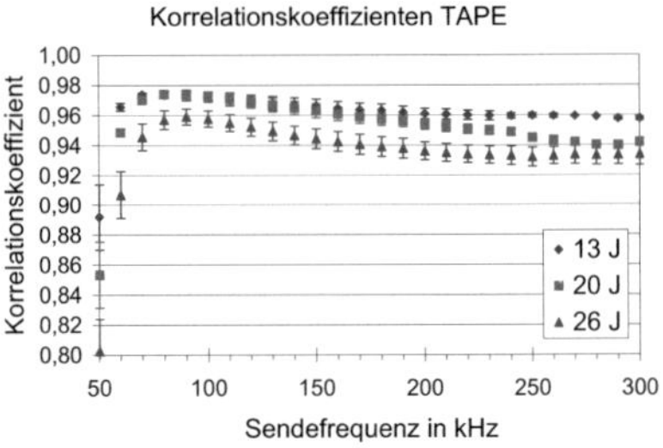

(b) Bereich 1: Prepreg (TAPE)

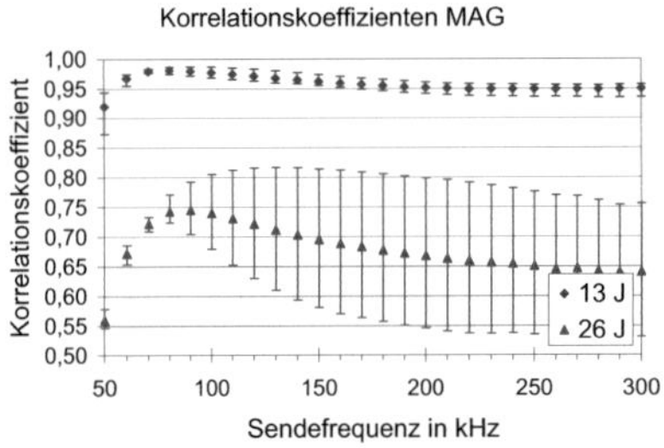

(c) Bereich 2: multiaxiales Gelege (MAG)

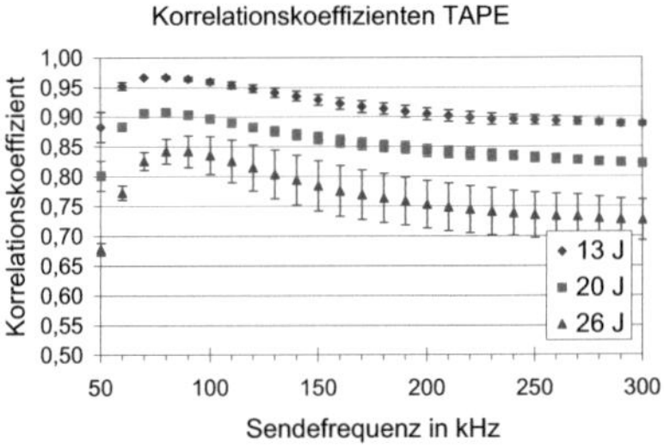

(d) Bereich 2: Prepreg (TAPE)

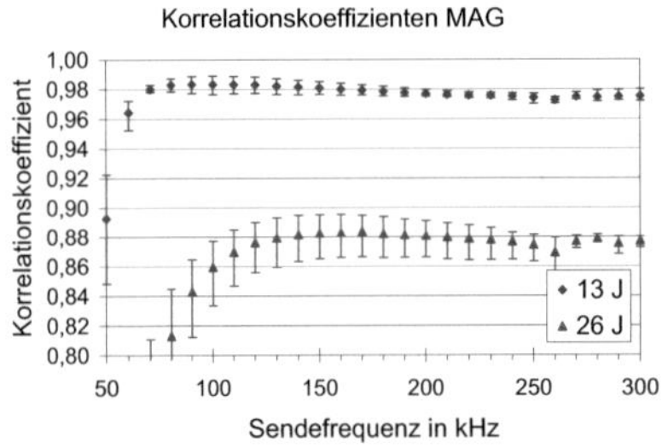

(e) Bereich 3: multiaxiales Gelege (MAG)

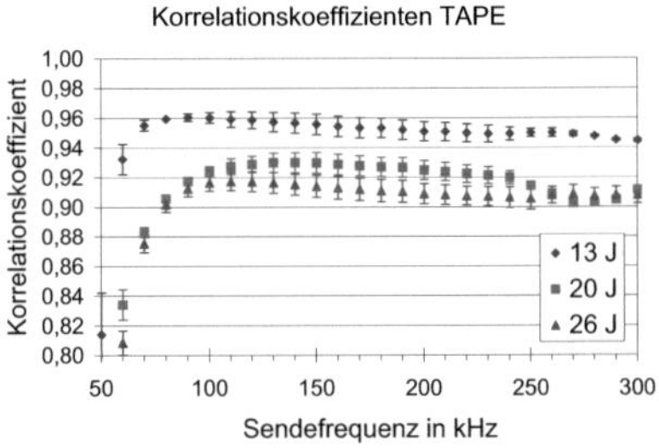

(f) Bereich 3: Prepreg (TAPE)

Abbildung 3.28.: Korrelationskoeffizient bei verschiedenen Mittenfrequenzen [LI08]

relationskoeffizient in Bereich 1 und 2 bei der Mittenfrequenz von 90 kHz, die Abstände zwischen den Korrelationskoeffizienten der verschiedenen Schädigungen sind hier am geringsten. Im Falle der TAPE Proben finden sich bei der Korrelation über Bereich 1 zum Teil gleiche Korrelationskoeffizienten für die beiden Schädigungszustände mit 13 J und 20 J Impakt-Energie. Der Zeitbereich 3 kann ebenfalls zur Analyse herangezogen werden, wenn entweder niedrige Mittenfrequenzen unterhalb von 80 kHz oder der Frequenzbereich von 120 bis 200 kHz genutzt werden. Da sich der Korrelationskoeffizient wie in Abbildung 3.28 ersichtlich als Schadensindikator grundsätzlich eignet, soll im Folgenden eine Abhängigkeit zwischen Korrelationskoeffizient und Schadensumfang hergestellt werden. Abbildung 3.29 zeigt die Auftragung des Korrelationskoeffizienten eines Ricker-Wavelet mit der Mittenfrequenz von 150 kHz beispielhaft in Zeitbereich 3 (vgl. Abb. 3.27) über dem gesamten Schadensgebiet. Verschiedene Schädigungszustände können mittels Korrelationskoeffizienten eindeutig unterschieden werden.

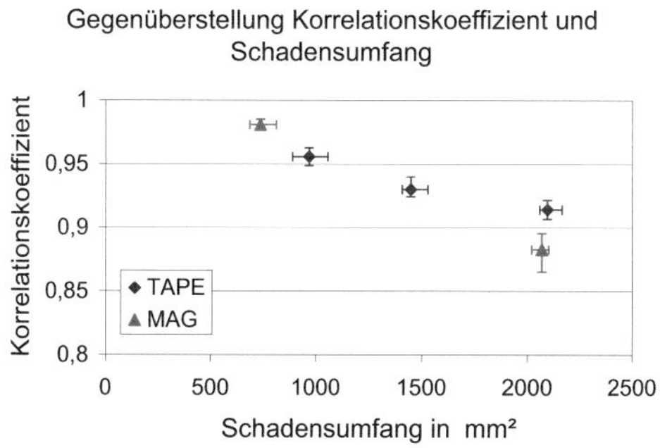

Abbildung 3.29.: Korrelationskoeffizient über Schadensumfang, Mittenfrequenz f=150 kHz, Bereich 3 [LI08]

Es ist daher möglich, aus der Änderung des Korrelationskoeffizienten auf den Schadensumfang zu schließen. Notwendig sind allerdings kalibrierende Messungen, bei denen der in Abbildung 3.29 dargestellte Zusammenhang für ein konkretes Laminat und die konkrete Messkonfiguration ermittelt wird.

3.5. Zusammenfassende Darstellung der Wechselwirkung geführter Wellen mit Impaktschäden

In diesem Kapitel wurde gezeigt, dass eine geführte Welle eine Wechselwirkung mit einer Delamination eingehen kann, wenn sie bestimmte elastische Spannungszustände (σ_{13}, σ_{23} und σ_{33}) in der Struktur hervorruft. Dazu wurde in Kap. 3.1.1 ein Schädigungsmodell einer Delamination eingeführt. Die Auswirkungen der Randbedingungen dieses Modells auf die Wellenausbreitung wurden in Kapitel 3.1.2 getrennt für orthotrope (Kap. 3.1.2.1) und monoklinische (Kap. 3.1.2.2) Laminatsymmetrien betrachtet und daraus das Wechselwirkungspotential verschiedener geführter Wellentypen abgeleitet. Anhand durchgeführter laservibrometrischer Messungen wurde dies an einem Impaktschaden praktisch nachgewiesen (Kap. 3.3.3). Wellenmoden mit hohen derartigen Spannungskomponenten (S0, A0) zeigten eine gute Wechselwirkung, während der SH0-Mode nicht zur Detektion von Impaktschäden in Faserverbundwerkstoffen geeignet ist.

Die Größen der genannten Spannungskomponenten innerhalb einer geführten Welle sind abhängig von der Steifigkeitsmatrix einer Einzellage, dem Lagenaufbau, der verwendeten Frequenz des Anregungssignals und der Richtung der Wellenausbreitung im Laminat-Koordinatensystem. Das in Kap. 3.2 dargestellte Instrumentarium gibt dem Anwender des Signaturanalyseverfahrens die Möglichkeit, für beliebige Materialaufbauten die Spannungsverteilungen im Laminat zu berechnen. Die Vorstellung der Methodik zur Normierung der elastischen Spannungen σ_{13}, σ_{23} und σ_{33} unter Verwendung der mittels 3D-Laservibrometrie erfassten Auslenkungen erlaubt die Quantifizierung der Spannungsverteilungen im Laminat (Kap. 3.2). Damit wird dem Anwender die Möglichkeit gegeben, die an unterschiedlichen Laminatsystemen bzw. mit verschiedenen Signaturanalysesystemen erhalten Ergebnisse vergleichen zu können.

Die Höhe der Spannungskonzentrationen am Schadensort wird (neben den bereits erwähnten Einflussgrößen) auch über den verwendeten anregenden Ultraschallwandler und den Abstand des Ultraschallwandlers zum Schaden beeinflusst. Der verwendete Ultraschallempfänger und der Abstand des Empfängers vom Schadensort beeinflusst das aufgenommene Empfangssignal hinsichtlich empfangener Signalform. Dies sind Gründe, die eine Kalibrierung des Signaturanalyseverfahrens und der verwendeten Messtechnik für den konkreten Anwendungsfall bedingen. Kapitel 3.4 zeigt, das für den konkreten Anwendungsfall der Nachweis von Impaktschäden und auch der Nachweis des Wachstums von

Impaktschäden möglich sind.

Kapitel 3.3 fasst die Möglichkeiten zusammen, die die 3D-Laservibrometrie zur Charakterisierung (Kap. 3.3.2) der Art der Wellenmoden und des Schadensumfanges (Kap. 3.3.3) bietet. Beispielhaft dazu wurde die Wechselwirkung eines S0-, A0-, und SH0-Modes mit einem typischen Impaktschaden betrachtet und analysiert. Es wurden ein amplituden- und ein laufzeitbasierender Bewertungsfaktor verglichen. Beide waren in der Lage den Schaden nachzuweisen, für den weiteren Verlauf dieser Arbeit wird jedoch der Korrelationskoeffizient als laufzeitbasierende Bewertungsmöglichkeit verwendet, da dieser unabhängig von der exakten Amplitude des empfangenen Signals ist. Damit haben Änderungen der Amplitude, wie sie durch kurzzeitige (Temperaturschwankungen) oder langzeitige (Sensor- oder Kleberdegradation) Einflüsse entstehen, keinen Einfluss auf das Messergebnis. Der Einfluss der Temperatur auf den Korrelationskoeffizienten wird im nachfolgenden Kapitel 4 untersucht.

4. Einfluss der Temperatur auf die Signaturanalyse

Über den Einfluss der Temperatur auf Plattenwellen, die durch piezoelektrische Wandler detektiert werden, ist bisher in der Literatur wenig publiziert worden. Temperatureffekte auf Plattenwellen wurden von [Lee03] in ihrer Art beschrieben, [Matt07] benannte zusätzlich qualitativ die Herkunft der Effekte. Der Autor untersuchte mittels Simulation und Experiment Auswirkungen auf die Amplitude des S0-Modes. Er zeigt die Änderungen (Abfall der Amplitude mit steigender Temperatur) auf, kann jedoch aufgrund der gesamtheitlichen Betrachtung der Übertragungskette (Sender-Struktur-Empfänger) nicht zuordnen, an welcher Stelle innerhalb dieser Kette Temperaturänderungen große Auswirkungen haben. Experimentell wurden in einem relativ schmalen Temperaturbereich von [Kon06] (22°C bis 32°C) Änderungen in den Amplituden der direkt einlaufenden S0- und A0-Moden sowie Kantenreflexionen untersucht. [MI05] betrachtete ebenfalls Amplitudenverhältnisse im Temperaturbereich von 5°C bis 40°C in bestimmten Signalbereichen.

In dieser Arbeit wird das Gesamtsystem in Einzelsysteme gegliedert und diese, soweit wie möglich, getrennt voneinander betrachtet. Das komplexe Gesamtsystem (Abb. 4.1) lässt sich in die Teilsysteme Elektronik (1), Piezoelement (2), Klebeschicht (3) und ungeschädigte (4) bzw. geschädigte Struktur (5) aufgliedern. Auf jedes dieser Teilsysteme haben Temperaturänderungen Auswirkungen, die das Eingangssignal $x(t)$ in Amplitude und Phase beeinflussen können. Dieser Einfluss wird zusätzlich zum Einfluss des Strukturfehlers G_5 im Empfangssignal $y(t, T)$ wirksam. Für die Teilsysteme 2 und 3 muss für Sender (Sendespannungen am Piezoelement $U_{PP_s} = 50V \dots 100V$) und Empfänger (Empfangsspannungen am Piezoelement $U_{PP_e} = 1\mu V..50\mu V$) je nach verwendetem Wandler getrennt in Großsignal- und Kleinsignalverhalten unterschieden werden. Für das Gesamtsystem $G(w, T)$ ergibt sich

$$\begin{aligned} G(w,T) = G_{1a}(w,T)G_{2a}(w,T)G_3(w,T)G_4(w,T)G_5(w,T)G_4(w,T)\dots \\ \dots G_3(w,T)G_{2b}(w,T)G_{1b}(w,T). \end{aligned} \tag{4.1}$$

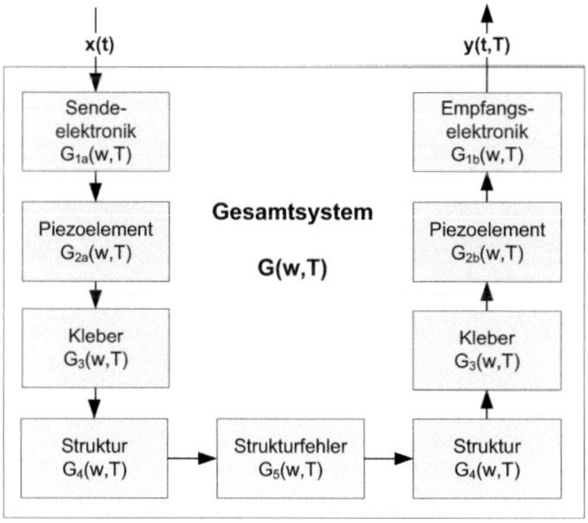

Abbildung 4.1.: Zerlegung des Gesamtsystems in Einzelsysteme

Für $G_{1a}(w,T)$ und $G_{1b}(w,T)$ sind temperaturabhängige Einflüsse in den Bauelementbeschreibungen der aktiven bzw. passiven Bauelemente enthalten und Stand der Technik. Die Beschreibung dieser Einflüsse stellt für ein den Spicecode nutzendes Simulationsprogramm kein Problem dar. Für die Piezoelemente beschreiben die piezoelektrischen Grundgleichungen [Aul90] das Verhältnis elektrischer und mechanischer Größen bei deren Wandlung. Diese Grundgleichungen lassen sich zwar um einen temperaturabhängigen Term erweitern [Giu04], der den thermischen Ausdehnungskoeffizienten unter konstantem elektrischen Feld berücksichtigt, jedoch zeigen auch die piezoelektrischen (z.B. Druck- und Ladungskonstanten d_{ij}, g_{ij}) und dielektrischen Werkstoffkonstanten temperaturabhängige Eigenschaften. Diese werden vom Hersteller nur vereinzelt für ausgewählte Polarisierungsrichtungen [PI09] angegeben bzw. sind nur vereinzelt in Versuchen [She71, Sab06] für spezifische Piezomaterialien ermittelt worden. In einem breiten Temperaturbereich von -150°C bis 250°C untersuchte [HU98] vier verschiedene piezoelektrische Keramikscheiben auf Temperaturabhängigkeit der piezoelektrischen (d_{31}, d_{33}, K_p, K_{eff}), ferroelektrischen (E_c, P_r) und dielektrischen Werkstoffkonstanten. Nahezu alle Konstanten zeigten temperaturabhängig nichtlineare Eigenschaften, so dass eine vollständige analytische Beschreibung der temperaturabhängigen Eigenschaften für $G_{2a}(w,T)$ und $G_{2b}(w,T)$ nicht gegeben ist. Die Klebeschicht $G_3(w,T)$ ist für die Übertragung der vom Piezoelement generierten Normal- und Schubspannungen auf die Struktur verantwortlich, gleiches gilt empfängerseitig für die Übertragung der mechanischen Spannungen von der Struktur auf das Piezoelement. Die dafür notwendigen (komplexen) Elastizitäts- und Schubmoduln müssten frequenzabhängig ermittelt werden. Aushärteprozesse und Degradationserscheinungen der

Klebstoffschicht sorgen für eine zusätzliche Zeitabhängigkeit des Temperatureinflusses. Die Ausbreitung der elastischen Wellen in der Struktur $G_4(w,T)$ wird, wie im vorangegangenen Kapitel 2.1.4 beschrieben, durch die Steifigkeitsmatrix einer Einzelschicht und den Aufbau des Faserverbundswerkstoffes beeinflusst. Auch hier führen Temperaturschwankungen zu Änderungen der Eigenschaften der Materialparameter, die sich auf Ausbreitungsgeschwindigkeiten und Amplituden der Wellenmoden auswirken. Für die vollständige Beschreibung des Einflusses wäre die Ermittlung der temperaturabhängigen Materialparameter in dem für Plattenwellen interessanten Frequenzbereich durch umfangreiche praktische Versuche an Proben notwendig. Die Ergebnisse dieser Messungen hätten aber nur für den konkreten Einzelfall Gültigkeit und wären nicht ohne weiteres auf andere Materialkombinationen übertragbar.

Die vollständige analytische Beschreibung von $y(t)$ in Abhängigkeit der Temperatur ist sehr komplex und wäre aufgrund der vielen notwendigen (temperaturabhängigen) Materialkonstanten nur exemplarisch für einen konkreten Einzelfall ermittelbar. An ein SHM-System wird jedoch die Anforderung gestellt, nahezu jede Art von Faserstruktur überwachen zu können - unabhängig von den verwendeten Materialparametern.

Zur Lösung dieses Problems wird in dieser Arbeit wie folgt vorgegangen. Für die notwendige Entwicklung eines Verfahrens zur Temperaturkompensation werden Untersuchungen an ausgewählten Einzelsystemen (Kapitel 4.1) durchgeführt, um temperaturabhängige Effekte in ihrer Art und Stärke einschätzen zu können. Nach Untersuchung der Einzelsysteme wird abschließend der Einfluss der Effekte auf den Korrelationskoeffizienten (Kap. 4.1.5) betrachtet.

In Kapitel 4.2 werden existierende Verfahren zur Temperaturkompensation eingeführt. Anschließend werden eigens entwickelte Verfahren vorgestellt und in ihrer Funktionsweise beschrieben. Zur Verifizierung der Verfahren werden Messungen an einer impaktgeschädigten Struktur über einen weiten Temperaturbereich durchgeführt und die Ergebnisse in Kap. 4.3 mit denen eines existierenden Verfahrens verglichen. Abschließend werden alle Kompensationsverfahren in Unterkapitel 4.3.4 miteinander verglichen. Im Anhang D ist der Einsatz des selbst entwickelten Verfahrens über einen längeren Zeitraum in der freien Umgebung beschrieben. Dort wird die Temperaturkompensation im Rahmen eines dynamischen Belastungstests eines 40m langen Windkraftrotorblattes durchgeführt. Der vielfältige Materialmix der Werkstoffe (CFK, GFK) und die über den Flügel stark variierende Anzahl der Faserlagen (7 Spitze, 81 Wurzel, 41 vorderer Bereich) bieten dabei ideale Voraussetzungen zum Langzeittest des Verfahrens.

4.1. Einfluss der Temperatur auf die Einzelsysteme

Nr.	Art	untersuchte Teilsysteme	Beschreibung
1	Simulation	Sendeelektronik	Amplituden- und Phasenfrequenzgang der Sendeelektronik in Abhängigkeit der Temperatur
2	Simulation	Empfangselektronik	Amplituden- und Phasenfrequenzgang der Empfangselektronik in Abhängigkeit der Temperatur
3	Experiment	Piezoelement	Ermittlung temperatur- und frequenzabhängiger Wandlerersatzschaltbilder
4	Experiment	Piezoelement, Kleber, Struktur	Ermittlung temperatur- und frequenzabhängiger Wandlerersatzschaltbilder
5	Simulation	Sendelektronik, Piezoelement, Kleber, Struktur	temperaturabh. Amplituden- und Phasenfrequenzgang im Sendefall
6	Simulation	Empfangslektronik, Piezoelement, Kleber, Struktur	temperaturabh. Amplituden- und Phasenfrequenzgang im Empfangsfall
7	Experiment	Struktur	temperaturabhängiger Einfluss auf Amplituden und Geschwindigkeiten der Wellenmoden
8	Experiment	Alle	Einfluss der Temperatur auf das Gesamtsystem am Beispiel der Impakterkennung (Kap. 4.3)

Tabelle 4.1.: Durchgeführte Simulationen und Experimente zur Ermittlung des Temperatureinflusses

Nachfolgend wird die Temperaturabhängigkeit des Empfangssignals $y(t, T)$ innerhalb der Einzelsysteme betrachtet. Systematisch wurden die eingangs beschriebenen Einzelsysteme auf ihre Temperaturabhängigkeit überprüft. Tabelle 4.1 gibt einen Überblick über durchgeführte Experimente und Simulationsrechnungen. Für die Simulation wurde das Simulationsprogramm LTSpice benutzt, in dem diskrete Bauelemente mit herstellerseitig vorhandenen Daten zur Temperaturabhängigkeit beschrieben wurden. Der Datenpool wurde mit eigenen Experimenten zur Parametergewinnung an spezifischen Piezoelementen, Klebeschichten und Komposit-Strukturen ergänzt. Jedes Unterkapitel schließt mit der Beschreibung der temperaturabhängigen Effekte des jeweils betrachteten Systems ab. Diese Beschreibung beinhaltet die frequenz- und temperaturabhängigen Änderungen des Amplituden- und Phasenverlaufes. Die Auswirkungen dieser Signalverläufe auf den Korrelationskoeffizienten werden in Kapitel 4.1.5 zusammenfassend dargestellt und bewertet.

4.1.1. Schaltungskomponenten $G_{1a}(w,T)$, $G_{1b}(w,T)$

Vorgehen:

Für die elektronischen Bauelemente des verwendeten Sende- ($G_{1a}(w,T)$) und Empfangssystems ($G_{1b}(w,T)$) werden temperaturabhängig Amplituden- und Phasenverläufe simuliert. Als Last am Eingang des Empfängers bzw. Ausgang des Senders wird eine Kapazität C_x zur Nachbildung des Piezoelements verwendet, deren Wert vorerst konstant bleibt. Diese Kapazität ist notwendig, damit die Hochpasscharakteristik des Empfängersystems erhalten bleibt. Die Ermittlung der Frequenzgänge wird getrennt für Sende- und Empfangsstufe durchgeführt. Für die Simulationen werden temperaturabhängige Widerstandsänderungen von 100 ppm/K berücksichtigt. Bei den in den Messsystemen eingesetzten Kapazitäten handelt es sich um C0G Ausführungen, deren temperaturabhängige Einflüsse durch Temperaturkoeffizienten nach DIN EN 60384-8 mit ±0 ppm/K vernachlässigbar sind. Das temperaturabhängige Verhalten der Halbleiterbauelemente ist den Datenblättern der entsprechenden Modelle entnommen worden.

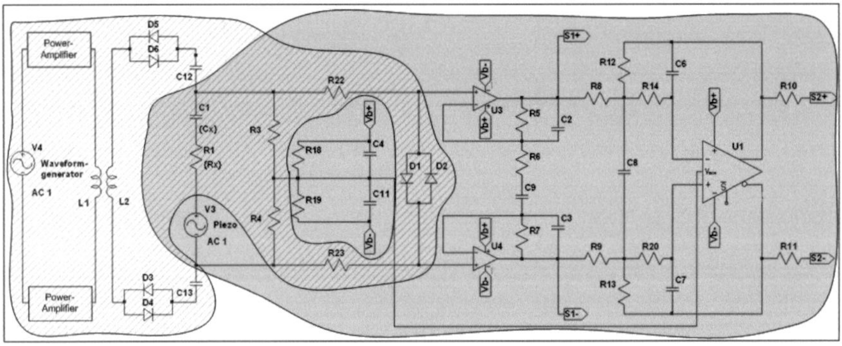

Abbildung 4.2.: Übersichtsdarstellung des Schaltplans mit Sendeelektronik $G_{1a}(w,T)$ (schraffiert) und Empfangselektronik $G_{1a}(w,T)$ (grau eingefärbt)

Temperaturabhängigkeit der Sendeschaltung

Abbildung 4.2 stellt den Schaltplan dar und ordnet die Schaltungskomponenten den Teilsystemen zu. Simulationsrelevante Komponenten der Sendeelektronik sind grau schraffiert dargestellt. Das vom Signalgenerator (Abb. 4.2; V4) erzeugte Spannungssignal $x(t)$ wird im Sendefall von maximal $\pm 0.5\,\mathrm{V}$ im Poweramplifiermodul auf bis zu $\pm 20\,\mathrm{V}$ verstärkt.

Der nachgeschaltete Übertrager (Abb. 4.2; L1,L2) transformiert anschließend das Differenzsignal auf bis zu ±60 V (Abb. 4.3 (a)). Für den Schutz der Eingangsstufe im Sendefall beinhaltet $G_{1a}(w,T)$ Dioden (Abb. 4.2; D1,D2), die die maximale Eingangsspannung des Empfängers während des Sendevorganges auf 0.7 V begrenzen. Über die Dioden (Abb. 4.2; D3-D6) und den Kapazitäten (Abb. 4.2; C12, C13) wird das Sendesignal auf das Sensorelement eingekoppelt. Der Einfluss der zur Eingangsstufe gehörenden Widerstände (Abb. 4.2; R3, R4, R22, R23) kann nicht vernachlässigt werden, da sie dem Piezoelement nachgeschaltet sind und daher zur komplexen Last der Sendestufe gehören. Das Piezoelement wird durch eine Reihenschaltung der Ersatzbauelemente R_x (Abb. 4.2; R1) und C_x (Abb. 4.2; C1) dargestellt. In diesem Kapitel werden für die Betrachtung des Einflusses der Schaltungskomponenten C_x=1 nF und R_x=0 Ω gewählt.

Abbildung 4.3 (b) stellt die Simulationsergebnisse als Differenzdarstellung für den Amplituden- und den Phasenfrequenzengang dar. Mit steigender Temperaturänderung, bezogen auf die Ausgangstemperatur von 20°C, ist eine ebenfalls steigende Amplitudendifferenz zu beobachten. Dies gilt sowohl für positive als auch für negative Temperaturdifferenzen. Im dargestellten Frequenzbereich sind lediglich Änderungen von 0.1 dB (1.16 %) zwischen minimaler und maximaler Amplitudendifferenz zu beobachten, im Durchlassbereich der Schaltung sind es nur noch 0.076 dB. Als Durchlassbereich wird der Teil des Frequenzbandes verstanden, in dem keine signifikante Dämpfung des Signals erfolgt. Mit höheren Frequenzen steigen auch die Phasendifferenzen, deren Maximalabweichungen mit 0.75° für den betrachteten Temperaturbereich ebenfalls sehr gering sind.

	f=10 kHz - 300 kHz		f=10 kHz - 500 kHz	
Simulation	ΔA in dB	$\Delta\varphi$ in °	ΔA in dB	$\Delta\varphi$ in °
Sendeschaltung ohne Piezoelement	0,0238	0,407	0,0916	0,6665
Sendeschaltung mit Piezoelement	0,2432	1,99	0,7360	5,885
Empfangsschaltung ohne Piezoelement	0,2520	7,64	0,252	7,64
Empfangsschaltung mit Piezoelement	1,2070	12,9	1,207	12,9

Tabelle 4.2.: Ergebnisse der Simulationen zur Temperaturabhängigkeit - Maximalabweichungen der Phase $\Delta\varphi$ und Amplitude ΔA mit und ohne Piezoelement über dem Temperaturbereich -20°C≤ T ≤80°C

Temperaturabhängigkeit der Empfängerschaltung

Für den Betrieb des Wandlersystems als Empfänger $G_{1b}(w,T)$ werden die in Abb. 4.2 grau eingefärbten Schaltungskomponenten in ihrem temperaturabhängigen Verhalten simuliert. Das vom Piezoelement generierte Spannungssignal wird durch die Spannungs-

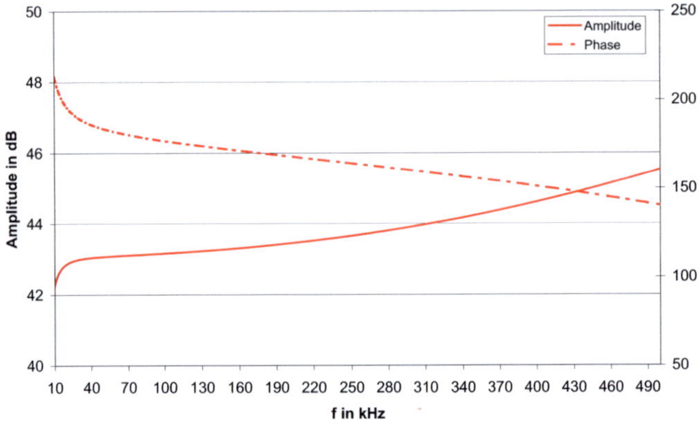

(a) Amplituden- und Phasenfrequenzgang der Sendeschaltung, T=20°C

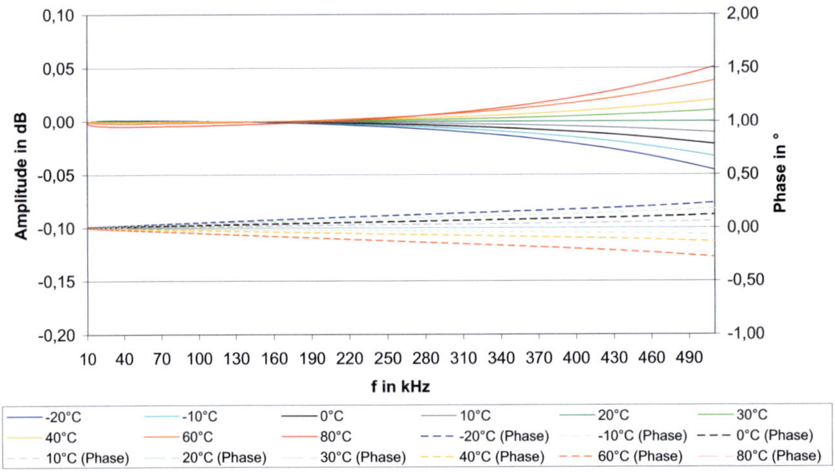

(b) Amplituden- (ΔA) und Phasendifferenzen ($\Delta\varphi$) in Abhängigkeit der Temperatur

Abbildung 4.3.: Amplituden- und Phasenfrequenzgang der Sendeschaltung bei Raumtemperatur T=20°C (a), Einfluss der Temperatur auf Amplituden- und Phasenfrequenzgänge (b) (bezogen auf T=20°C, C_x=1 nF, R_x=0 Ω)

quelle (V3) unter Beachtung von R_x und C_x in den nachfolgenden Operationsverstärkern (U3, U4) und (U1) um insgesamt 46 dB verstärkt, sowie hochpass- (f_g=10 kHz, 2. Ordnung) und tiefpassgefiltert (f_g=300 kHz, 3. Ordnung). Abbildung 4.4a stellt Amplituden- und Phasenfrequenzgang der Empfängerschaltung für die Referenztemperatur T=20°C dar. Die Ausgabe erfolgt als Differenzsignal leitungsangepasst an den Ausgabepins S2+

und S2-. Abbildung 4.4b stellt frequenzabhängige Amplituden- und Phasenverläufe der

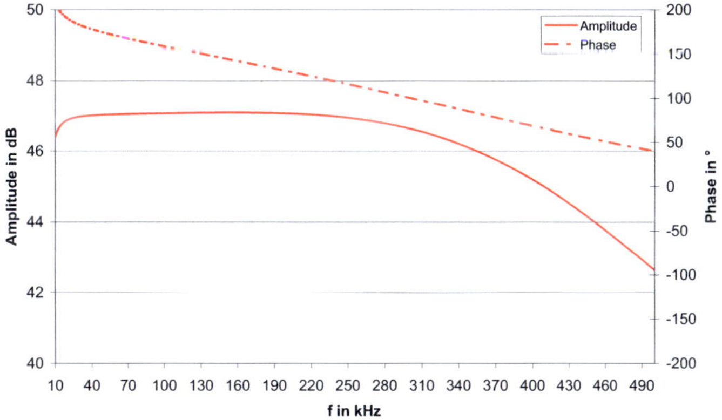

(a) Amplituden- und Phasenfrequenzgang der Empfängerschaltung, T=20°C

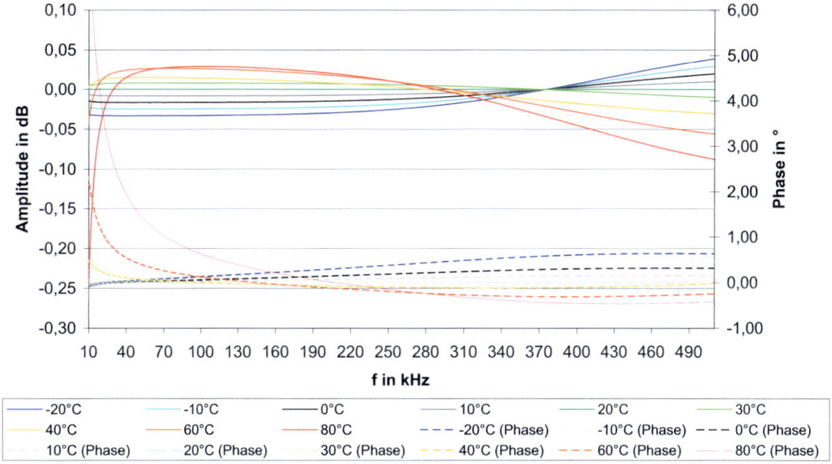

(b) Amplituden- (ΔA) und Phasendifferenzen ($\Delta\varphi$) in Abhängigkeit der Temperatur

Abbildung 4.4.: Amplituden- und Phasenfrequenzgang der Empfängerschaltung bei Raumtemperatur T=20°C (a), Einfluss der Temperatur auf Amplituden- und Phasenfrequenzgänge ((b), bezogen auf T=20°C, C_x=1 nF, R_x=0 Ω)

Empfangsstufe für unterschiedliche Temperaturen dar. Im Bereich der unteren Grenzfrequenz wirken sich hohe Temperaturänderungen besonders deutlich auf Phase (Änderungen bis zu 7.64°) und Amplitude (Änderungen bis zu 0.25 dB (=2.92%)) des Signals aus. Tabelle 4.2 fasst die Simulationsergebnisse einerseits für den Nutzfrequenzbereich (f=10 kHz bis f=300 kHz) und andererseits für den gesamten betrachteten Frequenzbereich (f=10 kHz bis f=500 kHz) zusammen.

4.1.2. Appliziertes Piezoelement $G_{2a}(w,T)$, $(G_3(w,T)$, $G_4(w,T))$

Vorgehen:

Für die Ermittlung des Einflusses der Temperatur auf das Piezoelement wird dieses im applizierten Zustand betrachtet. Eine getrennte Betrachtung des Wandlers ohne die Einflüsse von Kleber und Struktur ist möglich, jedoch nicht sinnvoll. Einerseits werden nach dem Aufkleben des Wandlers charakteristische Resonanzen stark gedämpft (siehe Abb. 4.5) und andererseits entspricht der applizierte Zustand dem Anwendungsfall. Zur Bestimmung der komplexen und temperaturabhängigen Impedanz von auf CFK-Coupons aufgeklebten Faserwandlern erfolgten Versuche im Klimaschrank. Aus den komplexen Impedanzen wurden temperaturabhängig je Frequenz ein Serienersatzwiderstand und eine -kapazität berechnet. Diese den aufgeklebten Wandler beschreibenden Größen fanden Eingang in die Spice Simulation, mit der wieder Betrags- und Phasenverläufe berechnet wurden.

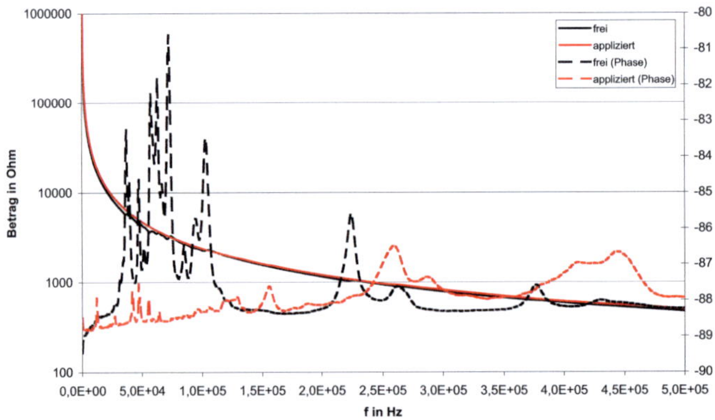

Abbildung 4.5.: Vergleich der Betrags- (durchgezogene Linie) und Phasenverläufe (gestrichelte Linie) von appliziertem und frei schwingendem Faserwandler (T=20 °C)

Beschreibung:

Es erfolgte die Applikation von insgesamt drei Faserwandlern (Abb. 4.6, 1a) auf einem CFK-Coupon (Abb. 4.6, 1b). Als Kleber kam der gleiche Thermokleber zum Einsatz, welcher bereits während der Impaktversuche Anwendung fand. Die Faserwandler wurden im Klimaschrank (Abb. 4.6, 2) für je eine Stunde Temperaturen von -20°C, -10°C, 0°C, 10°C, 20°C, 30°C, 40°C, 55°C, 65°C, 75°C und 85°C ausgesetzt. Nach Ablauf der Haltezeit erfolgte mit einem Impedanzanalysator HP4294A (Abb. 4.6, 4) und der Impedanzmessprobe HP42941A (Abb. 4.6, 3) die Bestimmung der Impedanz im Bereich von f=40 Hz bis f=500 kHz (801 Messpunkte, U=0.5 V). Die Temperatur wurde direkt am CFK-Coupon kontrolliert (Temperaturmessgerät Fluke 52, (Abb. 4.6, 6)). Die Übertragung der Daten erfolgte vom Impedanzanalysator mittels USB-GPIB Konverter zum PC (Abb. 4.6, 5), auf dem die Daten mit Excel und Matlab® ausgewertet wurden. Es wurden Faserwandler mit einer herstellerseitig stark variierenden Kapazitätsangabe (C_{FW1}=600 pF, C_{FW2}=400 pF, C_{FW3}=800 pF) verwendet.

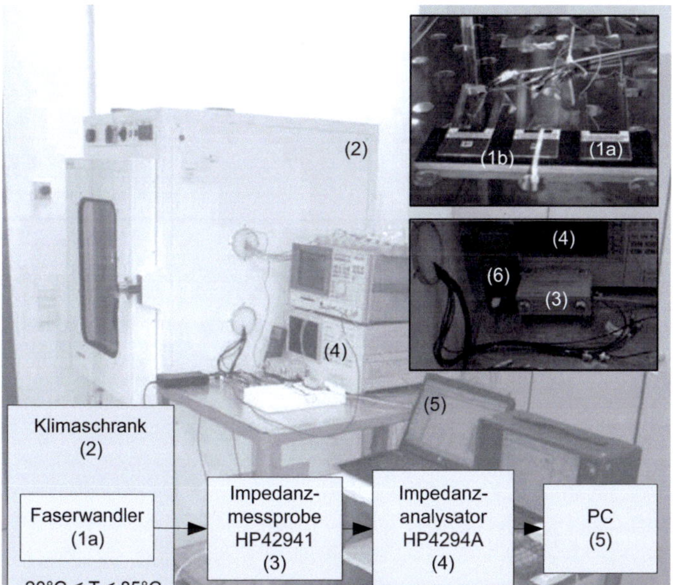

Abbildung 4.6.: Messaufbau zur Ermittlung der temperaturabhängigen Impedanzen der applizierten Faserwandler

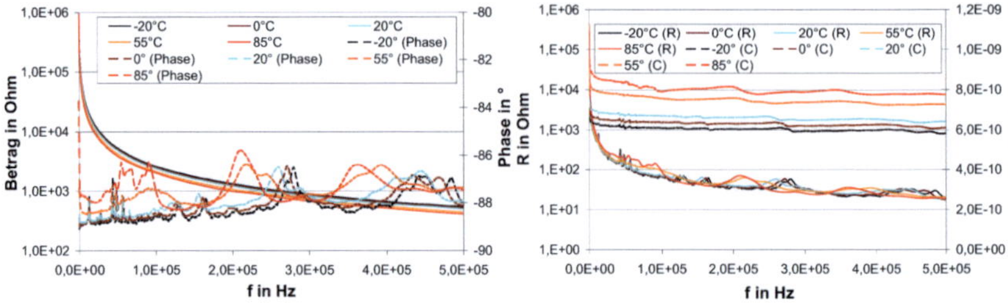

(a) komplexe Impedanz

(b) Ersatzserienwiderstand R und -kapazität C

Abbildung 4.7.: Einfluss der Temperatur auf die komplexe Impedanz (a) und den Ersatzserienwiderstand R und -kapazität C (b) für ausgewählte Temperaturen des Piezoelementes FW1

Temperatureinfluss auf Piezoelement:

Abbildung 4.7a stellt für einige ausgewählte Temperaturen Betrags- und Phasenverläufe am Faserwandler FW1 dar. Mit steigender Temperatur lässt sich ein Sinken des Betrages über dem Frequenzbereich beobachten. In dem verwendeten Frequenzbereich sind keine ausgeprägten Resonanzen zu finden, die Phase steigt kaum über -84°. Es ist jedoch mit steigender Temperatur eine Verschiebung der vorhandenen geringen Resonanzen zu niedrigeren Frequenzen zu beobachten. Zur Quantifizierung dieser Effekte wurden die temperaturabhängigen Betrags- und Phasendarstellungen auf die entsprechenden Werte der Referenztemperatur T=20°C normiert. Die Darstellung der Betragsänderungen erfolgte durch Bildung des Verhältnisses (Abb. 4.8 a-c) der Beträge, die Änderungen der Phasen wurden über Differenzphasendarstellungen (Abb. 4.8 d-f) visualisiert. Alle drei Wandler zeigen tendenziell das gleiche Verhalten. Für höhere Temperaturen sinkt der Betrag um bis zu 25% bei T=85°C, für niedrige Temperaturen steigt der Betrag um bis zu 15% bei T=-20°C. Es ist ein Anstieg des Betrages um +0.38 Prozent je Kelvin zu beobachten.
In der Differenzphasendarstellung ist bei allen Wandlern die bereits angesprochene Verschiebung der Resonanzfrequenzen ersichtlich. Diese führt zu maximalen Phasendifferenzen von ± 3 Grad über dem betrachteten Temperaturbereich, bezogen auf die jeweilige Phase bei der Referenztemperatur T=20°C.

4.1.3. Appliziertes Piezoelement und Schaltungskomponenten $G_{1a}(w,T)$, $G_{1b}(w,T)$; $G_{2a}(w,T)$, ($G_3(w,T)$, $G_4(w,T)$)

Aus den temperaturabhängigen Impedanzverläufen der drei Faserwandler wurden die schaltungstechnischen Größen für den Ersatzserienwiderstand und die Serienkapazität errechnet. Abbildung 4.7b stellt diese beispielhaft für einen Wandler in Abhängigkeit von der Frequenz dar. Vor allem der kapazitive Anteil der Zweipole zeigt eine ausgeprägte Temperaturabhängigkeit.
Mit diesen ermittelten Werten wurden parametrisierte Spice-Simulationen durchgeführt. Abhängig von der Frequenz und der Temperatur gehen die Werte der Ersatzschaltung des Piezoelementes als R_x und C_x (vgl. Abb. 4.2) in die Simulation ein. Nachfolgend wird der Temperatureinfluss auf das Piezoelement in Sende- und Empfangsschaltung untersucht.

Temperatureinfluss auf Sendeschaltung und Piezoelement:

Abbildung 4.9 zeigt die Simulationsergebnisse als Differenzdarstellung für den Amplituden- (a) und den Phasenfrequenzengang (b). Diese Darstellungen beinhalten den

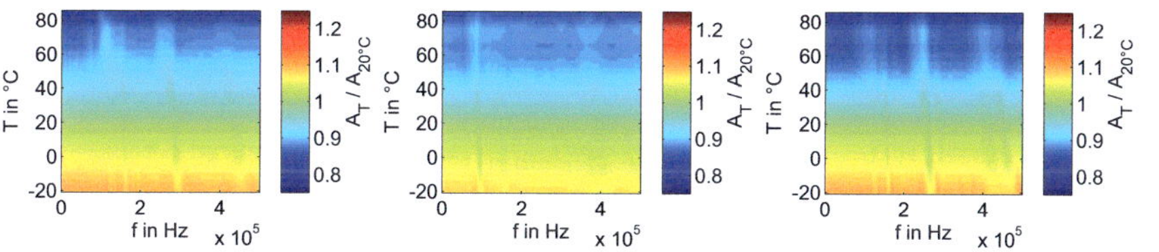

(a) rel. Betragsverhältnis FW1 **(b)** rel. Betragsverhältnis FW2 **(c)** rel. Betragsverhältnis FW3

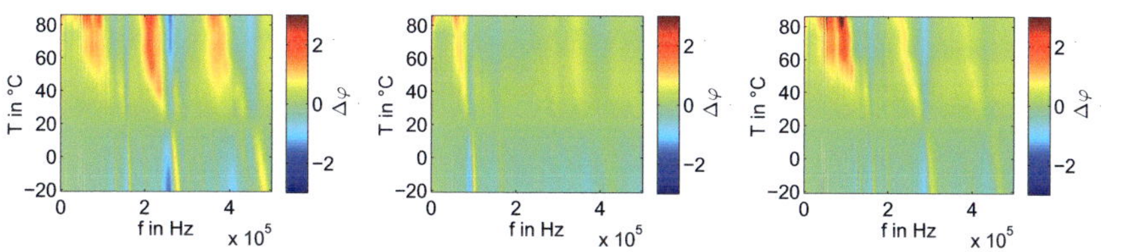

(d) Phasendifferenz FW1 **(e)** Phasendifferenz FW2 **(f)** Phasendifferenz FW3

Abbildung 4.8.: frequenzabhängiger Einfluss der Temperatur auf Betrag (a-c, relative Darstellung als Verhältnis der Beträge) und auf Phase (d-f, Differenzphasendarstellung $\Delta\varphi = \varphi_T - \varphi_{20C}$) der Faserwandler, Temperatur 5-fach linear interpoliert

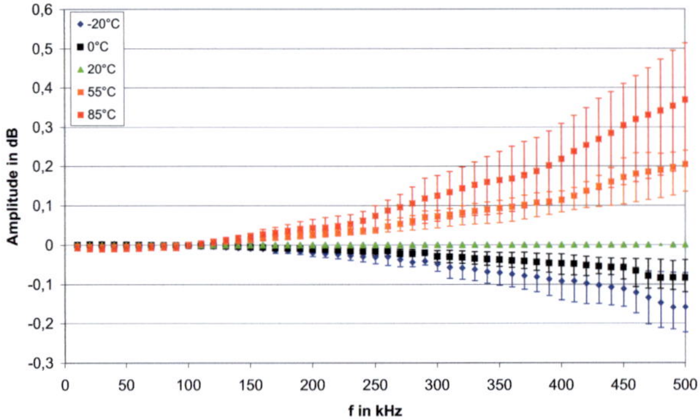

(a) Amplitudendifferenzen (Spannung über Piezoelement)

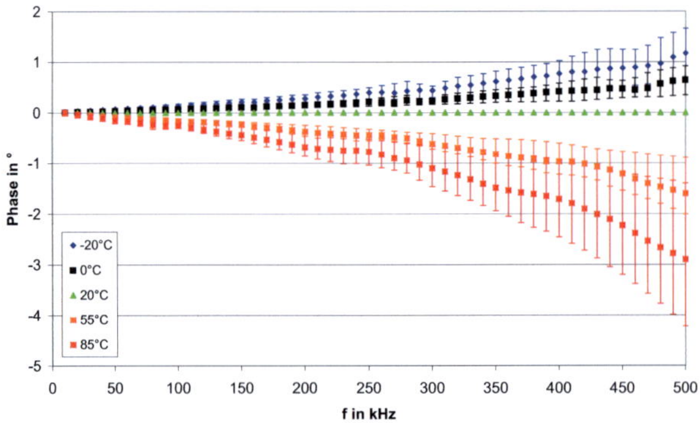

(b) Phasendifferenzen (Spannung über Piezoelement)

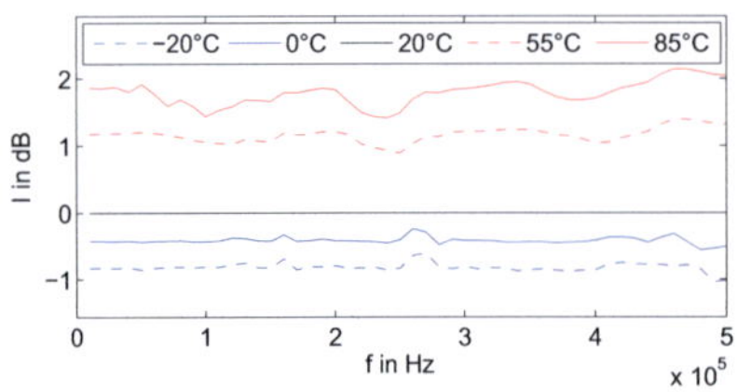

(c) Amplitudendifferenzen Wandler 1 (Strom durch Piezoelement)

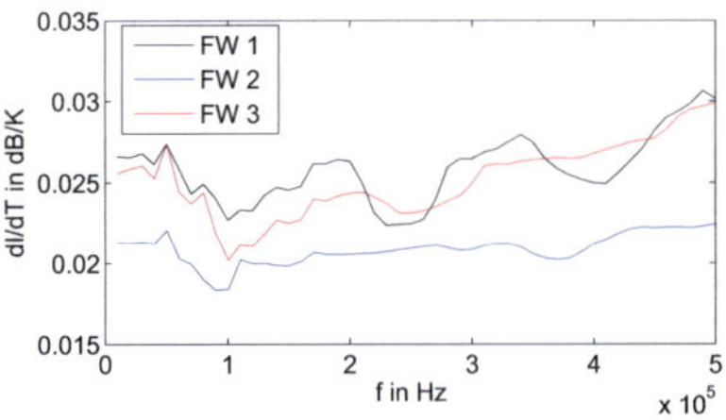

(d) Stromänderung je Kelvin

Abbildung 4.9.: Einfluss der Temperatur auf Amplituden- (a) und Phasenfrequenzgang (b) der Sendeschaltung unter Berücksichtigung der Temperaturabhängigkeit des Piezoelementes; temperaturabhängiger Strombedarf (c,d) der Sendeendstufe

frequenz- und temperaturabhängigen Mittelwert der Simulationen. Die Fehlerbalken kennzeichnen das Minimum und Maximum der Simulationsergebnisse. Diese Variante der Darstellung und Auswertung wurde gewählt, um den Einfluss der herstellerseitigen Streuung in den Kapazitäten der Wandler zu untersuchen. Die Streuung der Wandlerkapazitäten wird verfahrensrelevant, wenn in der Anwendung ein Wandler während der Überwachungsaufgabe ausgetauscht werden muss.
Der Trend der Kurven entspricht dem Verlauf ohne Berücksichtigung des Piezoelementes, jedoch überlagert von dem Einfluss der Wandler. Mit steigender Temperaturänderung, bezogen auf die Ausgangstemperatur von 20°C, ist eine steigende Amplitudendifferenz zu beobachten. Dies gilt sowohl für positive als auch für negative Temperaturdifferenzen. Im dargestellten Frequenzbereich sind Änderungen von 0.73 dB (8.76 %) zwischen minimaler und maximaler Amplitudendifferenz zu beobachten, im Durchlassbereich der Schaltung sind es noch 0.24 dB (2.8 %). Mit höheren Frequenzen steigen auch die Phasenunterschiede, deren Maximalabweichungen mit 5.88° für den gesamten betrachteten Frequenzbereich und Temperaturbereich bzw. 1.99° für den Durchlassbereich betragen (vgl. Tab. 4.2).

	FW 1	FW 2	FW 3	Mittelwert	Standardabweichung
$\frac{dB}{K}$	0,0241	0,0199	0,0223	0,0221	0,002107131
$\frac{dB}{K \cdot Hz}$	6,94E-09	3,87E-09	1,15E-08	7,43923E-09	3,83679E-09

Tabelle 4.3.: temperaturabhängiger Strombedarf der Sendeschaltung ermittelt aus Graphen in Abb. 4.9 (d) nach Polynombildung (1. Ordnung)

Zur Vermeidung von Signalverzerrungen im Sendefall (siehe Abb. C.4) muss sichergestellt werden, dass der vom Piezoelement benötigte Strom von der Sendeendstufe geliefert werden kann. Da sich der komplexe Widerstand des Piezoelementes temperaturabhängig ändert, ändert sich auch dessen Strombedarf. Für höhere Temperaturen steigt der Strombedarf (Abbildung 4.9 c), für niedrigere Temperaturen sinkt er. Dieser Effekt muss bei der praktischen Anwendung des Überwachungssystems berücksichtigt werden, d.h. es muss sichergestellt werden, dass das System den Mehrbedarf an Strom im Sendefall bereitstellen kann. Der Einfluss beläuft sich bei dem hier betrachteten System auf 0.0221 dB/K. Der Einfluss der Frequenz ist dabei sehr gering und kann in diesem Fall vernachlässigt werden (siehe Abb. C.4 d). Tabelle 4.3 fasst die Ergebnisse zusammen.

Temperatureinfluss auf Empfängerschaltung und Piezoelement:

Abbildung 4.10 stellt frequenzabhängige Amplituden- und Phasenverläufe der Empfangsstufe für unterschiedliche Temperaturen unter Berücksichtigung der Änderung der komplexen Impedanz der Faserwandler dar. Auch hier ist die Ähnlichkeit zu den charakteristischen Kurven der vorangegangenen Simulationen, ohne Berücksichtigung der Temperaturabhängigkeit des Piezoelementes, erkennbar, die Effekte sind jedoch stärker ausgeprägt. Besonders im Bereich der unteren Grenzfrequenz der Empfängerschaltung wirken sich hohe Temperaturänderungen sehr stark auf Amplitude (Änderungen bis zu 1.207 dB (=14.9%)) und Phase (Änderungen bis zu 12.9°) aus (Tab. 4.2).

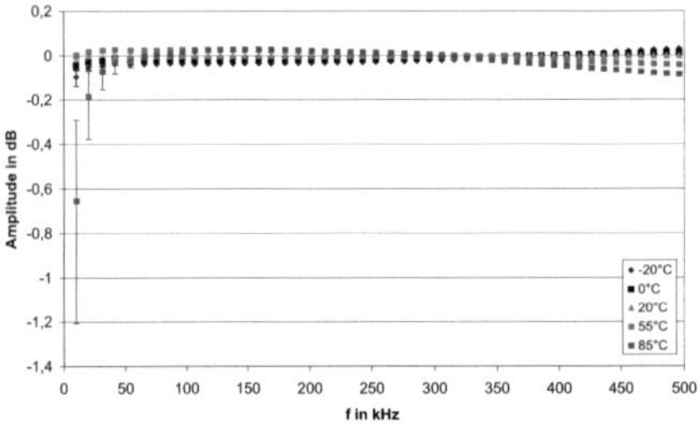

(a) Amplitudendifferenzen (Gesamtdarstellung)

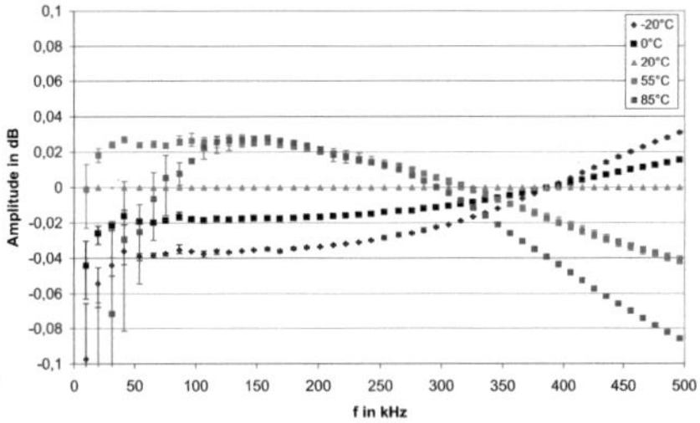

(b) Amplitudendifferenzen (Teildarstellung)

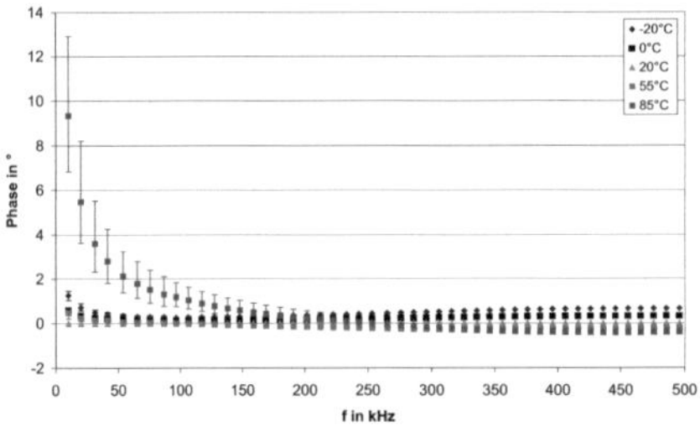

(c) Phasendifferenzen (Gesamtdarstellung)

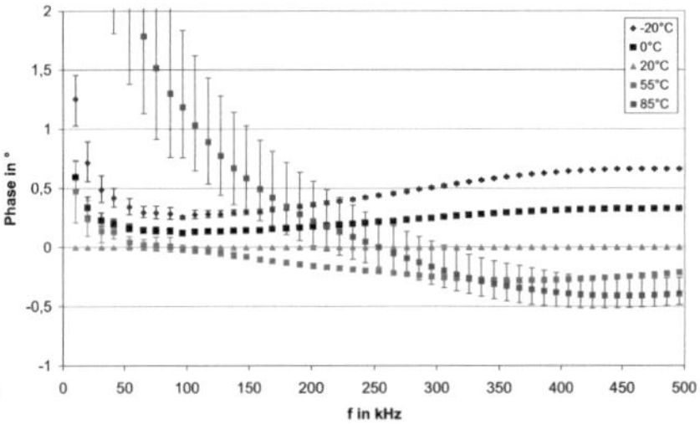

(d) Phasendifferenzen (Teildarstellung)

Abbildung 4.10.: Einfluss der Temperatur unter Berücksichtigung der Temperaturabhängigkeit des Piezoelementes

4.1.4. Struktureinfluss $G_4(w, T)$

Vorgehen:

In diesem Abschnitt soll der Einfluss von Temperaturänderungen auf charakteristische Eigenschaften der Plattenwellen in einem Übertragungsmedium abgeschätzt werden. Dazu wurde eine CFK-Struktur unterschiedlichen Temperaturen in einem Klimaschrank ausgesetzt. Bei unterschiedlichen Umgebungstemperaturen wurde der S0-Mode bei f=100 kHz angeregt. Die Anregung der Plattenwellen erfolgte dabei außerhalb des Klimaschrankes bei Raumtemperatur auf dergleichen Struktur, um Einflüsse von Wandler und Klebeverbindung zu vermeiden. Mittels zweier Laservibrometer wurden die Schallschnellen berührungslos an zwei Punkten auf der Struktur aufgezeichnet. Für diese Punkte wurden temperaturabhängige Amplituden- und Laufzeitänderungen des S0-Wellenmodes ermittelt.

Beschreibung:

Abbildung 4.11 stellt den Versuchsaufbau dar. Die Signalgenerierung erfolgte im MAS (4.11; 1). Im Hochleistungsverstärker (4.11; 3) wurde das von differentiellem auf Masse-Bezug durch (4.11; 2) umgesetzte Sendesignal auf U_{pkpk}=250 V verstärkt und auf den mit hitzeaktivierbarer Folie applizierten Faserwandler (4.11; 4) gegeben. Als Sendesignal wurde, wie auch bei den Impaktversuchen, ein RC4-Sendesignal mit der Mittenfrequenz f=100 kHz verwendet. Die genaue Beschreibung von (4.11; 1-4) erfolgte bereits in Kapitel C.1. Die Temperaturmessung und -aufzeichnung an (4.11; 4) erfolgte mit einem Temperaturmessgerät Fluke 199C (4.11; 13). Die CFK-Struktur wurde mit Reflexfolie beklebt und so innerhalb des Klimaschrankes gelagert, dass sich der Strukturteil mit dem Sendewandler (4.11; 4) außerhalb des Klimaschrankes befand. Die Temperatur wurde von -5 °C$\leq$ T $\leq$50 °C in 5 °C Schritten erhöht. Von -30 °C$\leq$ T $\leq$-10 °C und von 55 °C$\leq$ T $\leq$85 °C erfolgte die Temperaturvariation in 10 °C Schritten. Jede Temperatur wurde eine Stunde gehalten, bevor an zwei um 100 mm versetzten Messpunkten (4.11; 5) die Schallschnelle bestimmt wurde. Die Aufzeichnung erfolgte mittels zweier im Winkel von ca. 45° auf die Struktur gerichteter Laservibrometer (4.11; 6,9), so dass Anteile der In- und Out-of-plane-Schwingungskomponenten der Wellenmoden erfasst werden. Die Ausgabe der Schallschnellen erfolgte über die im Bereich von 5mm/s/V arbeitenden Dekoder (4.11; 8,10) an ein Lecroy WaveRunner 64Xi Oszilloskop (4.11; 11), das mit f=10 MHz pro Kanal abtastete. Für die Steuerung der MAS (4.11; 1) und die Auswertung der Daten mittels Matlab® und Excel kam ein PC (4.11; 12) zum Einsatz. Zur Festlegung der Auswertebereiche für S0- und A0-Mode wurde in einem wei-

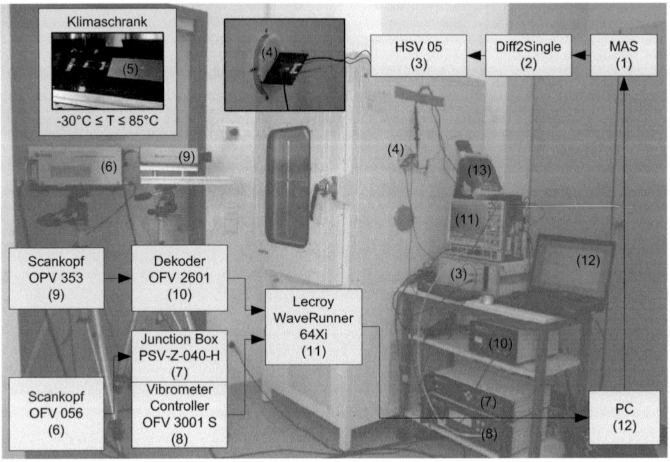

Abbildung 4.11.: Messaufbau zur Ermittlung des Temperatureinflusses auf die Ausbreitung der Wellenmoden

teren Versuch mittels 3D-Laservibrometrie ein Linienscan durch die Punkte P1 und P2 (Abb. 4.12) durchgeführt und die 3D-Schwingungskomponenten nach Anregung mit einem f=100 kHz RC4-Impuls erfasst. Als Zeitfenster für den direkt einlaufenden S0-Mode wurden so an P1 60 µs$\leq t_{S0-P1} \leq$ 110 µs und an P2 55 µs$\leq t_{S0-P2} \leq$ 110 µs ermittelt. Der A0-Mode war lediglich in der Out-of-plane-Komponente des 3D-Scans zu erkennen und konnte zur Auswertung nicht genutzt werden, da er aufgrund der Probengeometrie von S0-Randreflexionen überlagert war. Die Phasengeschwindigkeit des S0-Modes bei f=100 kHz wurde aus dem Anstieg im xt-Diagramm mit c_x=7978 m/s ermittelt.

Ergebnisse:

Die Art der auftretenden Effekte wird bereits in den Zeitsignaldarstellungen (Abbildung 4.13) deutlich. Mit steigender Temperatur kommt es zur Verzögerung der Wellenausbreitung (Verringerung der Ausbreitungsgeschwindigkeit) und zur Abnahme der Amplituden. Dabei wirken sich Änderungen im Bereich niedriger Temperaturen geringer auf Laufzeit und Amplituden aus als im Bereich höherer Temperaturen.

Die Auswertung der auftretenden Laufzeitänderungen erfolgte ähnlich wie bei den Impaktmessungen, die HF-Signale wurden gefiltert (Hochpass mit f_g=20 kHz, Tiefpass mit f_g=200 kHz, je 512 Koeffizienten) und anschließend im Zeitbereich des direkt einlau-

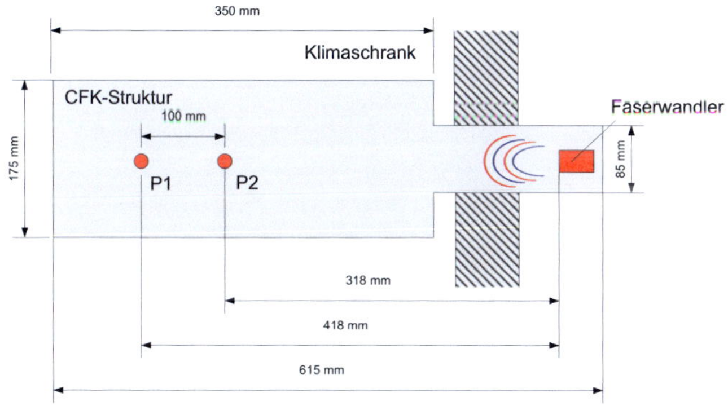

Abbildung 4.12.: Lage der Messpunkte P1 und P2

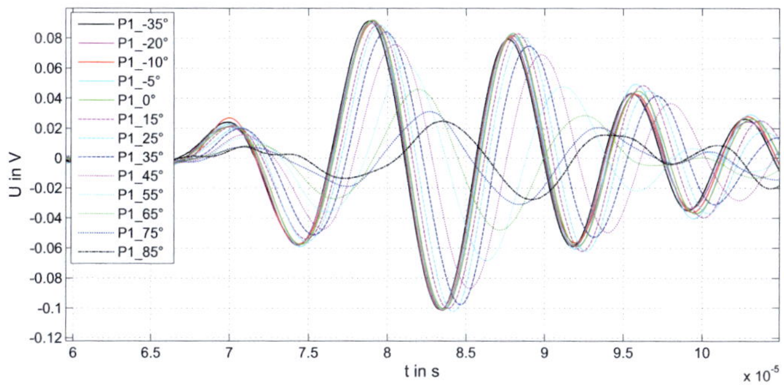

Abbildung 4.13.: Momentaufnahmen des direkt einlaufenden S0-Modes bei ausgewählten Temperaturen an P1 (HF-Darstellung)

fenden S0-Modes mit der Fensterfunktion nach Gl. 3.25 gefenstert (t_r=10 µs, t_f=20 µs). Abschließend wurde der Fensterausschnitt der Referenztemperatur (hier 20 °C) mit den Fensterausschnitten der übrigen Temperaturen kreuzkorreliert. Abb. 4.14a stellt die so gewonnenen Laufzeitunterschiede an beiden Punkten der Platte dar. Es sind Laufzeitunterschiede über dem gesamten Temperaturbereich zu erkennen. Bei niedrigen Temperaturen (T <20 °C) fallen diese jedoch, bezogen auf die Referenztemperatur, geringer aus (hier ca. 15 ns/K). Für Temperaturen (T >20 °C) sind stärkere Laufzeitänderungen (bis zu ca. 80 ns/K) erkennbar. In Abb. 4.14c ist die Änderung der Gruppengeschwindigkeit in Abhängigkeit der Temperatur dargestellt. Aus dem Zeitpunkt des Maximums der gefensterten Hüllkurven und dem jeweiligen Sender-Empfänger-Abstand wurde die Gruppengeschwindigkeit bei der Referenztemperatur ermittelt. Für die Berechnung der tempe-

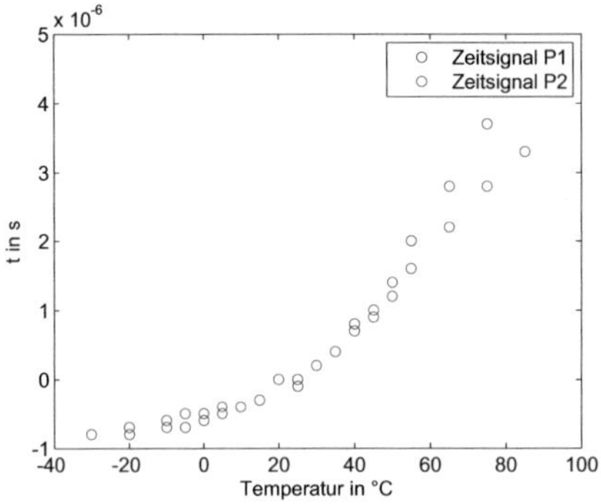

(a) Laufzeitunterschiede

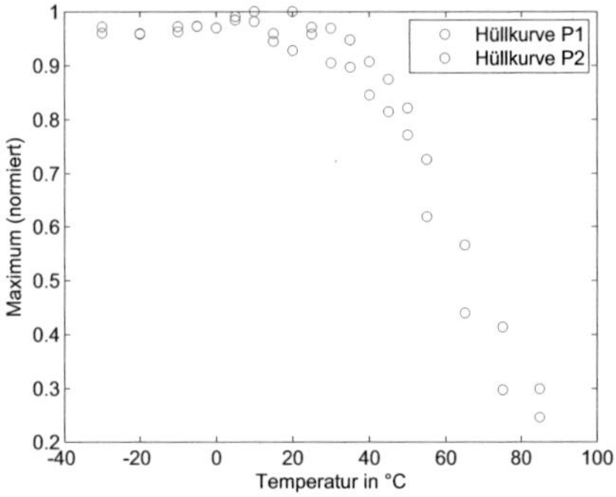

(b) Maximalamplituden der Hüllkurven

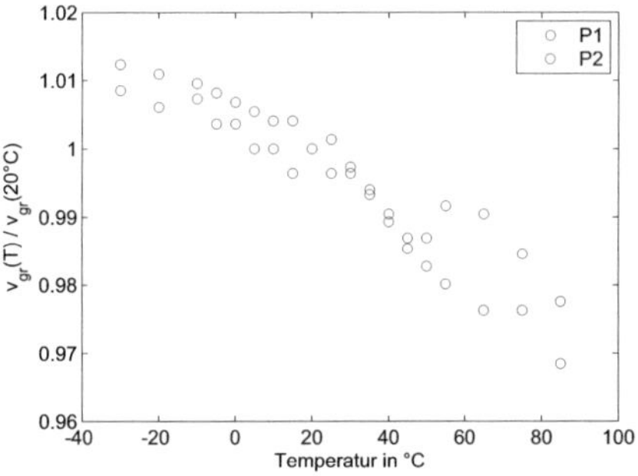

(c) Verhältnis der Gruppengeschwindigkeiten

Abbildung 4.14.: Temperatureinfluss auf Laufzeit, Maximalamplituden und Gruppengeschwindigkeiten des direkt einlaufenden S0-Modes

raturabhängigen Gruppengeschwindigkeit wurden die Hüllkurven kreuzkorreliert und die Änderung der Gruppengeschwindigkeit bezogen auf die Referenztemperatur (T=20 °C) ermittelt. Linearisiert man die in Abb. 4.14c dargestellten Kurven für Überschlagsrechnungen, so erhält man eine Änderung von ca. -0.04% /K.

Für die Bewertung der Amplitudenänderungen wurde das in Abb. 4.14b dargestellt Maximum der Hüllkurve der gefensterten Signalausschnitte genutzt. Die Maximalwerte wurden der Darstellbarkeit halber für P1 und P2 getrennt auf das jeweilige höchste Maximum normiert. Die Maximalwerte weisen bis T=25 °C einen annähernd konstanten Verlauf auf, danach fällt die Amplitude mit ca. 1.37% /K am Messpunkt P1 und 1.3% /K am Messpunkt P2 ab. Die Amplitudenbetrachtungen zeigen den auch von anderen Autoren betrachteten Trend [Matt07]. Dieser ist jedoch hier mit Sicherheit von der Temperaturabhängigkeit

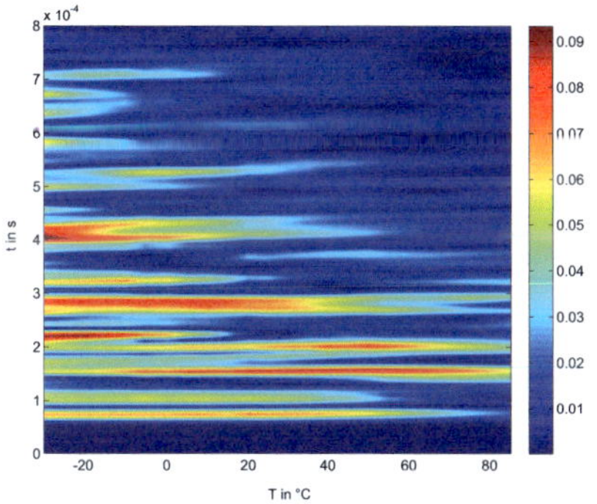

(a) Gesamtsignal (Hüllkurvendarstellung)

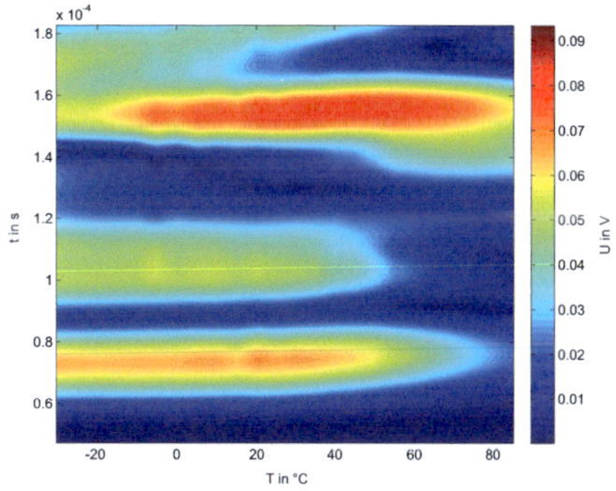

(b) Teilsignal (Hüllkurvendarstellung), direkt einlaufender S0-Mode und 2 Randreflexionen)

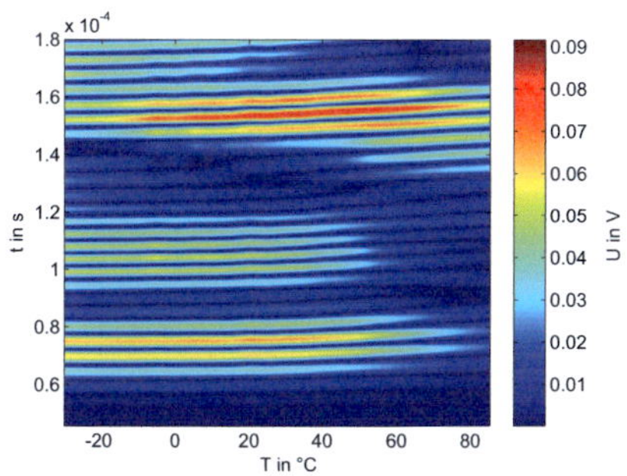

(c) Teilsignal (Betragsdarstellung), direkt einlaufender S0-Mode und 2 Randreflexionen)

Abbildung 4.15.: Temperatureffekte in Abhängigkeit der Zeit an P2 (gefiltert, Temperatur 10x linear interpoliert)

der für die Laservibrometermessungen verwendeten Reflexfolie überlagert, die bereits bei Versuchen bei Raumtemperatur in [Win08] Einfluss auf die Amplituden des S0-Modes zeigt. Es kann jedoch davon ausgegangen werden, dass die in dieser Arbeit verwendeten laufzeitbasierenden Bewertungsfaktoren (Korrelationskoeffizient) nicht signifikant von der Reflexfolie beeinflusst werden.

Die Art der einzelnen Wellenpakete (direkt einlaufend oder randreflektiert) des S0-Modes weisen an den Messpunkten ein unterschiedliches Temperaturverhalten auf. Für den Messpunkt P1 sind die temperaturabhängigen Hüllkurvenverläufe in Abbildung 4.15a dargestellt. Je nachdem, welche Art von Wellenmode (direkt einlaufend oder randreflektiert) am Empfängerort einläuft, sind unterschiedliche Effekte in Amplituden- und Laufzeitverhalten zu beobachten. Abbildung 4.15b zeigt im vergrößerten Zeitmassstab beispielhaft das Verhalten des direkt einlaufenden S0-Modes und der ersten beiden Randreflexionen. Die erste Randreflexion (Hinterkante) bei 90 µs$\leq t_{S0R1-P2} \leq$ 120 µs zeigt noch ein ähnliches Verhalten wie der direkt einlaufende S0-Mode. Dies ist für die zweite einlaufende Randreflexion 140 µs$\leq t_{S0R2-P2} \leq$ 160 µs jedoch nicht mehr der Fall. Die Amplitude erreicht z.B. bei T=35 °C ihr Maximum. In der Betragsdarstellung (Abb. 4.15c) sind zunehmende Dispersionseffekte mit steigender Temperatur erkennbar.

Zusammenfassend lässt sich sagen, dass für jeden Auswertebereich im Zeitsignal eine getrennte Temperaturkompensation zu erfolgen hat, wenn der Auswertebereich unterschiedliche Wellenmoden beinhaltet. Dies gilt sowohl für die sich in ihren Ausbreitungsgeschwindigkeiten unterscheidenden Wellenmoden untereinander (S0,A0), als auch für unterschiedliche gelaufene gleichartige Wellenmoden. Bei den Letzteren muss zwischen direkt einlaufenden und randreflektierten Wellenzügen unterschieden werden.

4.1.5. Auswirkungen der Temperaturänderungen auf den Korrelationskoeffizienten

Für die Abschätzung des Einflusses der Temperaturänderungen auf den Korrelationskoeffizienten wurden Berechnungen auf Grundlage der in den vorangegangenen Abschnitten dargestellten Temperaturabhängigkeiten der Laufzeitparameter innerhalb der Einzelsysteme durchgeführt.

Einfluss auf Elektronik

Abbildung 4.16 visualisiert den Einfluss der Sende- und Empfangsschaltung auf den Korrelationskoeffizienten unter Berücksichtigung der Temperaturabhängigkeit der Faserwandler. Die Phasenverschiebungen, bedingt durch die Sendeschaltung, zeigen einen vernachlässigbar kleinen Einfluss auf den Korrelationskoeffizienten, er sinkt auf maximal 0.9972 für f=500 kHz und ΔT=65K (Abb. 4.16c). Für die Empfangsschaltung sinkt der Korrelationskoeffizient für Temperaturdifferenzen von -40K$\leq \Delta T \leq$ 35K auf maximal 0.999 für f=3 kHz (Abb. 4.16d). Für Differenzen von ΔT=65K sinkt der Korrelationskoeffizient auf maximal 0.9678 für f=6.29 kHz (Abb. 4.16e).

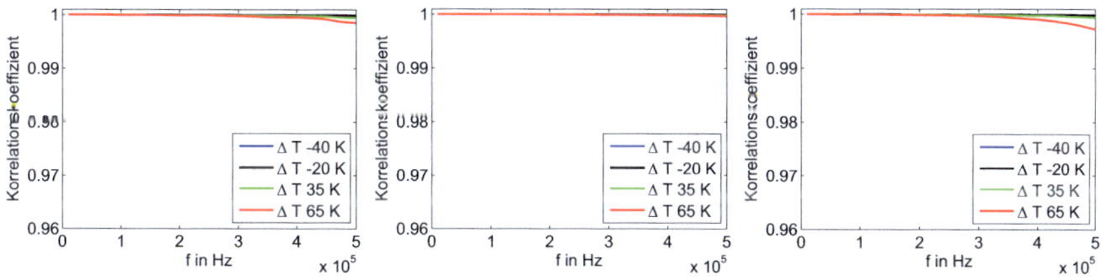

(a) Sendeendstufe + FW 1 **(b)** Sendeendstufe + FW 2 **(c)** Sendeendstufe + FW 3

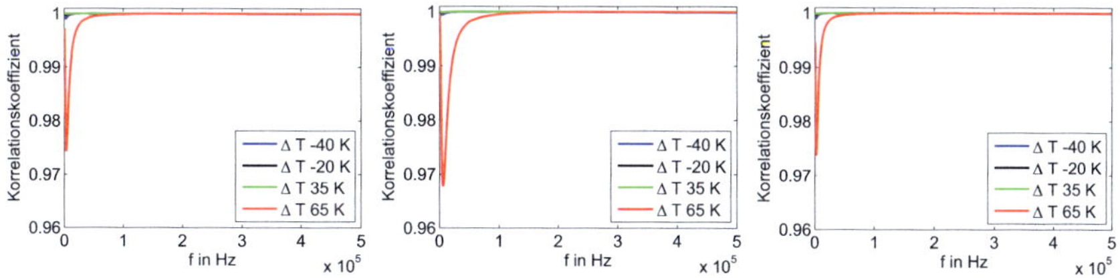

(d) Empfangsendstufe + FW 1 **(e)** Empfangsendstufe + FW 2 **(f)** Empfangsendstufe + FW 3

Abbildung 4.16.: Einfluss verschiedener Temperaturdifferenzen ΔT auf den Korrelationskoeffizienten, Anregungsfunktion RC4, Sende- (a-c) und Empfangsschaltung (d-f) mit Piezofaserwandler

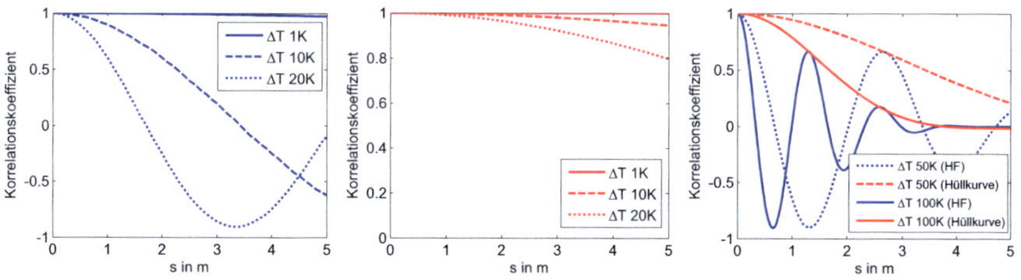

(a) 1K≤ ΔT ≤20K (HF-Signal) **(b)** 1K≤ ΔT ≤20K (Hüllkurve) **(c)** 50K≤ ΔT ≤100K

Abbildung 4.17.: Einfluss unterschiedlicher Temperaturdifferenzen ΔT auf den Korrelationskoeffizienten bedingt durch den Einfluss der Struktur in Abhängigkeit des Sender-Empfänger-Abstandes s (Korrelationskoeffizient gebildet über den gesamten Zeitbereich t=1.8 ms, Anregungsfunktion RC4 mit f=100 kHz, Änderung der Gruppengeschwindigkeit c_{gr}=5500 m/s mit -0.04% /K, ohne Berücksichtigung von Dispersionseffekten bei der Wellenausbreitung)

Einfluss auf Struktur

In Abbildung 4.17 wird der Korrelationskoeffizient in Abhängigkeit des Sender-Empfänger-Abstandes für verschiedene Temperaturdifferenzen zwischen den einzelnen Zuständen am Beispiel eines RC4 mit f=100 kHz dargestellt. Dabei zeigt sich, dass bei einer Temperaturdifferenz von 20K bzw. bei den anderen dargestellten Temperaturen, einen genügend großen Sender-Empfänger-Abstand vorausgesetzt, nahezu der gesamte Wertebereich des Korrelationskoeffizienten kosinusförmig durchlaufen wird (Abb. 4.17a). Mit Bildung der Hüllkurve (Abb. 4.17b) lässt sich der Temperatureinfluss auf den Korrelationskoeffizienten vermindern, nicht jedoch vermeiden. Für wachsende Sende-Empfänger-Abstände bzw. Temperaturdifferenzen (Abb. 4.17c) geht der Korrelationskoeffizient, ungeachtet der Hüllkurvenbildung, gegen Null, da das temperaturverzögerte Signal aus dem Vergleichs-Zeitfenster hinausläuft. Von allen betrachteten Einflüssen zeigt die Temperaturabhängigkeit der Materialparameter der Komposit-Struktur den größten Einfluss auf den Korrelationskoeffizienten.

4.2. Verfahren zur Temperaturkompensation

Die Notwendigkeit eines Verfahrens zur Kompensation der Auswirkungen der Temperatur auf den Schadensindikator wurde in Kapitel 4.1.5 dargestellt. Das vorangegangene Kapitel zeigt, dass vor allem die Temperaturabhängigkeit der Komposit-Struktur großen Einfluss auf den Korrelationskoeffizienten hat. Es ist daher notwendig, ein Temperaturkompensationsverfahren einzusetzen, damit detektierte Änderungen im Korrelationskoeffizienten auch sicher Strukturänderungen und nicht Temperaturänderungen zuzuordnen sind. Nachfolgend werden bestehende Verfahren vorgestellt und qualitativ mit selbst entwickelten Kompensationsverfahren verglichen.

4.2.1. „(Optimal) Baseline Selection“ Verfahren

Das auch mit (O)BS abgekürzte Verfahren wurde bereits 2005 von [Lu05] vorgestellt und auch in den Untersuchungen von [Kon06] eingesetzt. Aus einem Datenpool von aufgenommenen Baselines, die die Struktur im ungeschädigten Zustand jedoch zu verschiedenen Temperaturen charakterisieren, wird die „optimale“ Baseline ausgesucht.

Ursprünglich wurde das Verfahren als Baseline Selection (BS) eingeführt. Es werden N-Baselines mit $1 \leq n \leq N$ aufgenommen und gleichzeitig die Temperaturen $T(n)$ ermittelt und abgespeichert. Nach einer Messung mit der Temperatur ($T(M)$) wird aus dem Datenpool diejenige Baseline mit dem Index n ausgesucht, für die gilt

$$n = arg_n min(T(n) - T(M)). \tag{4.2}$$

Das Verfahren wurde anschließend von der Temperaturaufnahme unabhängig gestaltet, indem die Baseline mit dem Index n verwendet wird, für die gemäß

$$n = arg_n min \left[u_R \right] = arg_n min \left[\int_{t_1}^{t_2} \left(u(t, T(n)) - u(t, T(M)) \right)^2 dt \right]. \tag{4.3}$$

der quadratische Fehler nach Subtraktion der Spannungswerte am kleinsten ist. Eine etwas abgewandelte Form ist unter dem Begriff „maximum residual amplitude“ eingeführt, wobei hier lediglich der kleinste Restfehler nach Subtraktion der Maximalwerte der Signale gemäß

$$n = arg_n min \left[max \left| u(t, T(n)) - u(t, T(M)) \right| \right]. \tag{4.4}$$

die Wahl des Index n bestimmt. Vorausgesetzt wird bei der Anwendung der OBS Verfahren allerdings, dass der Einfluss der Fehlstelle auf das Signal als klein gegenüber den Signaländerungen infolge Temperatureinfluss angenommen werden kann.

4.2.2. „Baseline Signal Stretch“ Verfahren

[Wil07] stellte 2007 das mit BSS (Baseline Signal Stretch) abgekürzte Verfahren vor, dass nur eine Baseline benötigt und diese in Abhängigkeit von der aktuellen Messung im Zeitbereich staucht oder dehnt. In den neusten Publikationen haben die erwähnten Autoren ihre beiden Verfahren (OBS, BSS) in gemeinsamen Publikationen [Wil08], [Cro09] an verschiedenen Messdaten miteinander verglichen.

Es wird eine Baseline $u_B(t, T_0)$ aufgenommen, die die Struktur im ungeschädigten Zustand zur Temperatur T_0 charakterisiert. Diese Baseline sei mit Δt_1 zeitlich diskretisiert. Nun wird die Baseline im Zeitbereich um den Faktor η mit

$$\Delta t_2 = \eta \Delta t_1 \tag{4.5}$$

für $\eta < 1$ gestaucht bzw. für $\eta > 1$ gedehnt. Dies geschieht im Frequenzbereich durch die

Implementierung der IFFT/FFT. Der Faktor η wird ähnlich des OBS-Verfahrens iterativ mit

$$\eta_n = arg_n min\left[\int_{t_1}^{t_2}(u(t,T(n)) - u_B(t,T_0,\eta))^2\,dt\right]. \tag{4.6}$$

oder

$$\eta_n = arg_n min\left[max\left|u(t,T(n)) - u_B(t,T_0,\eta)\right|\right]. \tag{4.7}$$

bestimmt. Der Differenzdatensatz wird dann aus der mittels η komprimierten/gedehnten Baseline $u_B(t,T_0,\eta_n)$ und dem aktuellem Zustand $u(t,T(M))$ berechnet.

4.2.3. Temperaturkompensation im Zeitbereich - TDect

Nachfolgend wird das selbst entwickelte Verfahren zur Kompensation der Auswirkungen von Umwelteinflüssen auf die Gruppengeschwindigkeit c_{gr} vorgestellt, das hier mit dem englischen Namen „**t**ime **d**omain based **c**ompensation **t**echnique of environmental influences“ (TDect) eingeführt wird. Es beschränkt sich nicht auf die Kompensation der Temperatureffekte sondern kann um die Kompensation von weiteren Effekten (z.B. den Einfluss von Strukturlasten auf die Geschwindigkeiten der Wellenmoden) erweitert werden.

Abbildung 4.18 verdeutlicht für ein laufzeit- bzw. phasenbasierendes Bewertungskriterium, wie den Korrelationskoeffizienten, die notwendigen Schritte zur Temperaturkompensation. Nach der Instrumentierung der Sensoren am zu überwachenden Bauteil wird das den Ausgangszustand Z_{REF} der Struktur charakterisierende Signal $x(t,T_{\mathrm{REF}},Z_{\mathrm{REF}})$ für jeden Signalpfad bei Referenztemperatur T_{REF} aufgezeichnet. Dieses Signal wird auch als Baseline bezeichnet. Nach Filterung des Signals wird ein gewünschter Wellenmode im Zeitbereich $t_1 \leq t \leq t_2$ aus der Baseline mit $x_{t_1}^{t_2}(t,T_{REF},Z_{\mathrm{REF}})$ extrahiert. In Gl. 3.25 wurde dazu eine optimierte Fensterfunktion vorgestellt. Unter Verwendung dieser Funktion gilt $t_b = t_1$ und $t_e = t_2$, t_a ist im Folgenden die Abtastzeitdauer.
Anschließend werden weitere Baselines $y(t,T,Z_{\mathrm{REF}})$ in dem Temperaturbereich T mit $T_{min} \leq T \leq T_{max}$ aufgenommen, der der späteren Anwendung entspricht. Nach der Modenextraktion wird von dem entsprechenden Signal $y_{t_1}^{t_2}(t,T,Z_{\mathrm{REF}})$ die Kreuzkorrelationsfunktion $r_{xy}(\tau,T)$ mit

$$r_{xy}(\tau,T) = \int_{t_a}^{Nt_a} x_{t_1}^{t_2}(t,T_{\mathrm{REF}},Z_{\mathrm{REF}}), y_{t_1}^{t_2}(t+\tau,T,Z_{\mathrm{REF}})dt \tag{4.8}$$

berechnet. Nach dem Korrelationsvorgang der diskreten Signale entsteht eine diskrete

Funktion $r_{xy}(\tau, T)$, die aus $2N - 1$ Werten besteht und deren Zeitachse t_r mit $t_a \leq t_r \leq (2N - 1)t_a$ definiert ist, wobei N die Anzahl der Samples des gefensterten Signals ist. Die Zeitverschiebung $\Delta t(T)$ zwischen $x_{t_1}^{t_2}(t, T_{\text{REF}}, Z_{\text{REF}})$ und $y_{t_1}^{t_2}(t, T, Z_{\text{REF}})$ wird aus dem (Zeit-) Index n des Maximum der Kreuzkorrelationsfunktion $r_{xy}(\tau, T)$

$$n = arg_n max(r_{xy}(\tau, T)) \tag{4.9}$$

und der Gesamtlänge des Signals $t_f = N t_a$ mit

$$\Delta t(T) = t_r(n) - t_f \tag{4.10}$$

berechnet. Abbildung 4.18a zeigt diese Verfahrensschritte, die für jeden Signalpfad, jede Anregungsfrequenz und -funktion durchzuführen sind. Für die erhaltenen Daten $\Delta t(T)$

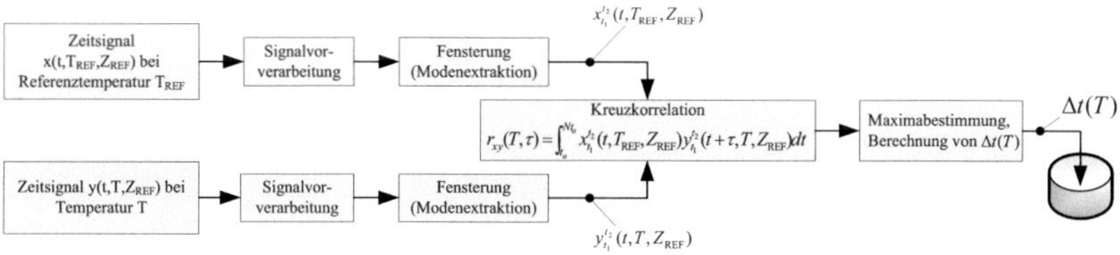

(a) Verfahrensablauf zur Aufnahme der temperaturabhängigen Zeitverschiebung $\Delta t(T)$

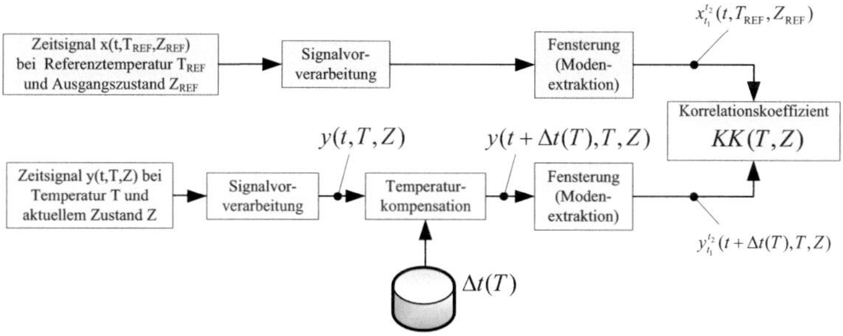

(b) Verfahrensablauf zur Berechnung des Korrelationskoeffizienten

Abbildung 4.18.: Verfahrensabläufe zur Temperaturkompensation am Beispiel des Korrelationskoeffizienten als Bewertungskriterium

je Signalpfad können nun geeignete Polynome $p(T)$ nach der Methode der kleinsten Fehlerquadrate berechnet werden, die die Temperaturabhängigkeit der Zeitverschiebungen analytisch beschreiben. Damit sind Auswirkungen der Temperatur auf die Gruppengeschwindigkeit analytisch beschrieben und kompensierbar. Da lediglich die Auswirkungen auf die Gruppengeschwindigkeit und nicht die Auswirkungen auf die Phasengeschwindigkeiten aller am Signal beteiligten Frequenzen kompensiert werden, ist es notwendig, den dadurch im Ergebnis verbleibenden „Restfehler“ zu erfassen. Für die Kenntnis des „Restfehlers“ nach Kompensation werden jetzt in einem zweiten Schritt (Abb. 4.18b) die gleichen Datensätze $y(t, T, Z_{\mathrm{REF}})$ um die für jeden Signalpfad und jede Temperatur charakteristischen errechneten Zeitverschiebungen $\Delta t(T)$ korrigiert. Aus dem Ergebnis dieses Vorgangs $y(t + \Delta t(T), T, Z_{\mathrm{REF}})$ und dem Datensatz der Referenztemperatur $x(t, T_{\mathrm{REF}}, Z_{\mathrm{REF}})$ wird nun der Korrelationskoeffizient $KK_{\mathrm{Temp}}(T)$ nach Gl. 3.27 mit

$$KK_{\mathrm{Temp}}(T) = KK(x(t, T_{\mathrm{REF}}, Z_{\mathrm{REF}}), y(t, T, Z_{\mathrm{REF}})) \tag{4.11}$$

berechnet. $KK_{\mathrm{Temp}}(T)$ stellt damit für jede Temperatur die Vertrauensgrenze dar, ab welcher Strukturfehler eindeutig erkannt werden können. Für Werte von

$$KK_{\mathrm{Temp}}(T) \leq KK(x(t, T_{\mathrm{REF}}, Z_{\mathrm{REF}}), y(t, T, Z)) \tag{4.12}$$

liegt der Korrelationskoeffizient $KK(T)$ für den Zustand Z über der Vertrauensgrenze und der geänderte Wert kann nicht eindeutig von Temperatureffekten getrennt werden. Für

$$KK_{\mathrm{Temp}}(T) > KK(x(t, T_{\mathrm{REF}}, Z_{\mathrm{REF}}), y(t, T, Z)) \tag{4.13}$$

kann eindeutig auf einen fehlerhaften Strukturzustand geschlossen werden.

Abschließend sei erwähnt, dass dieses Verfahren so wie es in dieser Arbeit verwendet wird, auf die Verwendung von laufzeitbasierenden Schadensindikatoren (wie z.B. Korrelationskoeffizient) begrenzt ist. Es kann jedoch auch durch die Aufnahme der temperaturabhängigen Maximalamplituden erweitert werden.

4.2.4. Temperaturkompensation im Frequenzbereich - FDect

Das im vorangegangenen Kapitel vorgestellte Verfahren TDect ist in der Lage Temperaturauswirkungen auf die Gruppengeschwindigkeit zu kompensieren. Das temperaturkompensierte Signal weist jedoch noch einen Restfehler auf, der dazu führt, dass Bereiche des Korrelationskoeffizienten $KK(T) \geq KK_{Temp}(T)$ nicht zur Schadensdetektion des Zustandes Z verwendet werden können. Dieses Kapitel beschreibt ein Verfahren, das sich nicht nur auf die Kompensation der Auswirkungen geänderter Temperatur auf die Gruppengeschwindigkeiten beschränkt, sondern auch die Phasengeschwindigkeitseffekte jeder am Signalaufbau beteiligten Frequenz kompensiert. Dieses wird hier mit dem englischen

Namen „**f**requency **d**omain based **c**ompensation **t**echnique of environmental influences“ (FDect) eingeführt. Es ist ebenfalls nicht auf die ausschließliche Kompensation von Temperatureffekten beschränkt, sondern kann um die Kompensation von weiteren Effekten (z.B. den Einfluss von Strukturlasten auf Geschwindigkeiten der Wellenmoden) erweitert werden. Dieses Verfahren kompensiert neben den Phasengeschwindigkeiten auch Auswirkungen der Temperatur auf die Amplituden jeder am Signal beteiligten Frequenz.

Auch dieses Verfahren muss vor Verwendung kalibriert werden, d.h. es muss zuerst der den Ausgangszustand Z_{REF} charakterisierende Datensatz $x(t, T_{\text{REF}}, Z_{\text{REF}})$ aufgenommen werden. Weiterhin müssen Datensätze $y(t, T, Z_{\text{REF}})$ in dem für die Anwendung interessanten Temperaturbereich $T_{min} \leq T \leq T_{max}$ aufgezeichnet werden. Nach Filterung und Extraktion des gewünschten Wellenmodes aus den vorliegenden Zeitsignalen kann die Temperaturkompensation im Frequenzbereich beginnen. Zuerst werden die Zeitsignale $x_{t_1}^{t_2}(t, T_{\text{REF}}, Z_{\text{REF}})$ und $y_{t_1}^{t_2}(t, T, Z_{\text{REF}})$ über die FFT in den Frequenzbereich transformiert. Nun werden die frequenzabhängigen Amplitudenverhältnisse $\Delta A(f, T)$ und Phasendifferenzen $\Delta\varphi(f, T)$ für $Z = Z_{\text{REF}}$ mit

$$\Delta A(f, T) = \frac{A_y(f, T, Z_{\text{REF}})}{A_x(f, T_{\text{REF}}, Z_{\text{REF}})} \tag{4.14}$$

und

$$\Delta\varphi(f, T) = \varphi_y(f, T, Z_{\text{REF}}) - \varphi_x(f, T_{\text{REF}}, Z_{\text{REF}}) \tag{4.15}$$

ermittelt, die die Änderungen jedes Signalfrequenzanteils in Amplitude und Phase aufgrund der Temperaturänderung beschreiben.

Bei der Anwendung des Verfahrens wird ein Signal $y(t, T, Z)$ aufgezeichnet, das den Strukturzustand Z charakterisiert. Zur Kompensation der Effekte auf das Signal infolge der Temperatur T werden nach der Transformation von $y(t, T, Z)$ in den Frequenzbereich aus dessen Amplitude $A_y(f, T, Z)$ und Phase $\varphi_y(f, T, Z)$ Korrekturfaktoren

$$A_K(f, T, Z) = \frac{A_y(f, T, Z)}{\Delta A(f, T)} \tag{4.16}$$

und

$$\varphi_K(f, T, Z) = \varphi_y(f, T, Z) - \Delta\varphi(f, T) \tag{4.17}$$

berechnet. Aus diesen Korrekturwerten wird ein temperaturkompensiertes Signal $y_K(t, T, Z)$ mit

$$y_K(t, T, Z) = IFFT\left[A_K(f, T, Z) e^{j\varphi_K(f,T,Z)}\right] \tag{4.18}$$

errechnet. Abschließend kann aus diesem Signal $y_K(t, T, Z)$ und dem Datensatz der Referenztemperatur $x(t, T_{\text{REF}}, Z_{\text{REF}})$ der Korrelationskoeffizient $KK(T)$ nach Gl. 3.27 mit

$$KK(T) = KK(x(t, T_{\text{REF}}, Z_{\text{REF}}), y_K(t, T, Z)) \tag{4.19}$$

gebildet werden. Für Werte von $KK(T) \neq 1$ weist der Korrelationskoeffizient auf eine Signalabweichung hin, die durch Strukturschädigung infolge eines Impakts entstanden sein kann.

4.3. Anwendung der Kompensationsverfahren

4.3.1. Durchführung

Die Anwendung der Kompensationsverfahren TDect und FDect sowie der Vergleich der Ergebnisse mit dem bestehenden OBS-Verfahren erfolgte an einer durch Impakt geschädigten CFK-Probe, die mit zwei Piezowandlern instrumentiert wurde (Abb. 4.19). Die Probe wies Abmaße von BxLxH 180x400x6.264mm^3 auf. Der Lagenaufbau der 24-lagigen Platte war

$$[45, 90, -45, 0, 0, -45, 90, 45, 45, 90, -45, 0]_S$$

mit symmetrischer (Index S) Stapelanordnung zur Mitte. Die Sensoren wiesen Abstände von s=390mm zueinander auf und waren in der Breite mittig auf der Struktur positioniert. Die piezoelektrischen Wandler waren an zwei Vorverstärker (3) und diese wiederum an ein Mehrkanal-Akustik-System MAS(2) angeschlossen. Für die Steuerung und Auswertung der Signale wurde ein Notebook (1) benutzt. Direkt an der Unterseite der CFK-Probe war ein PT-100 Temperaturelement (4) positioniert, welches in Vorversuchen zur Ermittlung der notwendigen Temperaturhaltedauer t_h verwendet wurde. An dieser Probe wurde die Signaturanalyse im ungeschädigten Zustand bei verschiedenen Temperaturen im Bereich von $-30°C \leq T \leq 85°C$ durchgeführt. Abbildung 4.20 zeigt das eingestellte Temperaturprofil und die Zeitpunkte der Signaturanalysemessungen. Während der Versuche wurde jede Temperatur $t_h = 60$ Minuten gehalten, bevor die jeweilige Signaturanalysemessung durchgeführt wurde. Zur Ermittlung der minimal notwendigen Temperaturhaltedauer t_h wurden im Vorfeld Versuche mit Haltedauern von $0 \leq t_h \leq 90$ Minuten durchgeführt. Der Signalverlauf des S0-Modes konvergierte bereits nach minimal $t_h = 10$ Minuten Haltedauer, der des A0-Modes nach minimal $t_h = 30$ Minuten. Nach Durchführung der Signaturanalysemessung wurde die nächste Temperaturstufe an-

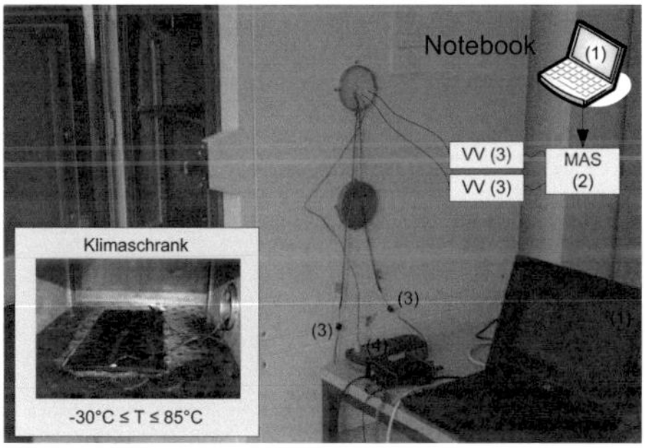

Abbildung 4.19.: Messaufbau

gefahren. Die Temperatur $T = -30°C$ wurde vor Start des Versuches mehrere Stunden gehalten, um eine entsprechende Probendurchkühlung zu gewährleisten.

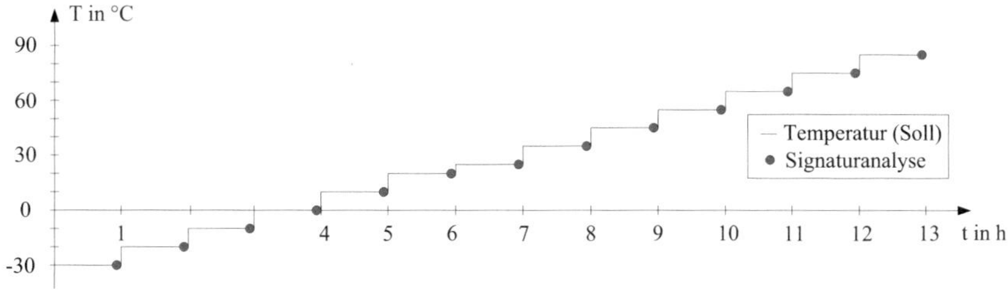

Abbildung 4.20.: Temperaturprofile und Zeitpunkte der Durchführung der Signaturanalysemessungen

Es wurde ein RC4 Signal mit f=70 kHz angeregt. Für die nachfolgenden Auswertungen wurde der A0-Mode aus den empfangenen Signalen extrahiert. Die Modenextraktion erfolgte mit einem temperaturabhängigen Fenstermittelpunkt $t_{fm}(T)$ mit

$$t_{fm}(T) = -0.20833\mu s * T + 318.75\mu s$$

Abbildung 4.21 stellt den A0-Mode im Extraktionsbereich in Abhängigkeit der Temperatur dar. Nach der Schädigung der Struktur durch Impakt wurde die Signaturanalyse erneut durchgeführt. Abbildung 4.22 zeigt den A0-Mode für verschiedene Temperaturen ($T_{\mathrm{REF}} = 20°C$, $T = 25°C$ und $T = 35°C$) ohne Schaden, sowie für die Referenztemperatur T_{REF} mit Schaden. Es ist gut ersichtlich, dass ohne eine Anwendung eines Temperaturkompensationsverfahrens bereits ab Temperaturänderungen von $\Delta T = 5°C$ die Effekte der Schädigung nicht mehr von denen getrennt werden können, die infolge Temperaturänderungen auftreten können.

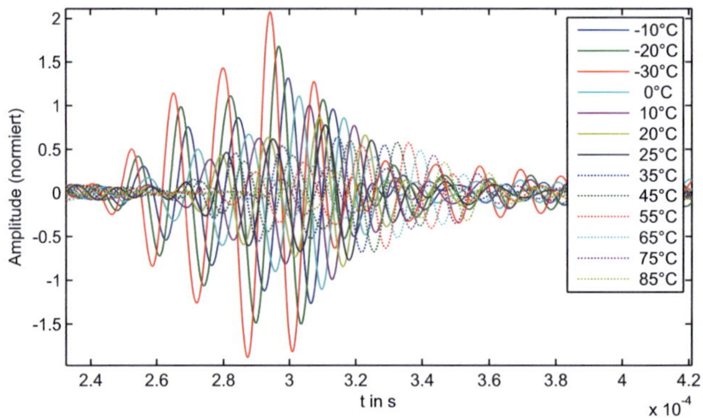

Abbildung 4.21.: Empfangener A0-Mode unter Temperaturvariation, ungeschädigte Probe, RC4, f=70kHz

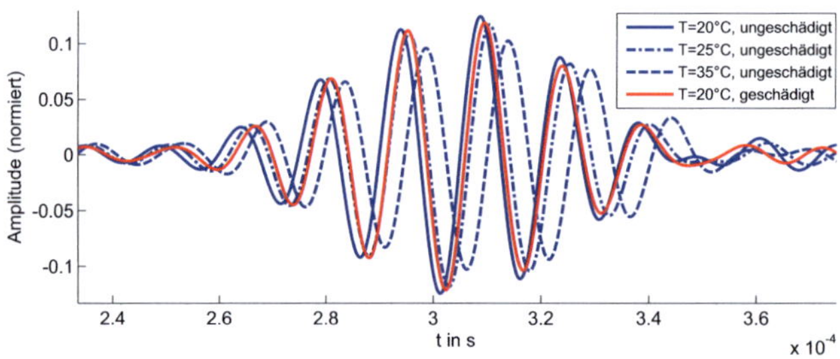

Abbildung 4.22.: Zeitsignale des A0-Modes ausgewählter Temperaturen, mit (rot) und ohne (blau) Schädigung, RC4, f=70 kHz

4.3.2. Verfahrensspezifische Einstellungen

OBS

Für die Wahl der optimalen Baseline wurde der in Gl. 4.3 vorgestellte Ansatz zur Minimierung der kleinsten Fehlerquadrate gewählt. Abbildung 4.23 stellt den Restfehler u_R in Abhängigkeit der temperaturabhängigen Datensätze dar. Die gestrichelte Linie zeigt das Minimum von u_R. Das Verfahren hat demnach für jede Temperatur $T(n)$ als optimale Baseline die der Temperatur $T(M)$ mit $n = M$ gewählt. Es ist jedoch erkennbar, dass über dem betrachteten Temperaturbereich zwei weitere Minima existieren, deren Funktionswerte sich im Einzelfall relativ nah am erkannten Minimum befinden. Grund dafür ist der in dieser Arbeit weite betrachtete Temperaturbereich und die damit verbunden hohen Phasenverschiebungen. Nehmen diese Vielfache der Periodendauer des angeregten Signals an, kommt es zur Ausprägung derartiger Minima. Die Periodizität des Restfehlers u_R stellt einen Nachteil des OBS Verfahrens dar.

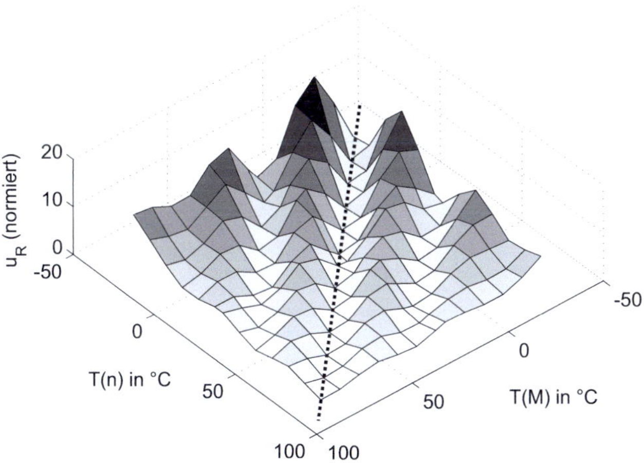

Abbildung 4.23.: quadratischer Restfehler u_R nach Gl. 4.3 des OBS-Verfahrens in Abhängigkeit der gewählten Referenz- (T(n)) und Messdatensätze (T(M)), A0-Mode, RC4, f=70 kHz

TDect

Das TDect Verfahren kompensiert Zeitverschiebungen, die infolge Temperatureinfluss auftreten, über Korrekturpolynome $p(T)$. Diese werden über die Methode der kleinsten Fehlerquadrate aus den erhaltenen Zeitverschiebungen $\Delta t(T)$ ermittelt. Abbildung 4.24 stellt die betrachteten Polynome bis zur dritten Ordnung dar. Für die Temperaturkompensa-

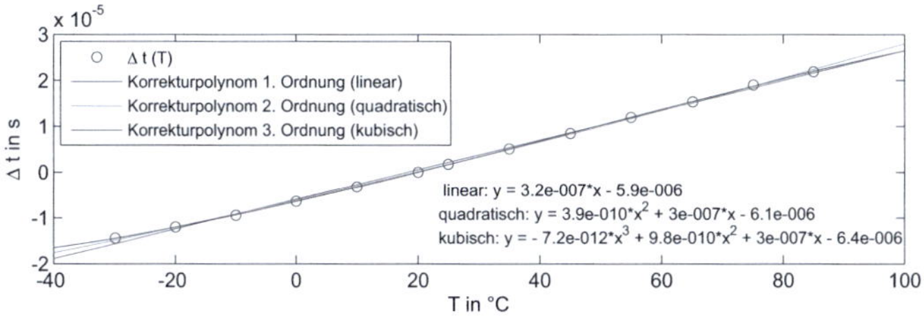

Abbildung 4.24.: Korrekturpolynome p(T) verschiedener Ordnung, A0-Mode, RC4, f=70 kHz

tion mittels TDect Verfahren wurde ein Korrekturpolynom 3. Ordnung gewählt, da der resultierende Fehler nach Polynombildung, in Bezug auf die ebenfalls dargestellten linearen und quadratischen Polynome, am geringsten ist und die Verwendung von Polynomen höherer Ordnung hier zu keiner weiteren Verringerung der Restfehler führte.

4.3.3. Ergebnisse

Abbildung 4.25 fasst die Ergebnisse zusammen. Im Teilbild 4.25a sind Resultate ohne Anwendung der Temperaturkompensation dargestellt. Der Korrelationskoeffizient durchläuft nahezu seinen ganzen Wertebereich, unabhängig davon ob Signale der ungeschädigten Struktur (blau) oder der geschädigten (rot) betrachtet wurden. In Teilbild 4.25b sind die

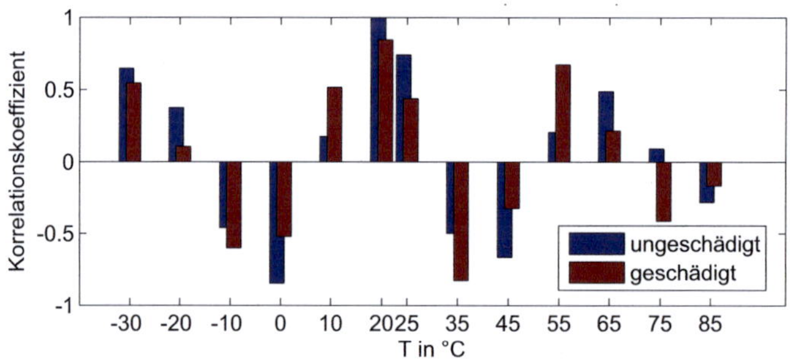

(a) ohne Temperaturkompensation

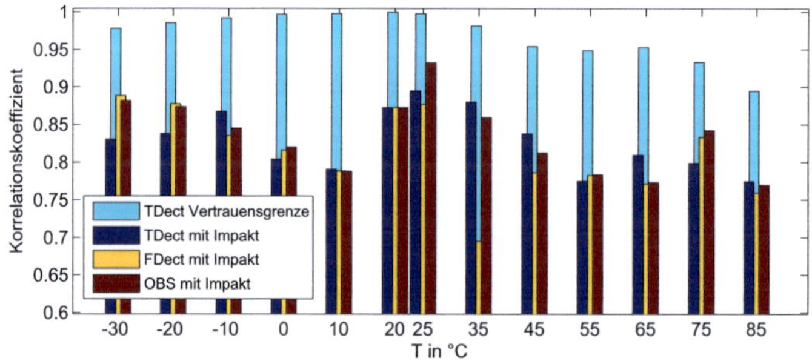

(b) mit Einsatz von Temperaturkompensationsverfahren

Abbildung 4.25.: Ergebnisse der Experimente ohne (a) und mit (b) Anwendung der Temperaturkompensationsverfahren, A0-Mode, f=70 kHz, $t_1(T) = t_{fm}(T) - 75\mu s$, $t_2(T) = t_{fm}(T) + 75\mu s$, $T_{REF} = 20$°C

Ergebnisse aller drei betrachteten Kompensationsverfahren abgebildet. Die selbst entwickelten Verfahren können eindeutig zwischen geschädigtem und ungeschädigtem Zustand unterscheiden.

4.3.4. Vergleich der Verfahren und Diskussion

In der vorliegenden Arbeit wurden die selbst entwickelten Verfahren TDect und FDect mit dem OBS Verfahren verglichen. Dabei waren alle Verfahren in der Lage den geschädigten vom ungeschädigten Zustand der Struktur zu unterscheiden und zeigten gute Übereinstimmungen in den Ergebnissen.
Bei der Verwendung der TDect und FDect Verfahren können die Temperatureinflüsse auch klein gegenüber den Auswirkungen des Schadens sein. Dies ist bei BSS und OBS aufgrund der bisher verwandten Verfahren zu Minimierung des Restfehlers u_R nicht der Fall. Die bereits erwähnte Periodizität von u_R stellt einen Nachteil des OBS Verfahrens dar.
Bei der Verwendung von FDect ist zu beachten, dass aufgrund des benutzten Divisionsverfahren (Gl. 4.16) zur Ermittlung des Amplitudenkorrekturfaktors A_K Fehler auftreten können, wenn die Amplitude $A(f, T, Z_{\mathrm{REF}})$ im Messsignal sehr kleine Werte $A(f, T, Z_{\mathrm{REF}}) << 1$ annimmt. Gl. 4.20 zeigt, dass für diesen Fall $A_K(f, T, Z)$ mit

$$A_K(f, T, Z) = \frac{A(f, T, Z)}{\Delta A(f, T)} = \frac{A(f, T, Z)A(f, T_{\mathrm{REF}}, Z_{\mathrm{REF}})}{A(f, T, Z_{\mathrm{REF}})} \tag{4.20}$$

sehr groß wird und die entsprechende Amplitude des betrachteten Frequenzanteils im temperaturkompensierten Signal nach Gl. 4.18 sehr groß wird. Im umgekehrten Fall kann A_K und damit auch die Amplitude im kompensierten Signal sehr klein werden, wenn $A(f, T, Z) >> A(f, T, Z_{\mathrm{REF}})$ und $A(f, T_{\mathrm{REF}}, Z_{\mathrm{REF}}) >> A(f, T, Z_{\mathrm{REF}})$ gelten.

Aufgrund der höheren „Robustheit“ von TDect gegenüber FDect und dem deutlich geringerem Rechenaufwand wird das TDect Verfahren in dieser Arbeit weiter verwendet. Bei Implementierung der Verfahren in ein Monitoringsystem besteht für TDect der Vorteil, dass nur die Koeffizienten der Korrekturpolynome (hier drei) gespeichert werden müssen und eine Verschiebung der Signale um Δt mit einer einfachen Schiebeoperation nach Berechnung des Funktionswertes des Korrekturpolynoms möglich ist. Für FDect müssen frequenz- und temperaturabhängig alle Korrekturfaktoren für Amplitude und Phase gespeichert werden. Darüber hinaus ist die Implementierung der FFT/IFFT mit höheren Rechenzeiten und Speicherbedarf verbunden.

Tabelle 4.4 stellt noch einmal die wichtigsten Verfahrenseigenschaften gegenüber.

Kriterium	OBS	BSS	TDect	FDect
Signaländerung infolge Schaden muss klein gegenüber Temperatureffekten sein	ja	ja	nein	nein
Aufnahme von Baselines notwendig, die den gesamten Temperaturbereich abdecken	ja	nein	ja	ja
Durch analytische Beschreibung um weitere Einflussgrößen (z.B. Strukturlasten, Feuchte, Sensoreigenschaften in Abhängigkeit der Zeit) erweiterbar	-	-	ja	ja

Tabelle 4.4.: Qualitativer Vergleich der Kompensationsverfahren

4.4. Zusammenfassende Darstellung der Arbeiten zum Temperatureinfluss

In Kapitel 4 wurden systematisch die Einflüsse von Temperaturänderungen auf die akustische Signaturanalyse untersucht. Dabei zeigte sich, dass die temperaturabhängigen Struktureigenschaften die Ausbreitungsgeschwindigkeiten der Wellenmoden beeinflussen und damit zu Fehlanzeigen bei der Auswertung mit laufzeitsensiblen Schadensparametern führen können. Auch die temperaturabhängige Änderung und herstellungsbedingte Streuungen der Materialeigenschaften der Piezoelemente führen im Zusammenspiel mit der Auswerteelektronik zu Unterschieden in Amplituden- und Phasenverläufen, die ebenfalls Fehlanzeigen des Schadensparameters bedingen können, im Vergleich zu den Effekten der Struktur jedoch eher gering sind. Um diese Einflüsse trotzdem zu vermeiden sollte bei der Nutzung eines Messsystems darauf geachtet werden, dass die Messfrequenz nicht in der Nähe der unteren oder oberen Grenzfrequenz des Messsystems liegt, da hier der Einfluss am deutlichsten wird. Zur Vermeidung von Nichtlinearitäten beim Senden der Waveform ist auf eine ausreichende Stromreserve zu achten. Eine globale und einheitliche Temperaturkompensation der Signale aller Sende-Empfangspfade kann nicht angewendet werden, da sie herstellungsbedingte Streuungen, unterschiedliche Klebstoffdicken und Wandlerapplikationen nicht berücksichtigt. Beinhaltet der Auswertebereich, indem die Signale verschiedener Zustände miteinander verglichen werden, mehrere Wellenpakete, so ist die Temperaturkompensation für jeden Bereich getrennt durchzuführen. Dies gilt sowohl für unterschiedliche Wellenmoden (S0,A0) als auch für unterschiedliche Laufwege (direkt einlaufend, reflektiert).

Es wurden die bestehenden Kompensationsverfahren OBS und BSS untersucht. Bei diesen

Verfahren muss jedoch die Signaländerung infolge Schädigung klein gegenüber der Signaländerung infolge des Temperatureinflusses sein. Um diese wesentlichen Einschränkung zu umgehen, wurden die zwei eigenen Verfahren TDect und FDect eingeführt. TDect wird im Zeitbereich durchgeführt und kompensiert den Temperatureinfluss auf die Gruppengeschwindigkeit. FDect kompensiert den Einfluss der Temperatur auf jede, am Signalaufbau beteiligte, Frequenz und damit die Phasengeschwindigkeit (über Korrektur der Phasenlage) und Amplitude jedes Frequenzanteils. Die eigenen Verfahren wurden in einem Test mit dem OBS Verfahren verglichen. Dazu wurde eine, gegenüber den Temperatureinflüssen kleine, Schädigung mittels Impakt eingebracht. Das aus der Literatur bekannte OBS Verfahren zeigte gute Übereinstimmungen mit den Ergebnissen der neu entwickelten Algorithmen. Die selbst entwickelten Verfahren TDect und FDect übersteigen die Leistungsfähigkeit der bekannten Algorithmen vor allem dort, wo der Einfluss der Schädigung auf das Signal als groß gegenüber dem Einluss der Temperatur anzusehen ist.

Das TDect Verfahren weist gegenüber dem FDect Verfahren den Vorteil auf, dass es einfach zu implementieren ist und weniger Rechenaufwand und Speicherbedarf benötigt. Bei der Interpretation des mittels TDect bestimmten Schadensindikators ist zu beachten, das aufgrund der ausschließlichen Kompensation der Temperatureffekte auf die Gruppengeschwindigkeit ein Vertrauensbereich des Schadensindikators KK_{Temp} existiert, der in die Bewertung des Zustandes des betrachteten Signalpfades mit einbezogen werden muss.

5. Impakterkennung mittels Signaturanalyse

In diesem Kapitel fließen die Erkenntnisse der vorliegenden Arbeit in die Entwicklung eines Verfahrens zur Impakterkennung ein, dass auftretende Temperaturschwankungen berücksichtigt. In Kapitel 5.1 wird einführend die Methodik zur Impakterkennung unter Nutzung des Signaturanalyseverfahrens vorgestellt. Es folgen Betrachtungen zur Optimierung des Verfahrens in Kap. 5.2. Anschließend werden in Kap. 5.3 Einflussgrößen auf das Verfahren aufgezeigt.

5.1. Vorstellung der Methodik

Das Verfahren lässt sich in zwei Funktionsblöcke untergliedern und ist in Abb. 5.1 dargestellt. Der erste Funktionsblock „Kalibrierung“ umfasst Tätigkeiten, die nur einmalig am Bauteil durchgeführt werden müssen und der Funktionsbereitschaft des Verfahrens dienen. Der zweite mit “Zustandsüberwachung“ bezeichnete Block beschreibt das kontinuierlich auszuführende Verfahren.

Funktionsblock Kalibrierung

Nach der Instrumentierung der Sensoren wird das den Ausgangszustand Z der Struktur charakterisierende Signal $x(t, T_{REF}, Z_{\mathrm{REF}})$ aufgezeichnet und gefiltert. Ein solches Signal wird auch als Baseline bezeichnet. Anschließend wird ein gewünschter Wellenmode im Zeitbereich $t_1 \leq t \leq t_2$ aus der Baseline mit $x_{t_1}^{t_2}(t, T_{\mathrm{REF}}, Z_{\mathrm{REF}})$ extrahiert. Hier muss sich der Anwender auf einen Wellenmode, sowie eine Anregungsfunktion und Frequenz festlegen. Kap. 3.5 gibt Hinweise auf Art und Frequenzbereich des zu verwendenden Wellenmodes. Die mit dem Ausgangszustand korrespondierende Temperatur T_{REF} ist zu erfassen.

Anschließend werden weitere Baselines $y(t, T, Z_{\text{REF}})$ in Abhängigkeit der Temperatur $T_{min} \leq T \leq T_{max}$ aufgenommen. Dies kann unter Umständen die Verwendung des Verfahrens beeinträchtigen, da nur im Sonderfall Signalverläufe im gesamten Temperaturspektrum erfasst werden können. Eine durchgeführte Kalibrierung im Sommer bei warmen Temperaturen wird beispielsweise in den seltensten Fällen auch Temperaturbereiche deutlich unter Null Grad abdecken können. Ein möglicher Ausweg wird dazu in Kap. 5.2 aufgezeigt.

Anschließend wird die in Kap. 4.2.3 vorgestellte Temperaturkompensation TDect durchgeführt, die Vertrauensgrenze des Verfahrens und der damit korrespondierende Korrelationskoeffizient $KK_{\text{Temp}}(T)$ ermittelt, sowie die Koeffizienten des Korrekturpolynoms p_k errechnet. Vor Abschluss der Kalibrierung wird noch eine Sichtkontrolle der Struktur im instrumentierten Bereich durchgeführt. Diese Sichtkontrolle kann beispielsweise im Rahmen einer normalen Flugzeugwartung (ABCD-Checks) stattfinden und stellt sicher dass während der Kalibrierungsphase keine Schäden entstanden sind, die sich in ihrer Wirkung mit den Temperatureffekten überlagern könnten.

Funktionsblock Zustandsüberwachung

In diesem Funktionsblock werden die Zustände der überwachten Struktur kontinuierlich erfasst. Dazu werden Signalverläufe $y(t, T, Z)$ bei beliebigen Temperaturen aufgezeichnet und der daraus extrahierte Wellenmode $y_{t_1}^{t_2}(t, T, Z)$ mittels Korrekturpolynom laufzeitkompensiert. Nun wird der Korrelationskoeffizient des aktuellen Zustandes $KK_{Z=a}(T)$ zwischen temperaturkompensierten Wellenmode $y_{t_1+\Delta t}^{t_2+\Delta t}(t, T, Z)$ und der Baseline $x_{t_1}^{t_2}(t, T_{\text{REF}}, Z_{\text{REF}})$ errechnet. Ist dieser kleiner als der aus den Temperaturschwankungen resultierende Korrelationskoeffizient $KK_{\text{Temp}}(T)$, so kann auf einen Strukturfehler geschlossen werden. Im umgekehrten Fall kann der Funktionsblock Zustandsüberwachung zu einem späteren Zeitpunkt wiederholt und damit die kontinuierliche Überwachung fortgesetzt werden.

Abbildung 5.2 gibt einen Überblick über die verschiedenen Strukturzustände und ordnet entsprechende Größen des Korrelationskoeffizienten zu. Für

$$KK_Z(T) = 1 \tag{5.1}$$

gilt die Struktur als ungeschädigt in Bezug auf den Zustand während der Aufnahme der

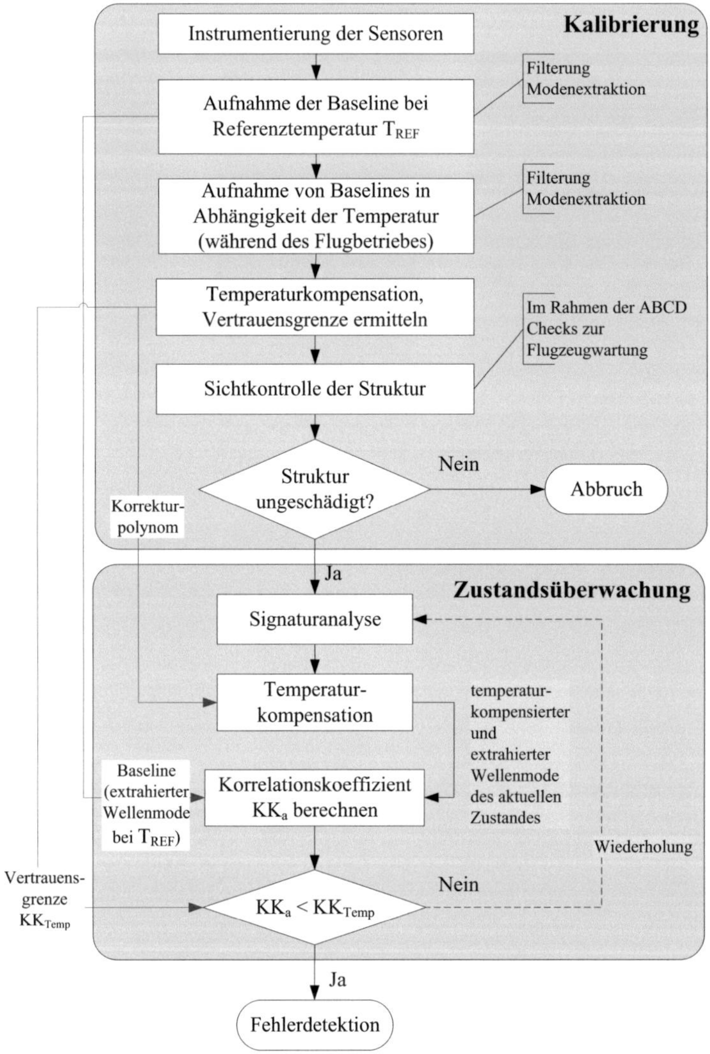

Abbildung 5.1.: Methodik zur Überwachung einer Faserstruktur auf die Existenz von Impaktschäden

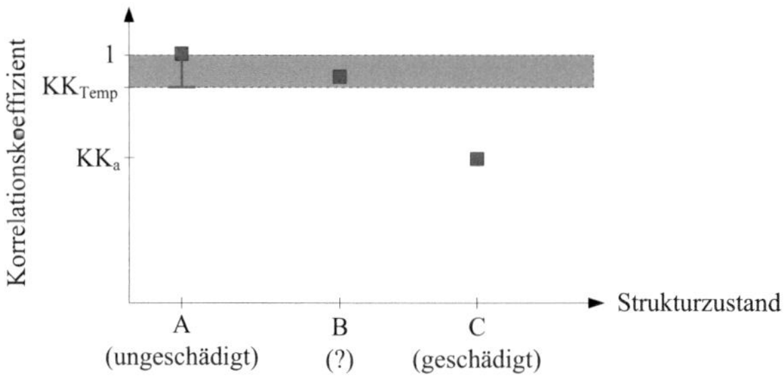

Abbildung 5.2.: Beispiel der Überwachung einer Faserstruktur auf die Existenz von Impaktschäden

Baseline. Für

$$1 < KK_Z(T) \leq KK_{\text{Temp}}(T) \tag{5.2}$$

kann keine Aussage über einen Schädigungszustand getroffen werden, die Werte des Korrelationskoeffizienten liegen im Bereich der Änderungen, die aufgrund der Temperaturvariation auftreten. Im dargestellten Beispiel nach Abb. 5.2 betrifft das Strukturzustand B. Für einen Strukturzustand C dergleichen Abbildung gilt

$$KK_Z(T) < KK_{\text{Temp}}(T) \tag{5.3}$$

und damit liegt ein Strukturzustand vor, der einem Schaden zuzuordnen ist.

5.2. Verfahrensoptimierung

In diesem Kapitel wird geprüft, inwiefern das im vorangegangenen Kapitel 5.1 vorgestellte Verfahren optimiert werden kann. Es wurde bereits angemerkt, dass die notwendige Kalibrierungsphase zur Aufnahme der Temperaturabhängigkeit der Wellenmoden an der realen Struktur erfordert, dass das Bauteil den notwendigen Temperaturbereich durchfährt. Dies ist ein Nachteil des Verfahrens. Vorteilhaft ist jedoch, dass so materialabhängige bauteiltypische Variationen der elastischen Eigenschaften nicht berücksichtigt werden müssen, da für jedes Bauteil die Temperaturabhängigkeit separat ermittelt wird. In diesem Kapitel soll untersucht werden, inwiefern Variationen in den elastischen Materialeigenschaften die Übertragbarkeit der Korrekturpolynome auf andere Laminatverbünde gleichen Typs beeinflussen.

5.2.1. Durchführung

Die Variationsbreite der Materialparameter von Faser und unidirektionalem Laminat ist bekannt und muss vom Faserstrukturhersteller gegenüber dem Luftfahrtkonzern (z.B. Airbus) durch Tests nachgewiesen werden. Nachfolgend werden aus den Datenblättern ([Cytec07], [Tenax07]) für die in Kapitel 4.3 verwendete Probe die Steifigkeitsmatrix einer Einzellage entsprechend den in [Ber06] aufgeführten Mischungsregeln berechnet. Aus diesen werden anschließend mittels Globaler-Transfer-Matrix Technik die Änderungen der Phasengeschwindigkeiten infolge Materialparametervariation ermittelt. In den Datenblättern sind durchschnittliche, minimale und maximale Variationen spezieller Parameter einer Einzelschicht angegeben. Tabelle 5.1 gibt einen Überblick über die entsprechenden Größen und ihre Wertebereiche.

Materialeigenschaft	Min.	Max.	Durchschnitt
Flächengewicht der Faser in g/cm^2	253	283	269,32
E-Modul Faser in N/mm^2	236,9	241,7	239,3
Faservolumenanteil in %	62,5	67,5	65
Dichte der Faser in kg/m^3	1760,0	1778,0	1769

Tabelle 5.1.: Herstellerseitige Variationen der Materialdaten [Cytec07], [Tenax07] einer Einzelschicht

Mit diesen Parametern wurden anschließend die Phasengeschwindigkeitsverläufe in Abhängigkeit von der Frequenz berechnet. Eine vergleichende laservibrometrische Messung ermittelte für den A0-Mode für f=100 kHz Abweichungen der Phasengeschwindigkeit von lediglich 1.14% zur theoretisch errechneten. Abbildung 5.3 stellt im Teilbild (a) die ausbreitungsfähigen Wellenmoden über der Frequenz dar. Teilbild (b) der gleichen Abbildung stellt speziell den A0-Mode bei f=70 kHz dar. Für diesen Wellenmode wurden in Kap. 4.3 die Messungen an der impaktgeschädigten Probe unter Variation der Temperatur durchgeführt.

Mittels Gl. 2.26 werden daraus für die in den Tests in Kap. 4.3 verwendete Frequenz f=70 kHz die Gruppengeschwindigkeiten c_{gr} ermittelt. Die entsprechende Abbildung 5.4 zeigt, dass sich verschiedene Gruppen von Wertehäufungen ausprägen, die auf unterschiedlich starken Einfluss der verschiedenen variierten Materialparameter auf die Gruppengeschwindigkeiten zurückzuführen sind. In Tabelle 5.2 sind diese Gruppen hinsichtlich auftretenden Minimal- und Maximalwert charakterisiert. Der Bezug zu den Extremwerten ist wichtig, da es sein kann, dass das Korrekturpolynom an einer Struktur mit bspw. niedrigem Extremwert ermittelt wurde und die Übertragbarkeit auf eine andere Struktur mit hohem Extremwert sichergestellt werden muss.

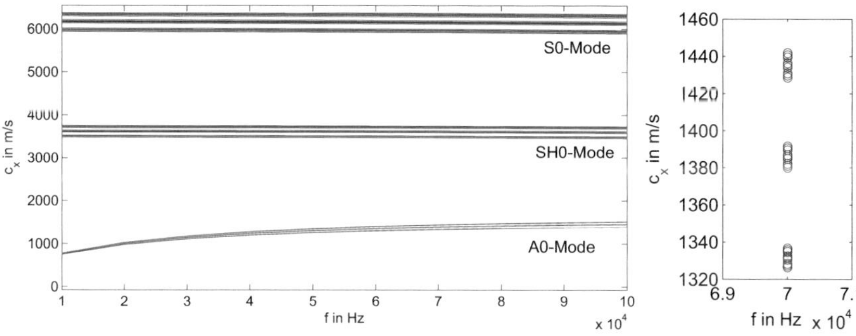

(a) alle Moden, f=10 kHz≤100 kHz (b) A0-Mode, f=70 kHz

Abbildung 5.3.: Einfluss der Materialparameter nach Tab. 5.1 auf Phasengeschwindigkeit c_x aller Wellenmoden für f=10 kHz≤100 kHz (a) bzw. auf den A0-Mode für f=70 kHz in vergrößerter Darstellung (b)

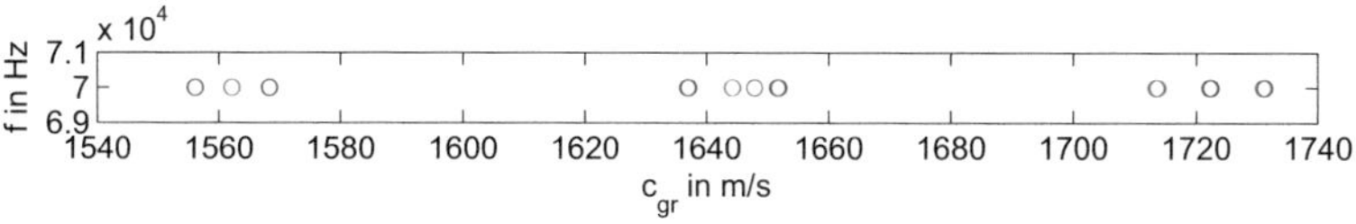

Abbildung 5.4.: Gruppengeschwindigkeiten für A0-Mode (f=70 kHz) nach Variation der Materialparameter nach Tab. 5.1

In Tab. 5.3 sind diese Werte als Relativwerte und Absolutwerte dargestellt. Innerhalb einer Gruppe variiert die Gruppengeschwindigkeit um max. 1.04%. Die Differenz zwischen minimal und maximal errechneten Wert beträgt $c_{gr} = 175.2$ m/s bzw. 11.26%. Mit diesen Werten wurde über

$$\Delta t_M = \frac{s}{c_{gr(\text{Max})}} - \frac{s}{c_{gr(\text{Min})}} \tag{5.4}$$

die Zeitverschiebung Δt_M berechnet, die der A0-Wellenmode für f=70 kHz zusätzlich benötigen würde, wenn entsprechende Materialparameteränderungen vorlägen. Der Sensorabstand s betrug dabei 39 cm. Anschließend wurden die Messsignale mit t_M laufzeitverzögert und der Korrelationskoeffizient berechnet.

Gruppe	1		2		3	
Art	Min.	Max.	Min.	Max.	Min.	Max.
c_{gr} in m/s	1556	1568,3	1636,8	1651,8	1713,4	1731,2

Tabelle 5.2.: Minimale und maximale Werte für c_{gr} nach Variation der Materialparameter nach Tab. 5.1 für A0-Mode, f=70 kHz, extrahiert aus Abb. 5.4

	innerhalb einer Gruppe			gruppenübergreifend
Gruppe	1	2	3	Min(Gruppe1),Max(Gruppe3)
Δc_{gr} in m/s	12,3	15	17,8	175,2
Δc_{gr} in %	0,79	0,92	1,04	11,26

Tabelle 5.3.: Absolute und relative Änderungen für c_{gr} nach Variation der Materialparameter nach Tab. 5.1 für A0-Mode, f=70 kHz, errechnet aus Tab. 5.2

5.2.2. Ergebnisse

Abbildung 5.4 stellt die Ergebnisse der Betrachtungen für eine Struktur dar, bei der die Gruppengeschwindigkeiten nach Tab. 5.2 maximal variiert (Änderung 11.26%) wurden. Der Einfluss der Materialparametervariationen auf den Korrelationskoeffizienten ist als Fehlerbalken den impaktgeschädigten Messdaten überlagert. Über dem gesamten Temperaturbereich reichen die Fehlerbalken nicht in die (temperaturkompensierten) Korrelationskoeffizienten der ungeschädigten Struktur hinein. Abb. 5.6 stellt für den betrachteten

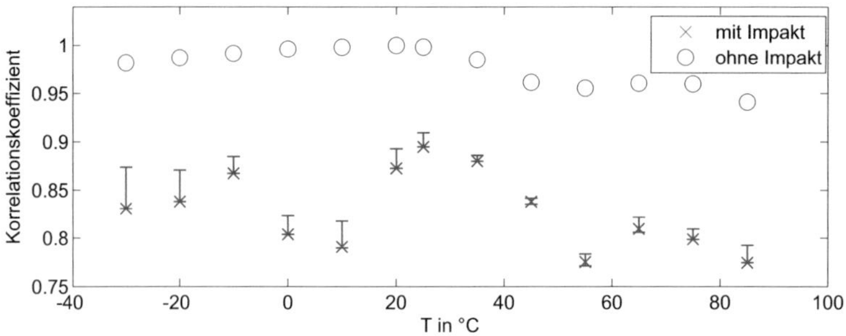

Abbildung 5.5.: Korrelationskoeffizienten mit und ohne Impakt unter Berücksichtigung schwankender Materialparameter nach Tab. 5.1, A0-Mode, f=70 kHz, errechnet mit Extremwerten aus Tab. 5.2 und Strukturdaten aus Kap. 4.3 nach Gl. 5.4

Laminataufbau den verbleibenden nutzbaren Wertebereich des Korrelationskoeffizienten dar. Dieser beträgt für alle Temperaturen mindestens 0.09.

5.2.3. Fazit

Für das hier betrachtete Laminat mit den herstellerseitig vorgegebenen Materialparametervariationen könnte auf eine separate Aufnahme der Korrekturpolynome zur Tempera-

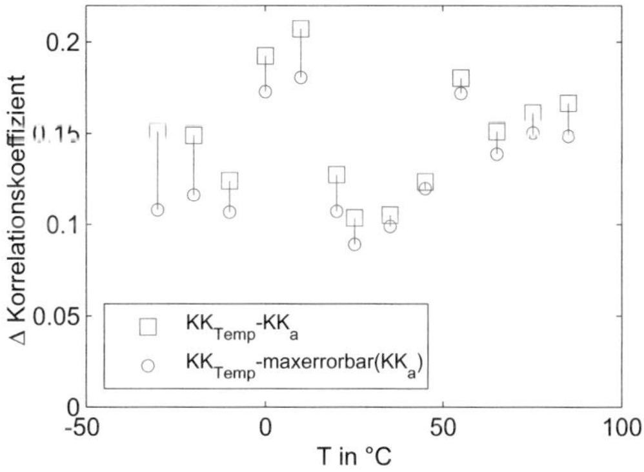

Abbildung 5.6.: Verbleibender nutzbarer Bereich des Korrelationskoeffizienten unter Berücksichtigung möglicher Materialparametervariationen, A0-Mode, f=70 kHz

turkompensation verzichtet werden. Der Wertebereich des Korrelationskoeffizienten, der für die Fehlerdetektion genutzt werden kann, schränkt sich jedoch um die Größe der maximalen Fehlerbalken ein. Abbildung 5.7 verdeutlicht diese Aussage anhand eines Beispiels. So kann hier Strukturzustand B aufgrund eines zu großen (materialbedingten) Fehlerbalkens nicht als geschädigt erkannt werden. Im Gegensatz dazu ist der Korrelationskoeffizient KK_a des Strukturzustandes C unterhalb des temperaturkompensationsbedingten Korrelationskoeffizienten KK_{Temp} und kennzeichnet die geschädigte Struktur.

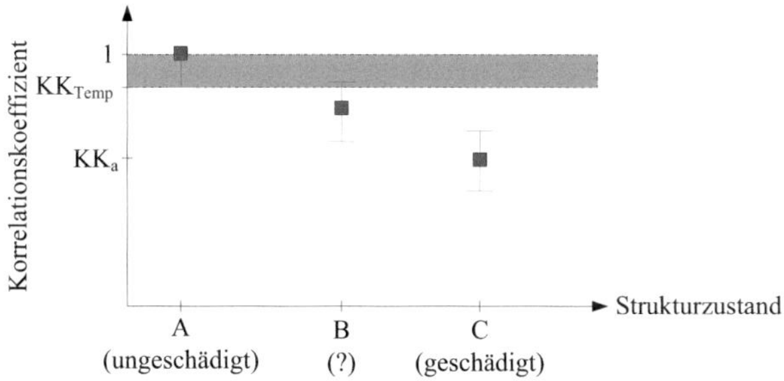

Abbildung 5.7.: Beispiel der Überwachung einer Faserstruktur auf die Existenz von Impaktschäden unter Berücksichtigung materialabhängiger Parametervariationen

Abbildung 5.6 zeigt, dass die Aufnahme der Messdaten zur Temperaturkompensation in großem Umfang (d.h. gradgenau in kleinen Temperaturschritten) ausgeführt werden sollte, da sonst durch Interpolationen Fehler entstehen können.

5.3. zusammenfassende Darstellung der verfahrensspezifischen Einflussgrößen

In diesem Kapitel werden die Einflussgrößen auf das Signaturanalyseverfahren in kurzer Form zusammengefasst und dem Anwender Hinweise und Handlungsabläufe aufgezeigt, damit für eine konkrete Anwendung die am besten geeignetste Verfahrenskonfiguration gefunden werden kann.

1. Schadenswechselwirkung
   Es wurde festgestellt, dass durch den delaminationsähnlichen Schaden neue spannungsfreie Oberflächen in der Struktur entstehen. Für die Wellenausbreitung bedeutet dies, dass an diesen Oberflächen die Spannungskomponenten σ_{13}, σ_{23} und σ_{33} Null werden müssen. Nach Anregung eines Wellenmodes sind diese jedoch in der ungeschädigten Struktur (modenabhängig) nicht Null. Es müssen daher im Bereich des Schadens neue Wellenmoden entstehen, damit die neuen Randbedingungen erfüllt sind.

   - Wellenmode
     Aufgrund hoher Spannungskonzentrationen von σ_{13}, σ_{23} und σ_{33} und des damit verbundenen hohen Wechselwirkungspotentials sind sagittale Schwingungstypen (z.B. S0, A0) zu wählen. Die geringere Dämpfung der Grundwellenmoden empfiehlt die Verwendung des S0- oder A0-Modes. Regen die verwendeten Wandler beide Moden an, ist aufgrund der kleineren Wellenlänge der A0-Mode zu bevorzugen. SH-Moden sind nicht zur Schadensdetektion von Delaminationen infolge Impakt geeignet.

   - Wellenlänge
     Je kleiner die Wellenlänge der anregenden Frequenz umso größer die Schadenswechselwirkung der geführten Welle mit einer Delamination, da die elastischen Spannungen σ_{13}, σ_{23} und σ_{33} größer werden. Dies ist deshalb der Fall, da für kleinere Wellenlängen die Ableitungen der Auslenkungen in Ausbreitungsrichtung $x_{1,3}$ (vgl. Gl. 3.12) größer werden. Abbildung 5.8 stellt diesen Zusammenhang grafisch dar.

     Mit den im Anhang B befindlichen und in Kap. B.1 vorgestellten Matlab® Skripten können bei gegebener Frequenz für einen beliebigen monoklinischen oder orthotropen Laminataufbau die Phasengeschwindigkeiten und daraus die

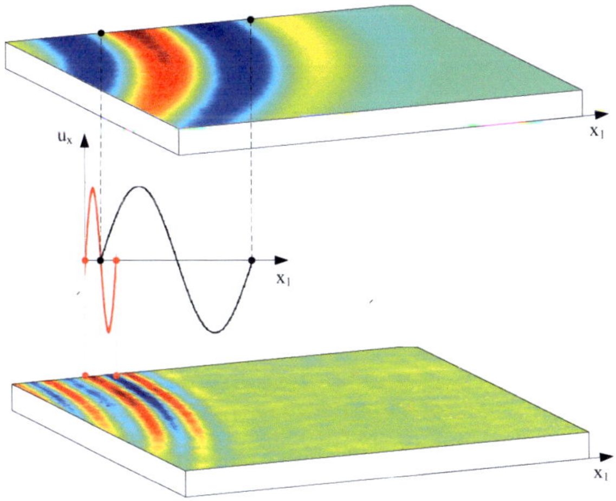

Abbildung 5.8.: grafische Darstellung des Einflusses der Wellenlänge geführter Wellen auf die Höhe der Ableitungen der Auslenkungen nach der Ausbreitungsrichtung (Gl. 3.12)

Wellenlängen berechnet werden.

- Frequenz
  Über die Wahl der Frequenz kann die Art der elastischen Spannungsverteilung σ_{13}, σ_{23} und σ_{33} innerhalb des Plattenquerschnitts bestimmt werden. Es sollte eine Frequenz gewählt werden, bei der die gesamte Platte in Dickenrichtung von den erwähnten Spannungen durchsetzt wird. Mit höherer Frequenzwahl des angeregten Signals nimmt die Wellenlänge ab, allerdings auch die Dämpfung zu. Mit den bereits erwähnten Skripten können frequenzabhängig die Spannungsverteilungen über der Laminatdicke berechnet werden und so eine optimale Frequenz ermittelt werden.

- Anregespannung
  Mit höherer Anregespannung des Sendesignals nehmen abhängig von den Eigenschaften des verwendeten piezoelektrischen Wandlers auch die Auslenkungen der geführten Welle im Laminatverbund zu. Mit höheren Auslenkungen steigen bei gegebener Wellenlänge auch die Ableitungen der Auslenkungen nach $x_{1,3}$ und damit ebenfalls σ_{13}, σ_{23} und σ_{33}. Dies führt zu erhöhtem Wechselwirkungspotential der angeregten geführten Welle.

2. Instrumentierung
   Die Instrumentierung der Ultraschallwandler ist so zu wählen, dass der ausgewählte Wellenmode separat am Empfängerort einläuft und nicht von anderen Moden überlagert ist. Nach Berechnung des Phasengeschwindigkeitsdiagramms im betrachteten Frequenzbereich können alle Zeitformen der auftretenden Wellenmoden für einen beliebigen Empfängerort nach [Ebb04] berechnet werden. Nach additiver Überlagerung der Zeitformen können die Sensorpositionen optimiert werden.

3. Temperaturkompensation
   Für die Temperaturkompensation wird das in Kap. 4.2.3 vorgestellte TDect Verfahren vorgeschlagen. Bei der Verwendung des optimierten Temperaturkompensationsverfahrens das ein bereits aufgezeichnetes Korrekturpolynom zur Kompensation nutzt (Kap. 5.2), sollte ein Frequenzbereich und ein Wellenmode gewählt werden, bei dem herstellerseitige Materialparametervariationen möglichst geringen Einfluss auf die Gruppengeschwindigkeit haben. Nach Berechnung der Phasengeschwindigkeiten mit der hier vorgestellten Global-Matrix-Methode können Gruppengeschwindigkeitsänderungen nach Gl. 2.26 berechnet werden. Bei dem in dieser Arbeit betrachteten luftfahrtspezifischen Bauteil zeigten sich die Phasengeschwindigkeiten des A0-Modes am robustesten gegenüber herstellerseitigen Materialparametervariationen.

4. Verfahrensdurchführung
   Zur Vermeidung komplexer Lastzustände im Luftfahrtbauteil und der damit verbundenen Beeinflussung der Geschwindigkeiten der Wellenmoden wird die Signaturanalyse während des Stillstandes des Flugzeuges empfohlen. Die Extraktion des gewünschten Wellenmodes aus dem Zeitsignal kann durch eine angepasste Fensterfunktion nach Gleichung 3.25 erfolgen.

5.4. Ausblick - Wachstum von existierenden Impaktschäden

Die Ausführungen in Kap. 3.4 haben gezeigt, dass der Korrelationskoeffizient mit der Schadensgröße nach Impaktschädigung korreliert. Als Ergebniss erhält man laminatspezifisch die Kennlinie $KK(D)$, die den Zusammenhang zwischen Korrelationskoeffizient und äquivalenter Schadensgröße D darstellt. Ausgehend von dieser Kennlinie wird in diesem Kapitel im Ausblick eine Methode vorgestellt, die das Monitoring des Wachstums von Impaktschäden erlaubt und darüber hinaus eine äquivalente Schadensgröße ermittelt. Abbildung 5.9 stellt das aus 3 Funktionsblöcken bestehende Verfahren vor.

Funktionsblock Kalibrierung 1

Im ersten Funktionsblock ist laminatabhängig der Zusammenhang $KK(D)$ zwischen Korrelationskoeffizient KK und Delaminationsgröße D zu ermitteln. Ebenfalls werden die erhaltenen maximalen Fehlerbalken für $KK_{\mathrm{maxerrorbar}}(D)$ errechnet. Dies kann im Rahmen der üblichen CAI Tests durchgeführt werden. Im Ergebnis dieses Verfahrensschrittes ist der erwähnte Zusammenhang für eine Anregungsfunktion, -frequenz und einen Zeitbereich (=Wellenmode) bekannt.

Funktionsblock Kalibrierung 2

Die hier durchgeführten Verfahrensschritte dienen der Aufnahme der temperaturabhängigen Baselines und entsprechen im Wesentlichen denen im Funktionsblock „Kalibrierung“ in Kap. 5.1. Einziger Unterschied ist, dass hier zu Beginn der Aufnahme der Baselines die existierende Delaminationsgröße D_a mittels konventioneller ZfP Messung ermittelt und mit der Schadensgröße nach Aufnahme der Baselines aller notwendigen Temperaturen D_{a2} verglichen wird. Damit wird sichergestellt, dass der Impakt während der Aufnahme der Baselines nicht gewachsen ist. Die Ermittlung der Delaminationsgröße kann im Rahmen der üblichen Flugzeugwartung (ABCD-Checks) erfolgen. Für

$$D_{a2} = D_a$$

kann mit der Abarbeitung des nächsten Funktionsblockes begonnen werden.

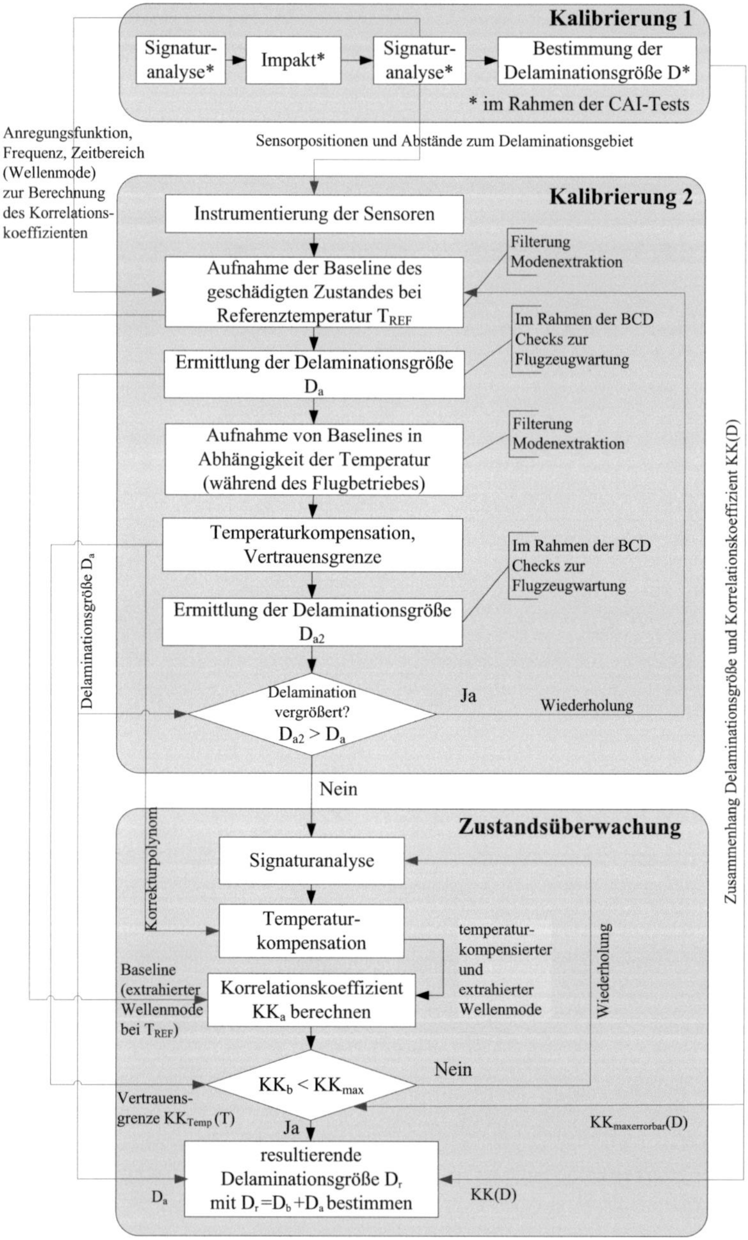

Abbildung 5.9.: Methodik zur Überwachung einer Faserstruktur auf das Wachstum von Impaktschäden

Funktionsblock Zustandsüberwachung

Auch die hier notwendigen Verfahrensschritte entsprechen im Wesentlichen denen im Funktionsblock „Zustandsüberwachung" und können in Kap. 5.1 nachgelesen werden. Nach Aufnahme der aktuellen Messung bei der Temperatur T und durchgeführter Temperaturkompensation erfolgt die Berechnung des Korrelationskoeffizienten $KK_b(T)$. Ein Delaminationswachstum liegt vor, wenn

$$KK_b(T) < KK_{\max}(T, D) \tag{5.5}$$

ist. Es muss berücksichtigt werden, dass sich der zulässige Wertebereich des Korrelationskoeffizienten auf $KK_{\max}(T, D)$ entsprechend

$$KK_{\max}(T, D) = KK_{\text{Temp}}(T) - KK_{\text{maxerrorbar}}(D) \tag{5.6}$$

reduziert. Dabei stellt KK_{Temp} den temperaturbedingten Einfluss und $KK_{\text{maxerrorbar}}(D)$ den laminatspezifischen Einfluss auf den reduzierten Wertebereich dar.

Die resultierende Delaminationsgröße D_r kann unter Berücksichtigung der Ausgangsdelaminationsgröße D_a mit

$$D_r = D_b + D_a \tag{5.7}$$

bestimmt werden, wobei D_b die aktuell mit $KK_b(T)$ korrespondierende Delaminationsgröße ist. Nachfolgende Abbildung 5.10 gibt noch einmal einen Überblick über den nutzbaren Bereich des Korrelationskoeffizienten. In den Darstellungen ist der aus den Versuchen (Abb. 3.29) in Kap. 3.4.2 bekannte laminatspezifische Zusammenhang zwischen Korrelationskoeffizient und Schadensgröße $KK(D)$ als Schema dargestellt. Teilbild 5.10a geht von einem ungeschädigten Ausgangszustand der Struktur aus. Die mit dem Verfahren minimal auflösbare Delaminationsfläche $D_{\min}$ beträgt

$$D_{\min} = D(KK_{\max})$$

und berücksichtigt dabei den temperaturkompensationsbedingten Vertrauensbereich des Korrelationskoeffizienten $KK_{\text{Temp}}(T)$ und den maximalen Fehlerbalken bei der Verfahrenskalibrierung $KK_{\text{maxerrorbar}}(D)$.

Für den geschädigten Ausgangszustand der Struktur (Delaminationsausgangsgröße D_a) nach Teilbild 5.10b gilt dies ebenfalls. Hier muss zusätzlich nach Gl. 5.7 noch D_a zur Berechnung der resultierenden Delaminationsgröße D_r mit einbezogen werden. Außerdem

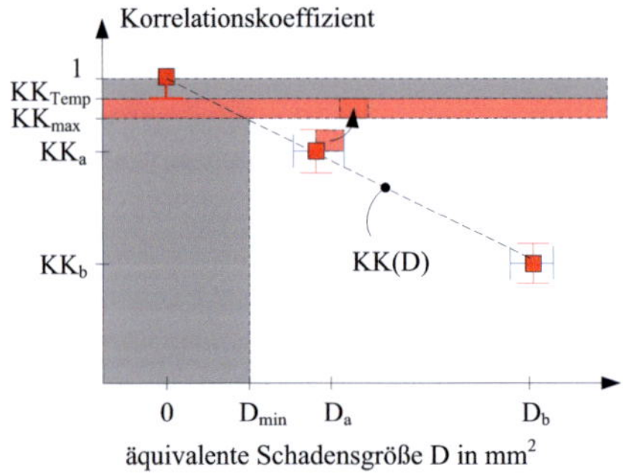

(a) ungeschädigter Ausgangszustand $D = 0$

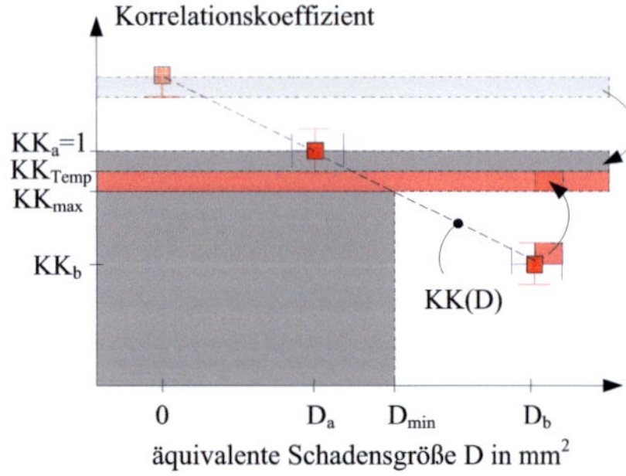

(b) geschädigter Ausgangszustand $D = D_a$

Abbildung 5.10.: nutzbarer Wertebereich des Korrelationskoeffizienten bei der Überwachung einer Faserstruktur auf das Wachstum von Impaktschäden unter Berücksichtigung von Temperaturänderungen, Schema nach Abb. 3.29

sollte vor der Berechnung von KK_{max} geprüft werden, inwiefern der minimale Fehlerbalken des Ausgangszustandes D_a betragsmäßig größer als der maximale Fehlerbalken von D_b ist und für einen derartigen Fall diesen in die Berechnung von KK_{max} mit einbeziehen.

Das hier vorgestellte Verfahren unterstellt dem Impaktschaden und der damit aufgezeichneten Kennlinie $KK(D)$, dass Temperaturänderungen keinen signifikanten Einfluss auf die Wechselwirkung der geführten Welle mit dem Schaden haben. Nach Wissen des Autors wird dies auch für die konventionelle ZfP mit Impuls-Echo Ultraschall so praktiziert, denn es gibt keine temperaturabhängigen Korrekturfaktoren für Amplitude und Schallgeschwindigkeit für die erhaltenen Echosignale zum Bestimmen der Größe und Tiefe einer Delamination. Luftfahrttypische Kohlefaserlaminate verfügen über sehr geringe (negative) Temperaturausdehnungskoeffizienten, so dass sie meist vernachlässigt werden. Es ist jedoch vorstellbar, dass die wenn auch sehr geringe Ausdehnung/Kontraktion des Materials infolge Temperaturänderung neue „freie Oberflächen" im Impaktschaden entstehen bzw. bisherige verschwinden lässt. Dies würde zu geänderten Randbedingungen für die Wellenausbreitung führen und damit auch Einfluss auf die Wechselwirkung der Welle haben. Inwiefern dieser Effekt einen nicht zu vernachlässigen Einfluss hat, sollte nach Meinung des Autors in umfangreichen Tests überprüft werden.

6. Zusammenfassung und Ausblick

In dieser Arbeit wird ein Verfahren zur Detektion von Delaminationen infolge Impakt vorgestellt. Dieses beruht auf der Nutzung von elastischen Wellen im Ultraschallbereich, der sich in plattenförmigen Strukturen als geführte Wellen (Wellenmoden) ausbreiten kann. Anwender derartiger Verfahren sind bestrebt, die optimale Systemkonfiguration für eine konkrete Überwachungsaufgabe zu finden. Die Konfiguration ist als optimal anzusehen, wenn eine maximale Wechselwirkung der geführten Wellen mit dem zu erwartenden Schaden stattfindet. Einfluss auf die Systemkonfiguration haben Wahl, Abstand und Instrumentierung der Sensoren, Anregesignal, -frequenz und Spannung, verwendeter Wellenmode sowie der die Änderung im Signal klassifizierende Schadensindikator. Eine Konfiguration ist im Weiteren als optimal anzusehen, wenn sich der Schadensindikator als robust gegenüber Variationen der Umgebungsparameter erweist. Diese Arbeit liefert einen Beitrag zur Bestimmung der optimalen Systemkonfiguration.

Die Eigenschaften der angeregten geführten Welle sind maßgeblich dafür verantwortlich, wie die Welle mit dem Schaden wechselwirkt. Es wird bestätigt, dass eine geführte Welle eine starke Wechselwirkung mit einer Delamination eingehen kann, wenn sie bestimmte elastische Spannungszustände (σ_{13}, σ_{23} und σ_{33}) in der Struktur hervorruft. Dazu wurde ein Schädigungsmodell einer Delamination eingeführt und das Wechselwirkungspotential der Wellenmoden diskutiert. Die Auswirkungen der Randbedingungen dieses Modells auf die Wellenausbreitung wurden getrennt für orthotrope und monoklinische Laminatsymmetrien betrachtet und daraus das Wechselwirkungspotential verschiedener geführter Wellentypen, insbesondere der für die Zustandsüberwachung verwendeten Moden niedrigster Ordnung, abgeleitet. Die mittels Modellschaden theoretisch formulierten Wechselwirkungspotentiale bestätigen sich experimentell. Dazu wurden erstmalig die Möglichkeiten 3D-Laservibrometrischer Messungen genutzt. Wellenmoden mit hohen σ_{13}, σ_{23} und σ_{33} Spannungskomponenten (S0, A0) zeigten eine gute Wechselwirkung, während bspw. der SH0-Mode mit niedrigen derartigen Spannungskomponenten nicht zur Detektion von Impaktschäden in Faserverbundwerkstoffen geeignet ist.

Die Größen der genannten Spannungskomponenten innerhalb einer geführten Welle sind von der Steifigkeitsmatrix einer Einzellage, dem Lagenaufbau, der verwendeten Frequenz des Anregungssignals und der Richtung der Wellenausbreitung im Laminatkoordinatensystem abhängig. Damit die optimalen Parameter applikationsabhängig gefunden werden können, sind der Arbeit Softwareskripte beigefügt, die die Methode der Berechnung der Spannungskomponenten für beliebige Laminataufbauten zeigen. Es wurde die Lösung der Bewegungsgleichungen und das Prinzip der Globalen-Transfer-Matrix nach Nayfeh [Nay95] implementiert. Die eigene Softwareimplementierung wurde für orthotrope Laminate durch Einsetzen isotroper Materialdaten in die Steifigkeitsmatrix und Vergleich der erhaltenen Lösung mit der bekannten Lamb-Wellen-Gleichung validiert. Für Laminate mit monoklinischer Materialsymmetrie wurden die Lösungen der Phasengeschwindigkeiten mit experimentell erhaltenen Werten verglichen. Beide zeigten gute Übereinstimmungen.

In Kapitel 3.3.2 werden Möglichkeiten zur Identifizierung von Wellenmoden mittels 3D-Laservibrometrie zusammengefasst. Weiterhin erlaubt die Implementierung der 3D-aufgelösten Erfassung der Auslenkungen mittels 3D-Laservibrometrie die Quantifizierung der auftretenden Spannungsverteilungen im Laminatverbund. Damit wurde eine Methode geschaffen, mit der die Ergebnisse an unterschiedlichen Laminatsystemen bzw. mit verschiedenen Signaturanalysesystemen verglichen werden können.

Die Höhe der Spannungskonzentrationen am Schadensort wird (neben den bereits erwähnten Einflussgrößen) auch über den verwendeten anregenden Ultraschallwandler und den Abstand des Ultraschallwandlers zum Schaden beeinflusst. Der verwendete Ultraschallempfänger und der Abstand des Empfängers vom Schadensort beeinflusst das aufgenommene Empfangssignal hinsichtlich der empfangenen Signalform. Dies sind weitere Gründe, die eine Kalibrierung des Signaturanalyseverfahrens und der verwendeten Messtechnik für den konkreten Anwendungsfall bedingen. Kapitel 3.4 zeigt, dass für den konkreten Anwendungsfall sowohl der Nachweis von Impaktschäden als auch deren Wachstum möglich sind.

Amplituden- und laufzeitbasierende Kriterien wurden zur Untersuchung der Impaktwechselwirkung im Experiment klassifiziert. Beide zeigten Potential zur Darstellung der Schäden. Für die weiteren Versuche wurde der Korrelationskoeffizient als laufzeitsensibler Schadensindikator verwendet. Anhand praktischer Versuche an impaktgeschädigten CFK-Proben konnte gezeigt werden, dass der Korrelationskoeffizient mit dem Schadensumfang korreliert. An zwei verschiedenen CFK-Laminattypen wurden Impaktschädigungen verschiedener Stärke eingebracht und der Schadensumfang klassisch mittels scannendem Ultraschallverfahren ermittelt. Diese Ergebnisse wurden dem Korrelationskoeffizienten ge-

genübergestellt und zeigten dessen Eignung als Schadensindikator zur Detektion von Impaktschäden.

Nach der Identifizierung des Korrelationskoeffizienten als geeigneten Schadensindikator wurde in Kapitel 4 der Einfluss der Temperatur auf diesen Parameter betrachtet. Es wurde gezeigt, dass Temperaturänderungen signifikanten Einfluss auf das Verfahren haben und Berücksichtigung bei der Anwendung finden müssen. Es wurden einführend systematisch die Einflüsse von Temperaturänderungen auf die Signaturanalyse untersucht. Dabei zeigte sich, dass die temperaturabhängigen Struktureigenschaften die Ausbreitungsgeschwindigkeiten der Wellenmoden beeinflussen und damit zu Fehlanzeigen bei der Auswertung mit laufzeitsensiblen Schadensparametern führen können. Auch die temperaturabhängige Änderung und herstellungsbedingte Streuungen der Materialeigenschaften der Piezoelemente führen im Zusammenspiel mit der Auswerteelektronik zu Unterschieden in Amplituden- und Phasenverläufen, die ebenfalls Fehlanzeigen des Schadensparameters bedingen können, im Vergleich zu den Effekten der Struktur jedoch eher gering sind. Um diese Einflüsse trotzdem zu vermeiden, sollte bei der Nutzung eines Messsystems darauf geachtet werden, dass die Messfrequenz nicht in der Nähe der unteren oder oberen Grenzfrequenz des Messsystems liegt, da hier der Einfluss am deutlichsten wird. Zur Vermeidung von Nichtlinearitäten beim Senden der Waveform ist auf eine ausreichende Stromreserve zu achten. Eine globale und einheitliche Temperaturkompensation der Signale aller Sende-Empfangspfade kann herstellungsbedingte Streuungen, unterschiedliche Klebstoffdicken und Wandlerapplikationen nicht berücksichtigen und deshalb nicht angewendet werden. Beinhaltet der Auswertebereich, indem die Signale verschiedener Zustände miteinander verglichen werden, mehrere Wellenpakete, so ist die Temperaturkompensation für jeden Bereich getrennt durchzuführen. Dies gilt für Wellenmoden unterschiedlicher (S0,A0) und gleicher Art (direkt einlaufend, randreflektiert).

Es wurden bestehende Temperaturkompensationsverfahren OBS und BSS erläutert. Bei diesen Verfahren muss jedoch die Signaländerung infolge Schädigung klein gegenüber der Signaländerung infolge Temperatureinfluss sein. Zur Umgehung dieser Einschränkung wurden zwei eigene Verfahren TDect und FDect entwickelt. TDect wird im Zeitbereich durchgeführt und kompensiert den Temperatureinfluss auf die Gruppengeschwindigkeit. FDect kompensiert den Einfluss der Temperatur auf jede am Signalaufbau beteiligte Frequenz und damit die Phasengeschwindigkeit (über Korrektur der Phasenlage) und Amplitude jeder Frequenz. Die neu entwickelten Kompensationsverfahren wurden in einem Test mit dem OBS Verfahren verglichen. Alle verglichenen Verfahren zeigten gute Übereinstimmungen in experimentellen Ergebnissen und sind zur Temperaturkompensation geeignet. Aus Gründen der Verfahrensrobustheit wird jedoch die Anwendung das TDect Verfahrens empfohlen, da es einfach zu implementieren ist, weniger Rechenaufwand und Speicherbedarf als FDect benötigt und gegenüber den existierenden OBS und BSS Verfahren nicht in der Schadensgröße eingeschränkt ist und die Kompensation von weiteren Einflüssen erlaubt.

In Kapitel 5 fließen die Erkenntnisse der vorliegenden Arbeit in die Entwicklung eines Verfahrens zur Impakterkennung ein. Dabei werden auftretende Temperaturschwankungen berücksichtigt und mittels vorgestelltem TDect Verfahren kompensiert. Eine gradweise Aufnahme der Daten ist empfehlenswert. Die Kompensierung bedingt jedoch eine umfangreiche Kalibrierungsphase. In dieser muss das Bauteil den anwendungsspezifischen Temperaturbereich durchfahren. Damit kann die Überwachung des Bauteils erst beginnen, wenn zu jeder Temperatur ein Signal aufgezeichnet wurde.

In der Fortführung wurde überprüft, inwiefern die Temperaturkompensationspolynome auf andere Bauteile gleicher Herstellung, jedoch unter Berücksichtigung herstellerseitiger Materialparametervariationen, übertragbar sind. Ergebnis dieser Untersuchungen war, das dies möglich, jedoch für den Einzelfall unter Berücksichtigung der Parametervariationen zu überprüfen ist. Der dieser Arbeit beigefügte Quellcode zur Berechnung der Phasengeschwindigkeiten geführter Wellen in anisotropen Platten ermöglicht dies.

Abschließend wurden in Kap. 5.3 relevante Einflussgrößen auf das Überwachungsverfahren zusammengefasst und dem Anwender konkrete „Handlungsempfehlungen" bei der Konfiguration eines Signaturanalysesystems gegeben. Für die Anwendung wird der direkt transmittierte A0-Mode empfohlen, da dieser von allen ausbreitungsfähigen Wellenmoden bei gegebener Frequenz über die kleinste Wellenlänge verfügt, was wiederum zu erhöhten elastischen Spannungskonzentrationen führt. Denkbare Alternativen neben der Auswertung der Änderungen der transmittieren Wellenmoden wäre die Nutzung des modekonvertierten A0-Modes zur Ja/Nein-Aussage bezüglich der Existenz eines Schadens, jedoch ist dieser auf aufgrund der niedrigen Amplitude und hohen Dämpfung in Verbundwerkstoffen schlecht detektierbar.

Im Ausblick (Kap. 5.4) wird eine Methode vorgestellt, die für das Monitoring des Schadenswachstums bereits existierender Delaminationsschäden angewendet werden kann und als Ergebnis die Schadensgröße bietet. Wird an einem Luftfahrtbauteil in einem Service-Check ein Impakt erkannt und in der Größe charakterisiert, so muss dieser Impaktschaden bei jedem weiteren Service-Check von Innen überprüft werden. Der damit verbundene Abbau der Verkleidung ist sehr zeit- und ressourcenaufwendig und das hier vorgestellte Verfahren könnte Aussagen über die Größe des Schadens treffen. Wird die Temperatur bei der Messung konstant gehalten, kann das Verfahren wie in Kap. 3.4 gezeigt schon eingesetzt werden. Soll es temperaturunabhängig funktionieren, sind weiterführende laminat- und anwendungsspezifische Tests notwendig, inwiefern Temperaturschwankungen und Materialparametervariationen die geringen schadensbedingten Änderungen überdecken.

Literaturverzeichnis

[Ach90] ACHENBACH, J.D.: *Wave Propagation in Elastic Solids*; 6. Auflage, North Holland Series in Applied Mathematics and Mechanics, North-Holland Publishing Company, Amsterdam; 1990

[All92] ALLEYNE, D.N.; CAWLEY, P.: *The Interaction of Lamb Waves with Defects*; IEEE Transactions on Ultrasonics, Ferroelectrics, and Frequency Control, Vol. 39, No. 3; 1992

[Als74] ALSOP, L.E.; GOODMAN, A.S.; GREGERSEN, S.: *Reflection and transmission of inhomogeneous waves with particular application to Rayleigh waves*; Bulletin of the Seismological Society of America; December 1974; v. 64; no. 6; p. 1635-1652

[Aul90] AULD, B.A.: *Acoustic Fields and Waves in Solids, Volume I*; 2. Auflage, Robert E. Krieger Publishing Company, Florida; 1990

[Ban85] BANCROFT, S.: *An algebraic solution of the GPS equations*; IEEE Transactions on Aerospace and Electronic Systems 21 (7), 56-59; 1985

[Bar07] BARTH, M.: *Visualisierung geführter elastischer Wellen auf gekrümmten Oberflächen*; Diplomarbeit HTW-Dresden (FH), 2007

[Bar08] BARTH, M.; KÖHLER, B.; SCHUBERT, L.: *3D-Visualization of Lamb Waves by Laser Vibrometry*; Proceedings of the Fourth European Workshop Structural Health Monitoring Ed. by T. Uhl, W. Ostachowicz, J. Holnicki-Szulc, DE-Stech Publications, Inc. Lancaster, pp. 641-648, 2008

[Bar08a] BARTH, M.; KÖHLER, B.; SCHUBERT, L.: *Experimental Characterization of Guided Waves by their Surface Displacement Vector Field*; 35th Annual

Review of Progress in Quantitative Nondestructive Evaluation (QNDE), Chicago, Illinois, July 20-25, 2008

[BerU06] BERGER, U. E.: *Bauteilüberwachung durch Analyse von Schwingungen und Festkörperwellen*; Dissertation, TU-München, erschienen in Berichte aus der Luft- und Raumfahrttechnik, Aachen: Shaker Verlag, ISBN 978-3-8322-6086-6; 2006

[Ber06] BERNIG, F.: *Möglichkeiten der Plattenwellenanalyse zur Schadenscharakterisierung in Faserverbundwerkstoffen*; Dissertation, Institut für Statik und Dynamik der Luft- und Raumfahrtkonstruktionen, Universität Stuttgart; 2006

[Bre85] BREKHOVSHIKH, L.; GONCHAROV, V: *Mechanics of Continua and Wave Dynamics*; Springer Series on Wave Phenomena, Springer Verlag; 1985

[Cin05] CINQUIN, M.; CASTAINGS, M.; HOSTEN, B.; BRASSIER, P.; PÉRÈS, P.: *Monitoring of the moisture content in carbon-epoxy plates using Lamb waves*; NDT&E International; Vol. 38; 2005; pp. 37-44

[Cro09] CROXFORD, A. J. ET AL.: *Efficient temperature compensation strategies for guided wave structural health monitoring*; Ultrasonics doi:10.1016/j.ultras.2009.11.002; 2009;

[Cytec07] CYTEC ENGINEERED MATERIALS: *Certificate of Quality assurance*; , Approved Certificate No. 8900386411; 21.05.2007;

[DIN96] DIN EN 6038: *Luft- und Raumfahrt - Faserverstärkte Kunsstoffe - Bestimmung der Restdruckfestigkeit nach Schlagbeanspruchung*; Normenstelle Luftfahrt (NL) im DIN Deutsches Institut für Normung e.V., Beuth Verlag, Berlin; 1996;

[Dis10] DISPERSE: *Program for generating disperison curves*; http://www3.imperial.ac.uk/nde/products and services/disperse; Stand: Oktober, 2010

[Ebb04] EBBING, L.: *Simulation und Entwicklung sensornaher Elektronik für Piezo-Fasersensoren mit vielpoligem Ladungsabgriff*; Studienarbeit TU-Dresden, IZFP-Dresden, 2004

[EB09] EBERT, C.; FRIEDMANN, H.; HENKEL, F.-O.; FRANKENSTEIN, B.; SCHUBERT, L.;: *Entwicklung eines Condition-Monitoring-Systems zur Zustandsüberwachung von Rotorblättern*; 3.VDI-Fachtagung Baudynamik, 14.-15. Mai, Kassel; 2009

[FJ65] FREDERICK, J.R.: *Ultrasonic engineering*; John Wiley & Sons, New York; 1965

[Gei10] GEIGER, L.: *Herdbestimmung bei Erdbeben aus den Ankunftszeiten*; Nachrichten der Königlichen Gesellschaft der Wissenschaften zu Göttingen, Vol. 4, 331-349; 1910

[Giu04] GIURGIUTIU, V.; LYSHEVSKI, S.E.: *Micromechatronics, Modeling, Analysis and Design with Matlab®*; CRC Press; 2004

[Gra75] GRAFF, KAREL F.: *Wave motion in elastic Solids*; Reprint. Originally published: Oxford, Clarendon Press 1975, ISBN: 0-486-66745-7, Dover Publications Inc., New York; 1991

[Grü04] GRÜNINGEN, DANIEL CH. VON: *Digitale Signalverarbeitung*; 3. Auflage, Fachbuchverlag Leipzig; 2004

[Guo93] GUO, N.; CAWLEY, P.: *The interaction of Lamb waves with delaminations in composite laminates*; J. Acoust. Soc. Am. 94 (4); pp. 2240-2246; October 1993

[Heu00] HEUTLING, F.: *Mikrofraktographie an CFK-Werkstoffen als Instrument zur Charakterisierung von Materialeigenschaften und zur Interpretation von Versagensphänomenen*; Fortschritt-Berichte VDI Reihe 5 Nr. 581; VDI Verlag, Düsseldorf; 2000

[HW05] HILLGER, W.: *Lamb-Wellen zur Schadensanzeige in faserverstärkten Kunststoffen*; DGZfP-Jahrestagung, 2.-4. Mai, Rostock; 2005

[HW07] HILLGER, W.: *Visualisation of Guided Wave Propagation by Ultrasonic Imaging Methods*; 4th International Conference on NDT, 11.-14. Oktober, Chania Crete-Greece; 2007

[HU98] HOOKER, MATTHEW W.: *Properties of PZT-Based Piezoelectric Ceramics Between -150 and 250C*, NASA-Langley Research Center; September 1998

[Ehr04] EHRLICH, I.: *Impactverhalten schwach gekrümmter Strukturen aus faserverstärkten Kunststoffen*; Dissertation Universität der Bundeswehr; München; 2004

[Keh03] KEHLENBACH, M.: *Integrierte Sensorik zur Schädigungserkennung in Faserverbundstrukturen für die Luftfahrt*; Dissertation, TU-Darmstadt, erschienen in Berichte aus der Luft- und Raumfahrttechnik, Aachen: Shaker Verlag, ISBN 3-8322-1834-3; 2003

[Keh03a] KEHLENBACH, M.; KÖHLER, B.; CAO, X.; HANSELKA, H.: *Numerical and Experimental Investigation of Lamb Wave Interaction with Discontinuities*; Proceedings of the 4th International Workshop on Structural Health Monitoring, Stanford University, September 15-17, Stanford, CA; 2003

[Köh04] KÖHLER, B.; SCHUBERT, F.; KEHLENBACH, M.; BILGRAM, R.: *Geführte Wellen in Plattenstrukturen und deren Wechselwirkung mit Strukturelementen und Defekten*; DACH Tagung 17.-19. Mai, Salzburg; 2004

[Köh04a] KÖHLER, B.; SCHUBERT, F.; FRANKENSTEIN B.: *Numerical and Experimental Investigation of Lamb Wave excitation, Propagation and Detection for SHM*; Proceedings of the 2nd European Conference on Structural Health Monitoring, Ch. Boller, and W.J. Staszewski, eds. Lancaster, pp. 993-1000, 2004

[Köh08] KÖHLER, B.; SCHUBERT, F.; BARTH, M.; FRANKENSTEIN B.: *Selective Excitation and Detection of Lamb Waves for SHM Applications*; Proceedings of the Fourth European Workshop Structural Health Monitoring Ed. by T. Uhl, W. Ostachowicz, J. Holnicki-Szulc, DE-Stech Publications, Inc. Lancaster, pp. 708-715, 2008

[Köl03] KÖLTZSCH, P.; PFEIFER, G.: *Vorlesung Akustik*; 5. Auflage, Institut für Akustik und Sprachkommunikation der Technischen Universität Dresden; 2003

[Kon06] KONSTANTINIDIS, G.; DRINKWATER, B.W.; WILCOX, P.D.: *The temperature stability of guided wave structural health monitoring systems*;

Smart Mater. Struct. 15, pp. 967-976.; 2006

[Kra86] KRAUTKRÄMER, J.; KRAUTKRÄMER, H.: *Werkstoffprüfung mit Ultraschall*, 5. Auflage, Springer Verlag, Berlin, New York; 1986

[KM05] KRÜGER, M.; MOOK, G.: *Schadensdetektion adaptiver CFK-Piezokeramik-Verbunde mit Hilfe der Scanning Laser Vibrometrie*; DGZfP-Jahrestagung, 2.-4. Mai, Rostock; 2005

[KM06] KRÜGER, M.; MOOK, G.: *Detektion von Defekten in adaptiven CFK-Laminaten mittels bildgebender Laservibrometrie*; Fachbeitrag ZfP Zeitung, April 2006

[Lamb16] LAMB, H.: *On Waves in an Elastic Plate*; Proceedings of the London Royal Society (London), Bd. 93, p. 114-128; 1917

[Lee03] LEE, B.C.; MANSON, G.; STASZEWSKI, W.J.: *Environmental effects on Lamb wave responses from piezoceramic sensors*; Materials Science Forum 440-441, pp. 195-202; 2003

[LI08] LIESKE, U.: *Untersuchung von CFK-Proben auf Restdruckfestigkeit nach verschiedenen Impactschädigungen*; Diplomarbeit, IZFP-Dresden, 12. September 2008

[Liu87] LIU, D.; MALVERN, L.-E.: *Matrix Cracking in Impacted Glass/Epoxy Plates*; Journal of Composite Materials; 21; 1987; pp. 594-609

[Liu88] LIU, D.: *Impact-Induced Delamination - A View of Bending Stiffness Mismatching*; Journal of Composite Materials; 22; 1988; pp. 674-692

[Low95] LOWE, M.J.S.: *Matrix Techniques for Modeling Ultrasonic Waves in Multilayered Media*; IEEE transactions on Ultrasonics, Ferroelectrics and Frequency Control, Vol. 42, No. 4, pp 525-542; July 1995

[Low98] LOWE, M.J.S.; ALLEYNE, D.N.; CAWLEY, P.: *Defect detection in pipes using guided waves*; Ultrasonics 36, p. 147-154; 1998

[Lu05] LU, Y.; MICHELS, J.E.: *A methodology for structural health monitoring with diffuse ultrasonic waves in the presence of temperature variations*;

Ultrasonics 43 (9), p. 717-731; 2005

[Matt07] MATT, H.M.: *Structural Diagnostics of CFRP Composite Aircraft Components by Ultrasonic Guided Waves and Built-In Piezoelectric Transducers*; PHD thesis, University of California San Diego; 2007

[Mey06] MEYENDORF, N.: *Structural Health Monitoring, Sensor Networks, Intelligent Structures: Attempt of a Prognosis*; 2nd Dresden Airport Seminar on Testing, Monitoring of Aerospace Components; November 2006

[MI05] MICHAELS, J.; MICHAELS, T.: *Detection of structural damage from the local temporal coherence of diffuse ultrasonic signals*; IEEE Transactions on Ultrasonics, Ferroelectrics, and Frequency Control 52(10), pp. 1769-1782; 2005

[MI06] MICHAELS, T.; MICHAELS, J.: *Application of Acoustic Wavefield Imaging to Non-Contact Ultrasonic Inspection of Bonded Components*; Conf. Proc. Quantitative Nondestructive Evaluation, 820,S. 1484-1491; 2006

[MI10] MICHAELS, J.; LEE, S. E., MICHAELS, T.: *Effects of Applied Loads and Temperature Variations on Ultrasonic Guided Waves*; Proceedings of the Fifth European Workshop Structural Health Monitoring, edited by F. Casciati, M. Giordano, DE-Stech Publications, Inc. Lancaster, pp. 1267-1272, 2010

[Min60] MINDLIN, R.D.: *Waves and Vibrations in isotropic elastic Plates*; Structural Mechanics, Goodier and Hoff (ed.), S.199 - S.232, Pergamon Press, New York; 1960

[Nay95] NAYFEH, ADNAN H.: *Wave Propagation in Layered Anisotropic Media with Applications to Composites*; North-Holland Elsevier Press, ISBN: 0-444-89018-1; 1995

[PI09] PI CERAMIC: *Piezoceramic Materials*; http://www.piceramic.de/pdf/piezomaterial.pdf; Stand: 13.04.2009

[Puc96] PUCK, A.: *Festigkeitsanalyse von Faser-Matrix-Laminaten: Modelle für die Praxis*; Carl Hanser Verlag, München, Wien; 1996

[PR07] Petricevic, R.: *ActiveKompositeNMWGmbH.pdf*; http://www.nmwgmbh.de; Stand: 04.09.2007

[Ray85] Lord Rayleigh: *On Waves propagated along the Plane Surfaces of an Elastic Solid.*; Proceedings of the London Mathematical Society, Bd. 17; 1887

[Rio05] Gomez-del Rio, T.; Zaera, R.; Barbero, E.; Navarro, C.: *Damage in CFRPs due to low velocity impact at low temperature*; Composites: Part B; Vol. 36; 2005; pp. 41-50

[Sab06] Sabat, Ribal G.; Ren, Wei; Yang, Guomao; Mukherjee, Binu K.: *Temperature dependence of the dielectric, elastic and piezoelectric material constants of lead zirconate titanate (PZT) ceramics*; Smart Structures and Materials 2006: Active Materials: Behavior and Mechanics. Edited by Armstrong, William D. Proceedings of the SPIE, Volume 6170, pp. 58-65; (2006)

[Sch50] Schoch, A.: *Schallreflexion, Schallbrechung, Schallbeugung.*; Ergebnisse der exakten Naturwissenschaften, Bd. 23, Seite 127 - 234, Springer Verlag; 1950

[SchF04] Schubert F.: *Basic principles of acoustic emission tomography*; Journal of Acoustic Emission, Vol. 22, 147-158; 2004

[SchF06] Schubert F.: *Tomography Techniques for Acoustic Emission Monitoring*; ECNDT We.3.6.2; 2006

[SchL06] Schubert L.; Frankenstein B.; Schubert F.; Brunner B;: *Zustandsüberwachung von Rotorblättern an Windenergieanlagen – Entwicklungsstand und Tendenzen*; AKIDA (Aachener Kolloquium für Instandhaltung, Diagnose und Anlagenüberwachung; 2006

[SchL07] Schubert, L.: *Struktur- und Zustandsüberwachung in der Luftfahrt basierend auf akustischen Methoden*; Vortrag zu: 15 Jahre IZFP-Dresden - Eröffnung Institutsneubau; 13.03.2007

[SchL08] Schubert, L.; Barth, M.; Klesse, T.; Köhler, B.; Frankenstein, B.: *Guided elastic waves and their impact interaction in CFRP structures characterized by 3D laser scanning vibrometry*; Health monitoring of structural and biological systems 2008, SPIE Proceedings 6935, 10 - 13 March, San Diego, California, USA; 2008

[SchL09a] SCHUBERT, L.; WEIHNACHT, B.; SCHULZE, E.; FRANKENSTEIN, B.: *Gesamtermüdungstest eines Windkraftrotorblattes und begleitende Zustandsüberwachung basierend auf akustischen Verfahren*; DGZfP-Jahrestagung 2009, 18. - 20. Mai in Münster

[SchL09b] SCHUBERT, L.; LIESKE. U.; FRANKENSTEIN, B.; KOEHLER, B.: *Interaction of Lamb waves with impact damaged CFRP's - effects and conclusions for acousto-ultrasonic applications*; for the 7th International Workshop on Structural Health Monitoring, Stanford USA; September 9-11, 2009

[She71] SHERRIT, S.; YANG, G.; WIEDERICK, H.D.; MUKHERJEE, B.K.: *Temperature dependence of the dielectric, elastic and piezoelectric material constants of lead zirconate titanate ceramics*; Journal of Applied Physics 42 (6) pp. 2219-2230; 1971

[Sta04] STASZEWSKI, W.J.; LEE, B.; MALLET, K.; SCARPA, F.: *Structural health monitoring using scanning laser vibrometry; I. Lamb wave sensing*; Smart Materials and Structures 14, 2, pp. 251-260, 2004

[Tenax07] TOHO TENAX EUROPE GMBH: *Werkszeugnis (EN 10204 2.2) gemäß Spezifikation F001 Rev. A* ; Tenax-E HTS 5631 800tex f12000 t 0, Lot-Nr. 70521; 14.06.2007;

[VDI07] VDIVDE-IT: *Entwicklung von schadenssensitiven ultraschallwandelnden SHM-Mikrosystemen für Faserverbundwerkstoffe mit Applikationen im Bereich Luftfahrt (SHM-MiFaLu)*; http://www.vdivde-it.de/innonet/projekte/in_pp158_shm-mifalu.pdf; November 2009

[Vic67] VIKTOROV, I. A.: *Rayleigh and Lamb Waves: Physical Theory and Applications*; Plenum Press, New York; 1967

[Win08] WINDISCH, T.; KÖHLER, B.: *Application Analysis of Novel Structural Health Monitoring (SHM) Sensors*; PROGRESS REPORT, IZFP-D,

Dezember 2008

[Wil07] WILCOX, P.D., CROXFORD, A.J.; KONSTANTINIDIS, G.; DRINKWATER, B.: *Sensitivity limitations for guided wave structural health monitoring*; Proceedings of the SPIE 6532, 2007

[Wil08] WILCOX, P.D., CROXFORD, A.J.; MICHELS, J.E.; LU, Y.; DRINKWATER, B.: *A comparison of temperature compensation methods for guided wave structural health monitoring*; Review of Progress in Quantitative Nondestructive Evaluation 1453; 2008

Tabellenverzeichnis

Abbildungsverzeichnis

A. Normierung der Teilchenauslenkungen in Lamb-Wellen

Das folgende Kapitel ist so aufgebaut, das es, ein Grundverständnis Lamb-Wellen betreffend vorausgesetzt, zur übrigen Arbeit getrennt gelesen werden kann. Daher ist es unvermeidlich, einige Gleichungen und Erläuterungen einführend zu wiederholen.
Das Kapitel enthält Ausführungen zur Berechnung der Normierungsfaktoren A und B, die benötigt werden, um Teilchenauslenkungen symmetrischer und asymmetrischer Lamb-Wellen innerhalb des Plattenquerschnittes einer homogenen, isotropen Platte bei verschiedenen Frequenzen miteinander vergleichbar machen zu können. So ist es möglich, Frequenzbereiche zu finden, in denen eine geführte Welle bei gegebenem Plattenquerschnitt zu besonders starken In-Plane- (u_1) oder Out-of-plane- (u_3) Auslenkungen und darauf aufbauend zu Normal- oder Schubspannungen innerhalb der (homogenen, isotropen) Platte führt bzw. zeigt, inwiefern die Plattendicke bei gegebener Frequenz von den Auslenkungen erfasst wird. So können beispielsweise Schlussfolgerungen getroffen werden, über welche Eigenschaften ein piezoelektrischer Wandler verfügen sollte, der problemangepasst dann entsprechende In-plane- oder Out-of-plane-Oberflächenauslenkungen aufnehmen kann. Die Amplitudenverhältnisse wurden durch den Poynting Vektor $\vec{P}$ normiert [Aul90], der die Energie kennzeichnet, die durch eine Fläche $A = yd$ innerhalb einer Zeiteinheit t tritt (Abb. A.1). $\vec{P}$ errechnet sich aus dem Produkt von konjugiert komplexer Schallschnelle v_i^* und der elastischen Spannung σ_{ik} zu

$$P_k = \sum_{i=1}^{3} -\frac{v_i^* \sigma_{ik}}{2} \tag{A.1}$$

mit $i, k = 1, 2, 3$. Die elastischen Normalspannungen σ_{11} und σ_{33} und Schub- bzw. Scherspannungen $\sigma_{13} = \sigma_{31}$ können aus den Auslenkungen (Gl. A.6,A.7 für symmetrische, Gl.

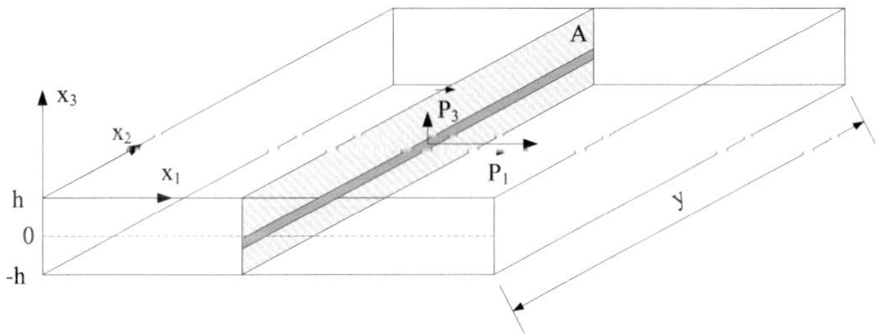

Abbildung A.1.: Poynting Vektor $\vec{P}$ zur Normierung der Amplitudenfaktoren A, B über die Energieflussdichte

A.24,A.25 für asymmetrische Plattenwellen) mit

$$\sigma_{11} = \Lambda \left(\frac{\partial u_1}{\partial x_1} + \frac{\partial u_3}{\partial x_3} \right) + 2G \frac{\partial u_1}{\partial x_1} \tag{A.2}$$

$$\sigma_{13} = G \left(\frac{\partial u_1}{\partial x_3} + \frac{\partial u_3}{\partial x_1} \right) \tag{A.3}$$

$$\sigma_{33} = \Lambda \left(\frac{\partial u_1}{\partial x_1} + \frac{\partial u_3}{\partial x_3} \right) + 2G \frac{\partial u_3}{\partial x_3} \tag{A.4}$$

berechnet werden. Die Energieausbreitung findet ausschließlich in Ausbreitungsrichtung x_1 der Welle statt. Über den Plattenquerschnitt x_3 $(-h \leq x_3 \leq h)$ lässt sich mit

$$EFD = \int_{-h}^{h} P_1 \, dx_3 = - \int_{-h}^{h} \frac{v_1^* \sigma_{11} + v_3^* \sigma_{31}}{2} \, dx_3 \tag{A.5}$$

die über die Plattendicke auftretende Energieflussdichte EFD berechnen. Das Finden der Stammfunktion von Gleichung A.5 war aufgrund der Komplexität derselben sehr zeitintensiv und das Ergebnis schlecht nachvollziehbar, da die von Matlab® mittels symbolischer Integration gefundene Stammfunktion mehrere A4-Seiten Code umfasste. Nachfolgend wird Gl. A.5 getrennt für symmetrische und asymmetrische Lamb-Wellen in Teilintegrale zerlegt und deren Stammfunktionen ermittelt. Die Berechnung der Normierungsfaktoren kann nun gut nachvollziehbar mit geringem Rechenaufwand in einer beliebigen Programmiersprache erfolgen.

Symmetrische Lamb-Wellen

Zur besseren Darstellbarkeit gelten für die Teilchenauslenkungen u_1 in x_1-Richtung folgende Vereinfachung

$$u_1^{sym}(x_1, x_3, t) = A k_s \underbrace{\left(\frac{\cosh(q_s\, x_3)}{\sinh(q_s\, h)} - 2\, \frac{q_s\, s_s\, \cosh(s_s\, x_3)}{\left({k_s}^2 + {s_s}^2\right) \sinh(s_s\, h)} \right)}_{K_{S1}} e^{i\left(k_s\, x_1 - \omega t - \frac{\pi}{2}\right)} \tag{A.6}$$

bzw. für die Auslenkung u_3 in x_3-Richtung

$$u_3^{sym}(x_1, x_3, t) = -A q_s \underbrace{\left(\frac{\sinh(q_s\, x_3)}{\sinh(q_s\, h)} - 2\, \frac{{k_s}^2 \sinh(s_s\, x_3)}{\left({k_s}^2 + {s_s}^2\right) \sinh(s_s\, h)} \right)}_{K_{S2}} e^{i(k_s\, x_1 - \omega t)} \tag{A.7}$$

mit

$$k_s = \frac{\omega}{c_s}\ ,\ q_s = \sqrt{k_s - k_t}\ ,\ s_s = \sqrt{k_s - k_t}\ ,\ k_l = \frac{\omega}{c_l}\ ,\ k_t = \frac{\omega}{c_t}$$

wobei w die Kreisfrequenz, c_l und c_t die Geschwindigkeiten der longitudinalen und transversalen Raumwellen und c_s die Phasengeschwindigkeiten der symmetrischen Lamb-Welle bedeuten. Aus der Plattendicke d errechnet sich h mit $h = d/2$. Aus Gl. A.1 folgt nach Einsetzen von Gl. A.2, A.3, A.4 und Gl. A.6, A.7

$$\begin{aligned} P_1 &= -\frac{v_1^* \sigma_{11} + v_3^* \sigma_{31}}{2} \\ &= -\frac{-A^2 w k_s K_{S1} \left(k_s^2 K_{S1}(\Lambda + 2G) - q_s K_{S2,x_3} \Lambda\right) - A^2 w q_s G k_s K_{S2} \left(K_{S1,x_3} + q_s K_{S2}\right)}{2} \\ &= \frac{1}{2} A^2 w k_s \left[K_{S1} \left(k_s^2 K_{S1}(\Lambda + 2G) - q_s K_{S2,x_3} \Lambda\right) + q_s G K_{S2} \left(K_{S1,x_3} + q_s K_{S2}\right)\right] \end{aligned} \tag{A.8}$$

mit den Ableitungen der Klammerausdrücke K_{S1} und K_{S2} nach dem Plattenquerschnitt x_3 zu

$$K_{S1,x_3} = \frac{\partial K_{S1}}{\partial x_3}\ ,\ K_{S2,x_3} = \frac{\partial K_{S2}}{\partial x_3}\ . \tag{A.9}$$

Zur besseren Darstellbarkeit wurden die Wellenausbreitungsterme $e^{j \cdots}$ (die die zeitliche und räumliche Periodizität beschreiben) ab Gleichung A.8 weggelassen, da diese vom Plattenquerschnitt x_3 unabhängig sind. Die resultierende Energieflussdichte EFD_S für symmetrische Lamb-Wellen erhält man nach dem Integrieren über den Plattenquerschnitt

x_3 mit

$$\begin{aligned} EFD_S &= \int_{h}^{h} P_1 dx_3 \\ &= \frac{1}{2}A^2 w k_s \int_{-h}^{h} \left[K_{S1}\left(k_s^2 K_{S1}(\Lambda + 2G) - q_s K_{S2,x_3}\Lambda\right) + q_s G K_{S2}\left(K_{S1,x_3} + q_s K_{S2}\right)\right] dx_3 \\ &= \frac{1}{2}A^2 w k_s \left[k_s^2(\Lambda + 2G)\Pi - q_s\left(\Lambda\Phi + G(\Psi + q_s\Omega)\right)\right] \end{aligned} \quad (A.10)$$

wobei das Integral in folgende Teilintegrale

$$\Pi = \int_{-h}^{h} K_1^2 dx_3 \quad (A.11)$$

$$\Phi = \int_{-h}^{h} K_1 K_{S2,x_3} dx_3 \quad (A.12)$$

$$\Psi = \int_{-h}^{h} K_{S1,x_3} K_{S2} dx_3 \quad (A.13)$$

$$\Omega = \int_{-h}^{h} K_2^2 dx_3 \quad (A.14)$$

zerlegt wurde. Aufgelöst nach A ergibt Gl. A.10 den Normierungsfaktor A mit

$$A = \sqrt{\frac{2EFD_S}{wk_s\left[k_s^2(\Lambda + 2G)\Pi - q_s\left(\Lambda\Phi + G(\Psi + q_s\Omega)\right)\right]}}\,. \quad (A.15)$$

Die in Π, Φ, Ψ und Ω vorkommenden Klammerausdrücke K_{S1}, K_{S2}, K_{S1,x_3} und K_{S2,x_3} können nun weiter aufgelöst werden. Es ergibt sich

$$K_{S1} = M cosh(q_s x_3) - N cosh(s_s x_3) \quad (A.16)$$

$$K_{S2} = O sinh(q_s x_3) - P sinh(s_s x_3) \quad (A.17)$$

bzw. nach Gl. A.9

$$K_{S1,x_3} = q_s M sinh(q_s x_3) - s_s N sinh(s_s x_3) \quad (A.18)$$

$$K_{S2,x_3} = q_s O cosh(q_s x_3) - s_s P cosh(s_s x_3) \quad (A.19)$$

mit

$$M = \frac{1}{sinh(q_s h)} \tag{A.20}$$

$$N = \frac{2q_s s_s}{(k_s^2 + s_s^2)\, sinh(s_s h)} \tag{A.21}$$

$$O = \frac{1}{sinh(q_s h)} = M \tag{A.22}$$

$$P = \frac{2k_s^2}{(k_s^2 + s_s^2)\, sinh(s_s h)} \ . \tag{A.23}$$

Für die Berechnung von Π, Φ, Ψ und Ω kann man die Gleichungen weiter auflösen und die resultierenden einfachen Integrale aurechnen. Beispielhaft wird für die Berechnung von Π das Vorgehen demonstriert. Mit

$$K_1^2 = M^2 cosh^2(q_s x_3) - 2MN cosh(q_s x_3) cosh(s_s x_3) + N^2 cosh^2(s_s x_3)$$

ergibt sich Gl. A.11 zu

$$\Pi = \int_{-h}^{h} K_1^2 dx_3$$
$$\Pi = M^2 \Pi_1 - 2MN\Pi_2 + N^2 \Pi_3$$

mit

$$\Pi_1 = \int_{-h}^{h} cosh^2(q_s x_3) dx_3, \Pi_2 = \int_{-h}^{h} cosh(q_s x_3) cosh(s_s x_3) dx_3, \Pi_3 = \int_{-h}^{h} cosh^2(s_s x_3) dx_3 \ .$$

Für die Teilintegrale Π_1, Π_2 und Π_3 lassen sich ohne Probleme die Stammfunktionen finden. Nachfolgende Tabelle A.1 stellt alle gelösten Teilintegrale übersichtlich dar. Diese können mit geringem Aufwand in einer beliebigen Programmiersprache berechnet werden. Zur Vermeidung von Fehlern sei an dieser Stelle abermals darauf hingewiesen, dass h die halbe Plattendicke darstellt. Das Vorgehen zur Berechnung von A wäre nun Folgendes:

1. Die beiden Lame Konstanten G und Λ müssen bekannt sein, ebenso die Phasen- $c_s(f)$ und Raumwellengeschwindigkeiten c_t und c_l

2. Gleichung A.15 wird jetzt für jede Frequenz f bei konstantem EFD_s unter Hilfe der in Tabelle A.1 aufgeführten Formeln berechnet

Tabelle A.1.: Zusammenfassung der gelösten Teilintegrale zur Berechnung des Amplitudennormierungsfaktors A symmetrischer Lamb-Wellen

Π	=	$M^2\Pi_1 - 2MN\Pi_2 + N^2\Pi_3$
Π_1	=	$\frac{q_s 2h + sinh(q_s 2h)}{2q_s}$
Π_2	=	$\frac{sinh((q_s - s_s)h)}{q_s - s_s} + \frac{sinh((q_s + s_s)h)}{q_s + s_s}$
Π_3	=	$\frac{s_s 2h + sinh(s_s 2h)}{2s_s}$
Φ	=	$MOq_s\Phi_1 - MPs_s\Phi_2 - NOq_s\Phi_3 + NPs_s\Phi_4$
Φ_1	=	Π_1
Φ_2	=	Π_2
Φ_3	=	Π_2
Φ_4	=	Π_3
Ω	=	$O^2\Omega_1 - 2OP\Omega_2 + P^2\Omega_3$
Ω_1	=	$\frac{sinh(q_s 2h) - q_s 2h}{2q_s}$
Ω_2	=	$\frac{sinh((q_s + s_s)h)}{q_s + s_s} - \frac{sinh((q_s - s_s)h)}{q_s - s_s}$
Ω_3	=	$\frac{sinh(s_s 2h) - s_s 2h}{2s_s}$
Ψ	=	$Mq_sO\Psi_1 - Mq_sP\Psi_2 - Ns_sO\Psi_3 + Ns_sP\Psi_4$
Ψ_1	=	Ω_1
Ψ_2	=	Ω_2
Ψ_3	=	Ω_2
Ψ_4	=	Ω_3
M	=	$\frac{1}{sinh(q_s h)}$
N	=	$\frac{2q_s s_s}{(k_s^2 + s_s^2) sinh(s_s h)}$
O	=	M
P	=	$\frac{2k_s^2}{(k_s^2 + s_s^2) sinh(s_s h)}$

Asymmetrische Lamb-Wellen

Die Vorgehensweise zur Berechnung des Normierungsfaktors B asymmetrischer Lamb-Wellen entspricht der zuvor aufgeführten, daher werden nachfolgend lediglich die geänderten Formeln aufgeführt. Die Teilchenauslenkungen u_1 in x_1-Richtung asymmetrischer Lamb-Wellen lassen sich mit

$$u_1^{asym}(x_1, x_3, t) = Bk_a \underbrace{\left(\frac{\sinh(q_a\, x_3)}{\cosh(q_a\, h)} - 2\,\frac{q_a\, s_a\, \sinh(s_a\, x_3)}{\left({k_a}^2 + {s_a}^2\right)\cosh(s_a\, h)}\right)}_{K_{A1}} e^{i\left(k_a\, x_1 - \omega t - \frac{\pi}{2}\right)} \quad \text{(A.24)}$$

bzw. für die Auslenkung u_3 in x_3-Richtung

$$u_3^{asym}(x_1, x_3, t) = -Bq_a \underbrace{\left(\frac{\cosh(q_a\, x_3)}{\cosh(q_a\, h)} - 2\,\frac{{k_a}^2 \cosh(s_a\, x_3)}{\left({k_a}^2 + {s_a}^2\right)\cosh(s_a\, h)}\right)}_{K_{A2}} e^{i(k_a\, x_1 - \omega t)} \quad \text{(A.25)}$$

mit

$$k_a = \frac{w}{c_a}\,,\ q_a = \sqrt{k_a - k_t}\,,\ s_a = \sqrt{k_a - k_t}\,,\ k_l = \frac{w}{c_l}\,,\ k_t = \frac{w}{c_t}$$

Der Normierungsfaktor B errechnet sich äquivalent zu A (Gl. A.15) mit

$$B = \sqrt{\frac{2EFD_A}{wk_a\left[k_a^2(\Lambda + 2G)\Pi - q_a\left(\Lambda\Phi + G(\Psi + q_a\Omega)\right)\right]}}\,. \quad \text{(A.26)}$$

Bei der Behandlung asymmetrischer Lamb-Wellen ändern sich nur die Klammerausdrücke K_{A1} und K_{A2} zu

$$K_{A1} = Msinh(q_a x_3) - Nsinh(s_a x_3) \quad \text{(A.27)}$$

$$K_{A2} = Ocosh(q_a x_3) - Pcosh(s_a x_3) \quad \text{(A.28)}$$

und demzufolge auch die Ableitungen dieser nach x_3 zu K_{A1,x_3} und K_{A2,x_3}

$$K_{A1,x_3} = q_a Msinh(q_a x_3) - s_a Nsinh(s_a x_3) \quad \text{(A.29)}$$

$$K_{A2,x_3} = q_a Ocosh(q_a x_3) - s_a Pcosh(s_a x_3) \quad \text{(A.30)}$$

Tabelle A.2 stellt abschließend alle notwendigen Formeln zur Berechnung von M, N, O, P sowie die gelösten Teilintegrale zu Berechnung von Gl. A.26 dar.

Tabelle A.2.: Zusammenfassung der gelösten Teilintegrale zur Berechnung des Amplitudennormierungsfaktors B asymmetrischer Lamb-Wellen

Π	$=$	$M^2\Pi_1 - 2MN\Pi_2 + N^2\Pi_3$
Π_1	$=$	$\frac{sinh(q_a 2h) - q_a 2h}{2q_a}$
Π_2	$=$	$\frac{sinh((q_a+s_a)h)}{q_a+s_a} - \frac{sinh((q_a-s_a)h)}{q_a-s_a}$
Π_3	$=$	$\frac{sinh(s_a 2h) - s_a 2h}{2s_a}$
Φ	$=$	$MOq_a\Phi_1 - MPs_a\Phi_2 - NOq_a\Phi_3 + NPs_a\Phi_4$
Φ_1	$=$	Π_1
Φ_2	$=$	Π_2
Φ_3	$=$	Π_2
Φ_4	$=$	Π_3
Ω	$=$	$O^2\Omega_1 - 2OP\Omega_2 + P^2\Omega_3$
Ω_1	$=$	$\frac{sinh(q_a 2h) + q_a 2h}{2q_a}$
Ω_2	$=$	$\frac{sinh((q_a-s_a)h)}{q_a-s_a} + \frac{sinh((q_a+s_a)h)}{q_a+s_a}$
Ω_3	$=$	$\frac{sinh(s_a 2h) + s_a 2h}{2s_a}$
Ψ	$=$	$Mq_aO\Psi_1 - Mq_aP\Psi_2 - Ns_aO\Psi_3 + Ns_aP\Psi_4$
Ψ_1	$=$	Ω_1
Ψ_2	$=$	Ω_2
Ψ_3	$=$	Ω_2
Ψ_4	$=$	Ω_3
M	$=$	$\frac{1}{cosh(q_a h)}$
N	$=$	$\frac{2q_a s_a}{(k_a^2+s_a^2)cosh(s_a h)}$
O	$=$	M
P	$=$	$\frac{2k_a^2}{(k_a^2+s_a^2)cosh(s_a h)}$

B. Matlab® Quellcode zur Berechnung der Phasengeschwindigkeiten in anisotropen Platten

B.1. Hinweise zur Nutzung der Matlab® Skripte

In diesem Kapitel sollen einige Hinweise zu den im Anhang B.2 befindlichen Matlab® Skripten gegeben werden. Insgesamt wurden 5 Skripte dieser Arbeit beigefügt, die einerseits die Berechnung der Phasengeschwindigkeiten von geführten Wellen in orthotropen und monoklinischen Laminataufbauten zeigen und andererseits die Implementierung der lokalen und globalen Transfermatrixtechnik zur Berechnung der Auslenkungen und elastischen Spannungen in den Laminaten beinhalten. An dieser Stelle werden mehr allgemeine Hinweise bei der Implementierung des Quellcodes gegeben, der Inhalt der einzelnen Skripte ist einführend im Anhang B.2 beschrieben.

Für die Lösung der charakteristischen Gleichungen müssen diese auf Ihre Nullstellen untersucht werden. Wird bei gegebener Frequenz, Materialaufbau und (elastischen) -eigenschaften, sowie Phasengeschwindigkeit die charakteristische Gleichung Null, dann kann sich für diese Konstellation eine geführte Welle ausbreiten.

Die programmiertechnische Umsetzung erfolgte derart, dass durch Angabe eines Frequenzvektors $fvec$ und einer Startgeschwindigkeit v_0 zuerst eine Nullstelle in Nähe der Startgeschwindigkeit für die kleinste Frequenz $f = fvec(1)$ gesucht wird. Danach wird ausgehend von der ersten gefundenen Phasengeschwindigkeit $v(f = fvec(1))$ die Phasengeschwindigkeit für die nächst höhere Frequenz $v(f = fvec(2))$ gesucht, die dann wieder den Startwert für die nachfolgende Frequenz $f = fvec(3)$ bildet. Für eine Analyse eines Laminataufbaus auf die Phasengeschwindigkeiten der drei Grundwellenmoden müssen die Skripte zur Phasengeschwindigkeitsberechnung (orthotropic_multilayer.m bzw. monoclinic_multilayer.m) drei Mal mit unterschiedlichen Startgeschwindigkeiten v_0 ausgeführt werden.

Zum Finden einer optimalen Startgeschwindigkeit v_0 wurde die Datei orthotropic_multilayer_determinant.m der Arbeit beigefügt, die bei gegebener Frequenz f für einen Geschwindigkeitsvektor $vvec$ die Determinante der charakteristischen Gleichung für orthotrope Laminataufbauten berechnet. Dieses Vorgehen kann zur Berechnung der Determinante in Laminaten mit monoklinischer Symmetrie übernommen werden. Die Nullstellen der Determinante können als Startgeschwindigkeiten genutzt werden. Abbildung B.1 zeigt in amplitudenbegrenzter Darstellung dies beispielhaft für zwei Materialien.

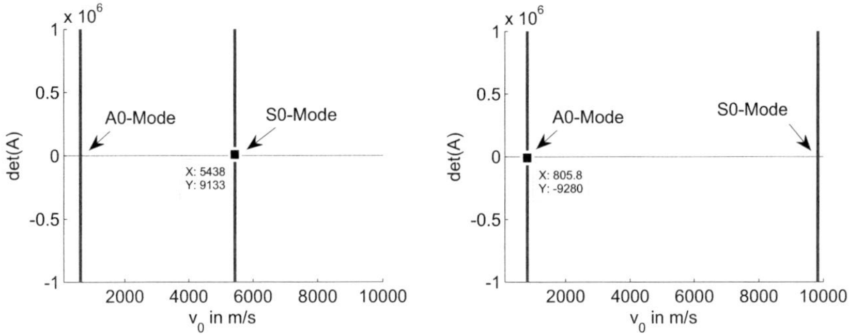

(a) Aluminium, c_l=6320 m/s, c_t=3130 m/s, ρ=2.7g/cm^{-3}, N=5, d_k=0.4mm

(b) 5 Lagen (0,90,0,90,0) CFK Platte nach [Nay95], ρ=1.6g/cm^{-3}, N=5, $\phi = 0°$, d_k=0.4mm

Abbildung B.1.: Determinanten für f=100 kHz zur Bestimmung der Startgeschwindigkeit v_0, errechnet mit dem orthotropen Mehrlagenansatz, amplitudenbegrenzt dargestellt

Für die Nutzung der Skripte sind keine speziellen Toolboxen von Matlab® notwendig, sie können mit dem Basisprogramm ausgeführt werden. Dazu ist jedoch der „digits" Aufruf auszukommentieren, für den sonst die Math-Toolbox benötigt wird. In die charakteristischen Polynome gehen teilweise die Phasengeschwindigkeit c und die Dichte ρ in der sechsten bzw. dritten Potenz ein. Bei der Multiplikation von derartigen hohen Werten können Speicherüberläufe entstehen. Daher wurden innerhalb der Skripte folgende Umrechnungen in den Einheiten vorgenommen,

$$s \Rightarrow ms \ , \ kg \Rightarrow t \tag{B.1}$$

so dass damit ausschließlich Zahlen mit geringen Zehnerpotenzen multipliziert werden und so die Gefahr der Speicherüberläufe für die Berechnung der Phasengeschwindigkeiten der S0-, A0- und SH0-Moden vermieden werden konnten. Die beigefügten Dateien verstehen sich als Skripte die den prinzipiellen Umgang zur Berechnung der Phasengeschwindigkeiten und Transfermatrizen zeigen. Sie verstehen sich nicht als fertige Softwarelösungen, bei der alle Eingabegrößen auf Sinnfälligkeit und Benutzerfehler überprüft werden.

Für den Fall das die Skripte in der vorliegenden Form keine Lösung finden, werden nachfolgend einige Hinweise zur Ursachenfindung gegeben.

- Eingabefehler?
  Sind alle Größen korrekt und in den geforderten Einheiten eingegeben? Das beiliegende Beispiel zeigt den richtigen Umgang.

- Nullstelle nicht gefunden?
  Wird für einen konkreten Fall keine Nullstelle gefunden kann mit der Berechnung der Determinante des charakteristischen Polynoms geprüft werden, ob die Nullstelle in der Determinante ersichtlich ist. Liegt die Determinantenfunktion „verrauscht" vor, sind numerische Berechnungsprobleme aufgetreten und eine symbolische Berechnung der lokalen und globalen Transfermatrix sollte gewählt werden.

- Determinante korrekt oder „verrauscht"?
  Bei der Multiplikation der Elemente der lokalen Transfermatrix kann es laminatabhängig zu Fehlern kommen. Zur Berechnung der Determinante subtrahiert Matlab® sehr großen Zahlen voneinander. Bei der ausschließlichen numerischen Rechnung ist dies im Einzelfall fehlerbehaftet, da die Mantisse nach der Subtraktion das Ergebnis nicht korrekt erfassen kann. Für diesen Fall ist eine symbolische Rechnung der Elemente der lokalen (und falls rechnerabhängig möglich auch globalen) Transfermatrix zu implementieren. Dies kann mit der symbolischen Math-Toolbox von Matlab® erfolgen.

B.2. Matlab® Quellcode

- orthotropic_multilayer.m
  Diese Funktion berechnet die Transfermatrizen und Phasengeschwindigkeiten sagittaler (den Lamb-Wellen ähnlicher) Schwingungsmoden in Laminaten mit orthotroper Symmetrieeigenschaft (bezogen auf die Richtung der Wellenausbreitung). Diese Funktion kann bspw. für die Berechnung der Wellenausbreitung in 0° und 90° Richtung einer einzelnen UD-Lage genutzt werden. Besteht das Laminat nur aus der stapelweisen Anordnung von beliebig vielen 0° und 90° Lagen, dann kann diese Funktion ebenfalls für die Berechnung der Wellenausbreitung in 0° und 90° Richtung genutzt werden. Für die Berechnung der Wellenausbreitung bspw. in 45° Richtung eines derartigen Verbundes liegt keine orthotrope Symmetrie mehr vor und die Berechnungen müssen mit dem monoklinischen Ansatz durchgeführt werden.

- orthotropic_example.m
  Diese Funktion zeigt den Umgang mit der lokalen und globalen Transfermatrix zur Berechnung der Teilchenauslenkungen und elastischen Spannungen in orthotropen Medien. Sie nutzt zur Berechnung der Transfermatrizen und der Phasengeschwindigkeiten die Datei orthotropic_multilayer.m.

- orthotropic_multilayer_determinant.m
  Diese Funktion berechnet die Determinante der charakteristischen Gleichung in frei wählbaren Frequenz- und Geschwindigkeitsbereichen. Damit kann eine optimale Startgeschwindigkeit für die Nullstellensuche bestimmt werden. Sie besitzt keine Abhängigkeiten zu anderen Dateien.

- monoclinic_multilayer.m
  Diese Funktion berechnet die Transfermatrizen und Phasengeschwindigkeiten von Schwingungsmoden in Laminaten mit monoklinischer Symmetrieeigenschaft (bezogen auf die Richtung der Wellenausbreitung). Alle aus UD-Schichten bestehenden Laminate verfügen über diese Symmetrieeigenschaft.

- monoclinic_example.m
  Diese Funktion zeigt den Umgang mit der lokalen und globalen Transfermatrix zur Berechnung der Teilchenauslenkungen und elastischen Spannungen in monoklinischen Medien. Sie nutzt zur Berechnung der Transfermatrizen und der Phasengeschwindigkeiten die Datei monoclinic_multilayer.m.

```
function [vvec,Transfermatrix]=orthotropic_multilayer(C,rho,d,phi,v_0,fvec,aop)
%description:   function computes the phase velocity for type of lambwave in↙
orthotropic material and traces one
%               mode using a modified newton algorithm [Stoer, Numerische Mathematik↙
I, Algorithmus 5.4.2.4.].
%               Which mode will be traced depends on choosing the
%               starting velocity v_0.
%
%               script is not useable for SH-Waves in orthotropic media
%
%Input
%C      ...     6x6 stiffness matrix for unidirectional ply, values in Pa
%rho    ...     density in kg/m^3
%d      ...     thickness of each layer (vector) in m
%phi    ...     angle of each layer (vector) in °
%v_0    ...     starting phase velocity in m/s
%fvec   ...     frequency (vector) in Hz
%aop    ...     angle of propagation in (global) material coordinate system
%               in °
%
%Output
%vvec   ...     phase velocity for fvec
%
%
%version 1.1 Lars Schubert, Stephan Böhme 26.08.2010
%version 1.2 Lars Schubert 03.09.2010 (Fehler von Nayfeh korrigiert)
%version 1.3 Lars Schubert 10.09.2010 (Berechnung der Auslenkungen u.
%Spannungen)


%% Beispiel Input Datensatz Aluminium, 10 Lagen, Gesamtdicke 2mm
% aop=0;
% d=ones(1,10).*0.0002;
% phi=zeros(1,10);
% % Berechne Steifigkeitsmatrix aus cl, ct, rho
% rho = 2700;
% cl=6320;
% ct=3130;
% nue_from_cl_and_ct =  @(cl,ct)((1-2*power(ct/cl,2))/(2*(1-power(ct/cl,2))));
% E_from_cl_ct_rho = @(cl,ct,rho)(power(cl,2)*(1-nue_from_cl_and_ct(cl,ct)-2*power↙
(nue_from_cl_and_ct(cl,ct),2))*rho/(1-nue_from_cl_and_ct(cl,ct)));
%
% E=E_from_cl_ct_rho(cl,ct,rho);
% ny=nue_from_cl_and_ct(cl,ct);
%
% C11=(E*(ny - 1))/(2*ny^2 + ny - 1);
% C12=-(E*ny)/(2*ny^2 + ny - 1);
% C44=E/(2*(1+ny)); % =G
%
% C=[C11 C12 C12   0   0   0;...
%    C12 C11 C12   0   0   0;...
%    C12 C12 C11   0   0   0;...
%     0   0   0 C44   0   0;...
%     0   0   0   0 C44   0;...
%     0   0   0   0   0 C44];
```

```
%
% v_0=200; %für A0-Mode
% %v_0=6 % für S0-Mode
% fvec=10e3:20e3:2000e3;
% % Beispiel Input Ende

%%
% Fehlertoleranz bei Nullstellensuche, Abbruchkriterium
ftol=1e-5;

%Korrektur der Einheiten, aus m->m, aus s->ms, aus kg->10E3kg (tonnen)
v_0=v_0/1e3; %m/s = m/ms
fvec=fvec./1e3; % in 1/ms
rho=rho./1e3;
C=C.*1e-9;%in 10e3kg/(m*ms)

[vvec,Transfermatrix]=tracing(C,rho,d,phi,v_0,fvec,aop);
vvec=vvec.*1e3;
fvec=fvec.*1e3;


end

function [vvec,Transfermatrix]=tracing(C_in,rho,d_in,phi_in,v_0,fvec,aop)
s_new=v_0;
h=waitbar(0,'Please wait...');
for i1=1:length(fvec)
    f=fvec(i1);
    s=s_new;
    delta_s=max(sqrt(eps),sqrt(eps)*s);

    for w=1:100
        F_s  = F(s);
        if abs(F_s)<(1e-5)% fehlertoleranz für die nullstellensuche
            if abs(s)<sqrt(eps)
                vvec(i1)=NaN;
            else
                %Nullstelle in Determinante gefunden
                vvec(i1)=s;
                [~,Transfermatrix(i1).A] = F(s);
                s_new=s;
            end
            break
        end
        DF_s=DF();
        % hier entweder NV oder mod. NV wählen
        s=newton_mod(DF_s,s,F_s);
%       s=newton(DF_s,s,F_s);
        if w==100
            vvec(i1)=NaN;
        end
    end
    waitbar(i1/length(fvec))
end
close(h)
```

```
%% nested functions
    function [out,Transfermatrix] = F(v)
        digits(100)

        omega = 2*pi*f;
        k=omega/v;

        r=rho*v^2;
        A=diag(ones(4,1));

        for i=1:length(d_in)
            d=d_in(i);
            phi=(phi_in(i)+aop)*pi/180;

            G=cos(phi);
            S=sin(phi);

            C11=C_in(1,1)*G^4+C_in(2,2)*S^4+2*(C_in(1,2)+2*C_in(6,6))*S^2*G^2+4*(C_in↙
(1,6)*G^2+C_in(2,6)*S^2)*S*G;
            C12=(C_in(1,1)+C_in(2,2)-2*C_in(1,2)-4*C_in(6,6))*S^2*G^2+C_in(1,2)+2*↙
(C_in(1,6)-C_in(2,6))*(S^2-G^2)*S*G;
            C13=C_in(1,3)*G^2+C_in(2,3)*S^2+2*C_in(3,6)*S*G;
            C16=(C_in(1,2)-C_in(1,1)+2*C_in(6,6))*S*G^3+(C_in(2,2)-C_in(1,2)-2*C_in↙
(6,6))*G*S^3+3*(C_in(2,6)-C_in(1,6))*S^2*G^2+C_in(1,6)*G^4-C_in(2,6)*S^4;
            C22=C_in(1,1)*S^4+C_in(2,2)*G^4+2*(C_in(1,2)+2*C_in(6,6))*S^2*G^2-4*(C_in↙
(1,6)*S^2+C_in(2,6)*G^2)*S*G;
            C23=C_in(2,3)*G^2+C_in(1,3)*S^2-2*C_in(3,6)*S*G;
            C26=(C_in(1,2)-C_in(1,1)+2*C_in(6,6))*G*S^3+(C_in(2,2)-C_in(1,2)-2*C_in↙
(6,6))*S*G^3+3*(C_in(1,6)-C_in(2,6))*S^2*G^2-C_in(1,6)*S^4+C_in(2,6)*G^4;
            C33=C_in(3,3);
            C36=(C_in(2,3)-C_in(1,3))*S*G+C_in(3,6)*(G^2-S^2);
            C44=C_in(4,4)*G^2+C_in(5,5)*S^2-2*C_in(4,5)*S*G;
            C45=(C_in(4,4)-C_in(5,5))*S*G+C_in(4,5)*(G^2-S^2);
            C55=C_in(5,5)*G^2+C_in(4,4)*S^2+2*C_in(4,5)*S*G;
            C66=(C_in(1,1)+C_in(2,2)-2*C_in(1,2)-4*C_in(6,6))*S^2*G^2+C_in(6,6)+2*↙
(C_in(1,6)-C_in(2,6))*(S^2-G^2)*S*G;

            C=[C11 C12 C13   0   0   C16;...
               C12 C22 C23   0   0   C26;...
               C13 C23 C33   0   0   C36;...
               0   0   0     C44 C45 0;...
               0   0   0     C45 C55 0;...
               C16 C26 C36   0   0   C66];

            A1=C(3,3)*C(5,5);
            A2=C(5,5)*(C(5,5)-r)+C(3,3)*(C(1,1)-r)-(C(1,3)+C(5,5))^2;
            A3=(C(5,5)-r)*(C(1,1)-r);
            tmp=sqrt(A2^2-4*A1*A3);
            alpha1=sqrt((-A2+tmp)/(2*A1));
            alpha3=sqrt((-A2-tmp)/(2*A1));
            W1=(r-C(1,1)-C(5,5)*alpha1^2)/((C(1,3)+C(5,5))*alpha1);
```

```
            W3=(r-C(1,1)-C(5,5)*alpha3^2)/((C(1,3)+C(5,5))*alpha3);
            D11=C(1,3)+C(3,3)*alpha1*W1;
            D13=C(1,3)+C(3,3)*alpha3*W3;
            D31=C(5,5)*(alpha1+W1);
            D33=C(5,5)*(alpha3+W3);

            X=[  1     1    1     1;...
                W1   -W1   W3   -W3;...
                D11   D11  D13   D13;...
                D31  -D31  D33  -D33];

            E(1)=cos(k*alpha1*d)+1i*sin(k*alpha1*d);
            E(2)=cos(k*alpha1*d)-1i*sin(k*alpha1*d);
            E(3)=cos(k*alpha3*d)+1i*sin(k*alpha3*d);
            E(4)=cos(k*alpha3*d)-1i*sin(k*alpha3*d);
            F=diag(E);
            B=X*F;
            Ak=B/X; %entspricht A=X*F*inv(X);
            A=Ak*A;
            Transfermatrix(i,:,:)=Ak; %wird nur übernommen wenn Nullstelle der↙
Determinante gefunden wurde
        end
        out=A(3,1)*A(4,2)-A(3,2)*A(4,1);
    end

    function s_new = newton(DF_s, s_old, F_s)
        s_new = DF_s\(DF_s*s_old-F_s);
    end

    function s_new = newton_mod(DF_s, s_old, F_s)
        % Implementierung des relaxierten NV nach
        % Stoer, Numerische Mathematik I, Algorithmus 5.4.2.4

        dk = DF_s\F_s;
        gammak = 1/cond(DF_s);
        Dh = 2*DF_s*F_s;
        c = gammak/4*norm(dk)*norm(Dh);
        h_0 = F_s'*F_s;
        a=inf*ones(100,1);
        b=zeros(100,1);
        for l=0:100
            a(l+1)=hk(2^-l);
            b(l+1)=h_0-2^-l*c;
            if a(l+1)<=b(l+1)
                break
            end
        end
        if l==100
            warning('mod. Newtonverfahren konnte keine Verbesserung des Startwertes↙
finden')
        end
        [~, ii]=min(a);
        lambda_k=2^-(ii-1);
        s_new = s_old - lambda_k*dk;
        function h_k = hk(tau)
```

```
            h_k=h(s_old - tau*dk);
        end
        function h=h(x)
            temp = F(x);
            h=temp'*temp;
        end

    end

    function DF_s = DF()
      % delta_F ist die Naeherung der Ableitung von F,
      % berechnet als Differenzenquotient
            ds=s+delta_s;
            F_ds=F(ds);
            DF_s=(F_ds-F_s)/delta_s;
    end

end
```

```
%% Beispiel Input Datensatz Aluminium, 10 Lagen, Gesamtdicke 2mm
aop=0;
d=ones(1,10).*0.0002;
phi=zeros(1,10);
% Berechne Steifigkeitsmatrix aus cl, ct, rho
rho = 2700;
cl=6320;
ct=3130;
nue_from_cl_and_ct =  @(cl,ct)((1-2*power(ct/cl,2))/(2*(1-power(ct/cl,2))));
E_from_cl_ct_rho = @(cl,ct,rho)(power(cl,2)*(1-nue_from_cl_and_ct(cl,ct)-2*power↙
(nue_from_cl_and_ct(cl,ct),2))*rho/(1-nue_from_cl_and_ct(cl,ct)));

E=E_from_cl_ct_rho(cl,ct,rho);
ny=nue_from_cl_and_ct(cl,ct);

C11=(E*(ny - 1))/(2*ny^2 + ny - 1);
C12=-(E*ny)/(2*ny^2 + ny - 1);
C44=E/(2*(1+ny)); % =G

C=[C11 C12 C12   0   0   0;...
    C12 C11 C12   0   0   0;...
    C12 C12 C11   0   0   0;...
    0   0   0 C44   0   0;...
    0   0   0   0 C44   0;...
    0   0   0   0   0 C44];

v_0=200; %für A0-Mode
%v_0=6 % für S0-Mode
fvec=10e3:20e3:2000e3;
% Beispiel Input Ende

[vvec,Transfermatrix]=orthotropic_multilayer(C,rho,d,phi,v_0,fvec,aop);

figure
plot(fvec,vvec)
xlabel('f in Hz');
ylabel('v in m/s');
figure(gcf)

for l=1:length(fvec)
    %compute global transfer matrix
    TM=Transfermatrix(l).A; %all local transfermatrices for all layers
    A=diag(ones(4,1));
    for k=1:length(d)
       Ak = squeeze(TM(k,:,:));
       A=Ak*A;
    end
    %compute displacements on surfaces using global transfer matrix A
    u3m=1;
    u1m=-1*u3m*A(3,2)/A(3,1);
    u1p=u3m*(A(1,2)-A(1,1)*A(3,2)/A(3,1));
    u3p=u3m*(A(2,2)-A(2,1)*A(3,2)/A(3,1));
    %initialize matrizes for displacements and stresses
    U1(l,:)=zeros(1,length(d)+1);
    U3(l,:)=zeros(1,length(d)+1);
```

```
    Sigma33(l,:)=zeros(1,length(d)+1);
    Sigma13(l,:)=zeros(1,length(d)+1);

    U1(l,1)=u1m; %displacement u1 on upper surface
    U3(l,1)=u3m; %displacement u3 on upper surface
    U1(l,length(d)+1)=u1p; %displacement u1 on lower surface
    U3(l,length(d)+1)=u3p; %displacement u3 on lower surface
    %Stresses Sigma33 and Sigma13 remain zero on surfaces for stress free
    %boundary conditions

    for i=1:length(d)-1 %for each interface
        Pp = [U1(l,length(d)+2-i); U3(l,length(d)+2-i); Sigma33(l,length(d)+2-i);↙
Sigma13(l,length(d)+2-i)];
        Ak = squeeze(TM(length(d)+1-i,:,:));
        %Pp = Ak*Pm -> gesucht wird Pm, Ergebnis durch Multiplizieren mit inv(Ak) von↙
links
        Pm = inv(Ak)*Pp;
        U1(l,length(d)+1-i)=Pm(1); %displacement u1 on interface N-i
        U3(l,length(d)+1-i)=Pm(2); %displacement u3 on interface N-i
        Sigma33(l,length(d)+1-i)=Pm(3); %stress Sigma33 on interface N-i
        Sigma13(l,length(d)+1-i)=Pm(4); %stress Sigma13 on interface N-i
    end
end

z=linspace(0,1,length(d)+1)*sum(d);
figure
subplot(2,2,1)
imagesc(fvec,z,imag(Sigma33)');
title('Sigma33');colorbar
subplot(2,2,2)
imagesc(fvec,z,real(Sigma13)');
title('Sigma13');colorbar
subplot(2,2,3)
imagesc(fvec,z,imag(U1)');title('U1');colorbar
subplot(2,2,4)
imagesc(fvec,z,real(U3)');title('U3');colorbar
```

```
function orthotropic_multilayer_determinant()
%% graphite epoxy
d=[0.0004 0.0004 0.0004 0.0004 0.0004];
phi=[0 90 0 90 0];
rho=1600;
aop = 0; %angle of propagation, offset auf jeden Winkel in phi

C=[155.43  3.72  3.72    0    0    0;...
     3.72 16.34  4.96    0    0    0;...
     3.72  4.96 16.34    0    0    0;...
        0     0     0 3.37    0    0;...
        0     0     0    0 7.48    0;...
        0     0     0    0    0 7.48];
C=C.*1E9;
v_0=100:10:10000;
fvec=100e3;
%fvec=850e3:5e3:865e3;
for i3=1:length(fvec)
    h=waitbar(0,['Frequenz = ' num2str(fvec(i3)) 'kHz']);
    for i2=1:length(v_0)
        determ(i3,i2)=tracing(C,rho,d,phi,v_0(i2),fvec(i3),aop);
        waitbar(i2/length(v_0))
    end
    close(h)
end

figure
xmax=1e6;
axis([v_0(1) v_0(end) -xmax xmax])
hold on
plot([v_0(1) v_0(end)],[0 0],':k')
for i3=1:length(fvec)
    plot(v_0,real(determ(i3,:)))
end

function vvec=tracing(C_in,rho,d_in,phi_in,v_0,fvec,aop)
f=fvec;
vvec=F(v_0);
%% nested functions
    function out = F(v)
        digits(100)
        omega = 2*pi*f;
        k=omega/v;
        r=rho*v^2;
        A=diag(ones(4,1));
        for i=1:length(d_in)
            d=d_in(i);
            phi=(phi_in(i)+aop)*pi/180;
            G=cos(phi);
            S=sin(phi);
            C11=C_in(1,1)*G^4+C_in(2,2)*S^4+2*(C_in(1,2)+2*C_in(6,6))*S^2*G^2+4*(C_in↙
(1,6)*G^2+C_in(2,6)*S^2)*S*G;
            C12=(C_in(1,1)+C_in(2,2)-2*C_in(1,2)-4*C_in(6,6))*S^2*G^2+C_in(1,2)+2*↙
(C_in(1,6)-C_in(2,6))*(S^2-G^2)*S*G;
            C13=C_in(1,3)*G^2+C_in(2,3)*S^2+2*C_in(3,6)*S*G;
```

```
            C16=(C_in(1,2)-C_in(1,1)+2*C_in(6,6))*S*G^3+(C_in(2,2)-C_in(1,2)-2*C_in↙
(6,6))*G*S^3+3*(C_in(2,6)-C_in(1,6))*S^2*G^2+C_in(1,6)*G^4-C_in(2,6)*S^4;
            C22=C_in(1,1)*S^4+C_in(2,2)*G^4+2*(C_in(1,2)+2*C_in(6,6))*S^2*G^2-4*(C_in↙
(1,6)*S^2+C_in(2,6)*G^2)*S*G;
            C23=C_in(2,3)*G^2+C_in(1,3)*S^2-2*C_in(3,6)*S*G;
            C26=(C_in(1,2)-C_in(1,1)+2*C_in(6,6))*G*S^3+(C_in(2,2)-C_in(1,2)-2*C_in↙
(6,6))*S*G^3+3*(C_in(1,6)-C_in(2,6))*S^2*G^2-C_in(1,6)*S^4+C_in(2,6)*G^4;
            C33=C_in(3,3);
            C36=(C_in(2,3)-C_in(1,3))*S*G+C_in(3,6)*(G^2-S^2);
            C44=C_in(4,4)*G^2+C_in(5,5)*S^2-2*C_in(4,5)*S*G;
            C45=(C_in(4,4)-C_in(5,5))*S*G+C_in(4,5)*(G^2-S^2);
            C55=C_in(5,5)*G^2+C_in(4,4)*S^2+2*C_in(4,5)*S*G;
            C66=(C_in(1,1)+C_in(2,2)-2*C_in(1,2)-4*C_in(6,6))*S^2*G^2+C_in(6,6)+2*↙
(C_in(1,6)-C_in(2,6))*(S^2-G^2)*S*G;
            C=[C11 C12 C13   0   0   C16;...
               C12 C22 C23   0   0   C26;...
               C13 C23 C33   0   0   C36;...
               0   0   0     C44 C45 0;...
               0   0   0     C45 C55 0;...
               C16 C26 C36   0   0   C66];
            A1=C(3,3)*C(5,5);
            A2=C(5,5)*(C(5,5)-r)+C(3,3)*(C(1,1)-r)-(C(1,3)+C(5,5))^2;
            A3=(C(5,5)-r)*(C(1,1)-r);
            tmp=sqrt(A2^2-4*A1*A3);
            alpha1=sqrt((-A2+tmp)/(2*A1));
            alpha3=sqrt((-A2-tmp)/(2*A1));
            W1=(r-C(1,1)-C(5,5)*alpha1^2)/((C(1,3)+C(5,5))*alpha1);
            W3=(r-C(1,1)-C(5,5)*alpha3^2)/((C(1,3)+C(5,5))*alpha3);
            D11=C(1,3)+C(3,3)*alpha1*W1;
            D13=C(1,3)+C(3,3)*alpha3*W3;
            D31=C(5,5)*(alpha1+W1);
            D33=C(5,5)*(alpha3+W3);
            X=[  1    1    1    1;...
                W1  -W1  W3   -W3;...
                D11  D11 D13  D13;...
                D31 -D31 D33 -D33];
            E(1)=cos(k*alpha1*d)+1i*sin(k*alpha1*d);
            E(2)=cos(k*alpha1*d)-1i*sin(k*alpha1*d);
            E(3)=cos(k*alpha3*d)+1i*sin(k*alpha3*d);
            E(4)=cos(k*alpha3*d)-1i*sin(k*alpha3*d);
            F=diag(E);
            B=X*F;
            Ak=B/X; %entspricht A=X*F*inv(X);
            A=Ak*A;
        end
        out=A(3,1)*A(4,2)-A(3,2)*A(4,1);
    end
end
end
```

```
function [vvec, Transfermatrix]=monoclinic_multilayer(C,rho,d,phi,v_0,fvec,aop)
%description:   function computes the phase velocity for guided waves in monoclinic↙
material and traces one
%               mode using a modified newton algorithm [Stoer, Numerische Mathematik↙
I, Algorithmus 5.4.2.4.].
%               Which mode will be traced depends on choosing the
%               starting velocity v_0.
%
%
%Input
%C      ...     6x6 stiffness matrix for unidirectional ply, values in Pa
%rho    ...     density in kg/m^3
%d      ...     thickness of each layer (vector) in m
%phi    ...     angle of each layer (vector) in °
%v_0    ...     starting phase velocity in m/s
%fvec   ...     frequency (vector) in Hz
%aop    ...     angle of propagation in (global) material coordinate system
%               in °
%
%Output
%vvec   ...     phase velocity for fvec
%Transfermatrix     ...     local transfer matrices Ak for each layer
%
%
%version 1.1 Lars Schubert, Stephan Böhme 26.08.2010
%version 1.2 Lars Schubert 07.09.2010 (Fehler von Nayfeh S.74 in A2 und A3↙
korrigiert)
%version 1.3 Lars Schubert 22.09.2010 (Berechnung der Auslenkungen u. Spannungen)

%% CHECK for monoclinic material
if find(aop==phi)
   error('monoclinic approach not useable for actual aop, change aop (angle of↙
propagation) to value which are not equal to one of those in phi!!')
end

% Fehlertoleranz bei Nullstellensuche, Abbruchkriterium
ftol=1e-5;

%Korrektur der Einheiten, aus m->m, aus s->ms, aus kg->t=1E3kg (tonnen)
v_0=v_0/1e3; %m/s = m/ms
fvec=fvec./1e3; % in 1/ms
rho=rho./1e3;
C=C.*1e-9;%in 1e3kg/(m*ms)

%Nullstellen des charakteristischen Polynoms (beta=alpha^2)
beta1=@(a1,a2,a3)((((a2/3 - a1^2/9)^3 + (a1^3/27 - (a2*a1)/6 + a3/2)^2)^(1/2) - a3/2↙
+ (a1*a2)/6 - a1^3/27)^(1/3) - (a2/3 - a1^2/9)/(((a2/3 - a1^2/9)^3 + (a1^3/27 -↙
(a2*a1)/6 + a3/2)^2)^(1/2) - a3/2 + (a1*a2)/6 - a1^3/27)^(1/3) - a1/3);
beta2=@(a1,a2,a3)((a2/3 - a1^2/9)/(2*(((a2/3 - a1^2/9)^3 + (a1^3/27 - (a2*a1)/6 +↙
a3/2)^2)^(1/2) - a3/2 + (a1*a2)/6 - a1^3/27)^(1/3)) - a1/3 - (((a2/3 - a1^2/9)^3 +↙
(a1^3/27 - (a2*a1)/6 + a3/2)^2)^(1/2) - a3/2 + (a1*a2)/6 - a1^3/27)^(1/3)/2 - (3^↙
(1/2)*i*((a2/3 - a1^2/9)/(((a2/3 - a1^2/9)^3 + (a1^3/27 - (a2*a1)/6 + a3/2)^2)^(1/2)↙
- a3/2 + (a1*a2)/6 - a1^3/27)^(1/3) + (((a2/3 - a1^2/9)^3 + (a1^3/27 - (a2*a1)/6 +↙
a3/2)^2)^(1/2) - a3/2 + (a1*a2)/6 - a1^3/27)^(1/3)))/2);
beta3=@(a1,a2,a3)((a2/3 - a1^2/9)/(2*(((a2/3 - a1^2/9)^3 + (a1^3/27 - (a2*a1)/6 +↙
```

```
a3/2)^2)^(1/2) - a3/2 + (a1*a2)/6 - a1^3/27)^(1/3)) - a1/3 - (((a2/3 - a1^2/9)^3 +↙
(a1^3/27 - (a2*a1)/6 + a3/2)^2)^(1/2) - a3/2 + (a1*a2)/6 - a1^3/27)^(1/3)/2 + (3^↙
(1/2)*i*((a2/3 - a1^2/9)/(((a2/3 - a1^2/9)^3 + (a1^3/27 - (a2*a1)/6 + a3/2)^2)^(1/2)↙
- a3/2 + (a1*a2)/6 - a1^3/27)^(1/3) + (((a2/3 - a1^2/9)^3 + (a1^3/27 - (a2*a1)/6 +↙
a3/2)^2)^(1/2) - a3/2 + (a1*a2)/6 - a1^3/27)^(1/3)))/2);

[vvec, Transfermatrix]=tracing(C,rho,d,phi,v_0,fvec,aop,ftol,beta1,beta2,beta3);
vvec=vvec.*1e3; % in m/s
fvec=fvec.*1e3; % in 1/s


end



function [vvec, Transfermatrix]=tracing(C_in,rho,d_in,phi_in,v_0,fvec,aop,ftol,beta1,↙
beta2,beta3)

s_new=v_0;
h=waitbar(0,'Please wait...');
for i1=1:length(fvec)
    f=fvec(i1);
    s=s_new;
    delta_s=max(sqrt(eps),sqrt(eps)*s);

    for w=1:100
        F_s  = F(s);
        if abs(F_s)<(ftol)%1e+8   % fehlertoleranz für nullstellensuche,
            if abs(s)<sqrt(eps)
                vvec(i1)=NaN;
            else
                 %Nullstelle in Determinante gefunden
                vvec(i1)=s;
                [~,Transfermatrix(i1).A] = F(s);
                s_new=s;
            end
            break
        end
        DF_s=DF();
        % hier entweder NV oder mod. NV wählen
        s=newton_mod(DF_s,s,F_s); %relaxiertes Newtonverfahren nach Stoer
%       s=newton(DF_s,s,F_s); %normales Newtonverfahren
        if w==100
            vvec(i1)=NaN;
        end
    end
    waitbar(i1/length(fvec))
end
close(h)

%% nested functions
    function [out,Transfermatrix] = F(v)
        digits(100)

        omega = 2*pi*f;
```

```
        k=omega/v;

        r=rho*v^2;

        A=diag(ones(6,1));
        for i=1:length(d_in)
            d=d_in(i);
            phi=(phi_in(i)+aop)*pi/180;
            %UD-Steifigkeitsmatrix C_in entsprechend Richtung der
            %Wellenausbreitung transformieren
            G=cos(phi);
            S=sin(phi);
            C11=C_in(1,1)*G^4+C_in(2,2)*S^4+2*(C_in(1,2)+2*C_in(6,6))*S^2*G^2+4*(C_in↙
(1,6)*G^2+C_in(2,6)*S^2)*S*G;
            C12=(C_in(1,1)+C_in(2,2)-2*C_in(1,2)-4*C_in(6,6))*S^2*G^2+C_in(1,2)+2*↙
(C_in(1,6)-C_in(2,6))*(S^2-G^2)*S*G;
            C13=C_in(1,3)*G^2+C_in(2,3)*S^2+2*C_in(3,6)*S*G;
            C16=(C_in(1,2)-C_in(1,1)+2*C_in(6,6))*S*G^3+(C_in(2,2)-C_in(1,2)-2*C_in↙
(6,6))*G*S^3+3*(C_in(2,6)-C_in(1,6))*S^2*G^2+C_in(1,6)*G^4-C_in(2,6)*S^4;
            C22=C_in(1,1)*S^4+C_in(2,2)*G^4+2*(C_in(1,2)+2*C_in(6,6))*S^2*G^2-4*(C_in↙
(1,6)*S^2+C_in(2,6)*G^2)*S*G;
            C23=C_in(2,3)*G^2+C_in(1,3)*S^2-2*C_in(3,6)*S*G;
            C26=(C_in(1,2)-C_in(1,1)+2*C_in(6,6))*G*S^3+(C_in(2,2)-C_in(1,2)-2*C_in↙
(6,6))*S*G^3+3*(C_in(1,6)-C_in(2,6))*S^2*G^2-C_in(1,6)*S^4+C_in(2,6)*G^4;
            C33=C_in(3,3);
            C36=(C_in(2,3)-C_in(1,3))*S*G+C_in(3,6)*(G^2-S^2);
            C44=C_in(4,4)*G^2+C_in(5,5)*S^2-2*C_in(4,5)*S*G;
            C45=(C_in(4,4)-C_in(5,5))*S*G+C_in(4,5)*(G^2-S^2);
            C55=C_in(5,5)*G^2+C_in(4,4)*S^2+2*C_in(4,5)*S*G;
            C66=(C_in(1,1)+C_in(2,2)-2*C_in(1,2)-4*C_in(6,6))*S^2*G^2+C_in(6,6)+2*↙
(C_in(1,6)-C_in(2,6))*(S^2-G^2)*S*G;

            C=[C11 C12 C13   0   0   C16;...
               C12 C22 C23   0   0   C26;...
               C13 C23 C33   0   0   C36;...
               0   0   0     C44 C45 0;...
               0   0   0     C45 C55 0;...
               C16 C26 C36   0   0   C66];

            delta = C(3,3)*C(4,4)*C(5,5)-C(3,3)*C(4,5)^2;
            A1 = ((C(1,1)*C(3,3)*C(4,4)-C(1,3)^2*C(4,4)+2*C(1,3)*C(3,6)*C(4,5)-2*C↙
(1,3)*C(4,4)*C(5,5)+2*C(1,3)*C(4,5)^2-2*C(1,6)*C(3,3)*C(4,5)+C(3,3)*C(5,5)*C(6,6)-C↙
(3,6)^2*C(5,5)) ...
                        -(C(3,3)*C(4,4)+C(3,3)*C(5,5)+C(4,4)*C(5,5)-C(4,5)^2)*r)↙
/delta;
                A_temp1 = C(1,1)*C(3,3)*C(6,6)-C(1,1)*C(3,6)^2-2*C(1,1)*C(3,6)*C(4,5)↙
+C(1,1)*C(4,4)*C(5,5)-C(1,1)*C(4,5)^2-C(1,3)^2*C(6,6)+2*C(1,3)*C(1,6)*C(3,6)+2*C(1,3)↙
*C(1,6)*C(4,5) ...
                        -2*C(1,3)*C(5,5)*C(6,6)-C(1,6)^2*C(3,3)+2*C(1,6)*C(3,6)*C↙
(5,5);
                A_temp2 = C(1,1)*C(3,3)+C(1,1)*C(4,4)-C(1,3)^2-2*C(1,3)*C(5,5)-2*C↙
(1,6)*C(4,5)+C(3,3)*C(6,6)-C(3,6)^2-2*C(3,6)*C(4,5)+C(4,4)*C(5,5)-C(4,5)^2+C(5,5)*C↙
(6,6);
            A2 = (A_temp1-A_temp2*r+(C(3,3)+C(4,4)+C(5,5))*r^2)/delta;
            A3 = ((C(1,1)*C(5,5)*C(6,6)-C(1,6)^2*C(5,5))-(C(1,1)*C(5,5)+C(1,1)*C(6,6)↙
```

```
-C(1,6)^2+C(5,5)*C(6,6))*r+(C(1,1)+C(5,5)+C(6,6))*r^2-r^3)/delta;
            clear delta
            %Nullstellen des charakt. Polynoms berechnen
            b1=beta1(A1,A2,A3);
            b2=beta2(A1,A2,A3);
            b3=beta3(A1,A2,A3);
            alpha(1)=sqrt(b1);
            alpha(2)=-alpha(1);
            alpha(3)=sqrt(b2);
            alpha(4)=-alpha(3);
            alpha(5)=sqrt(b3);
            alpha(6)=-alpha(5);

            for q=1:6
                K11 =  C(1,1)-r+C(5,5)*alpha(q)^2;
                K12 =  C(1,6)+C(4,5)*alpha(q)^2;
                K13 = (C(1,3)+C(5,5))*alpha(q);
                K22 =  C(6,6)-r+C(4,4)*alpha(q)^2;
                K23 = (C(3,6)+C(4,5))*alpha(q);
                K33 =  C(5,5)-r+C(3,3)*alpha(q)^2;

                V(q)  = (K11*K23-K13*K12)/(K13*K22-K12*K23);
                W(q)  = (K11*K23-K12*K13)/(K12*K33-K23*K13);

                D1(q)  = C(1,3)+C(3,6)*V(q)+C(3,3)*alpha(q)*W(q);
                D2(q)  = C(5,5)*(alpha(q)+W(q))+C(4,5)*alpha(q)*V(q);
                D3(q)  = C(4,5)*(alpha(q)+W(q))+C(4,4)*alpha(q)*V(q);
            end

            X = [     1       1      1       1      1       1 ; ...
               V(1)    V(1)  V(3)    V(3)  V(5)    V(5); ...
               W(1)   -W(1)  W(3)   -W(3)  W(5)   -W(5); ...
              D1(1)   D1(1) D1(3)   D1(3) D1(5)   D1(5); ...
              D2(1)  -D2(1) D2(3)  -D2(3) D2(5)  -D2(5); ...
              D3(1)  -D3(1) D3(3)  -D3(3) D3(5)  -D3(5)];

            for q=1:6
                E(q)=cos(k*alpha(q)*d)+1i*sin(k*alpha(q)*d);
            end
            F=diag(E);
            B=X*F;
            Ak=B/X; %entspricht A=X*F*inv(X);
            A=Ak*A;
            Transfermatrix(i,:,:)=Ak;
        end
        out=A(4,1)*A(5,2)*A(6,3)+A(4,2)*A(5,3)*A(6,1)+A(4,3)*A(5,1)*A(6,2)-A(4,1)*A↙
(5,3)*A(6,2)-A(4,2)*A(5,1)*A(6,3)-A(4,3)*A(5,2)*A(6,1);
    end

    function s_new = newton(DF_s, s_old, F_s)
        s_new = DF_s\(DF_s*s_old-F_s);
    end

    function s_new = newton_mod(DF_s, s_old, F_s)
        % Implenemtierung des relaxierten NV nach
```

```
        % Stoer, Numerische Mathematik I, Algorithmus 5.4.2.4
        dk = DF_s\F_s;
        gammak = 1/cond(DF_s);
        Dh = 2*DF_s*F_s;
        c = gammak/4*norm(dk)*norm(Dh);
        h_0 = F_s'*F_s;
        a=inf*ones(100,1);
        b=zeros(100,1);
        for l=0:100
            a(l+1)=hk(2^-l);
            b(l+1)=h_0-2^-l*c;
            if a(l+1)<=b(l+1)
                break
            end
        end
        if l==100
            warning('mod. Newtonverfahren konnte keine Verbesserung des Startwertes↙
finden')
        end
        [~, ii]=min(a);
        lambda_k=2^-(ii-1);
        s_new = s_old - lambda_k*dk;
        function h_k = hk(tau)
            h_k=h(s_old - tau*dk);
        end
        function h=h(x)
            temp = F(x);
            h=temp'*temp;
        end
    end

    function DF_s = DF()
      % delta_F ist die Naeherung der Ableitung von F,
      % berechnet als Differenzenquotient
            ds=s+delta_s;
            F_ds=F(ds);
            DF_s=(F_ds-F_s)/delta_s;
    end

end
```

```
clear
% %% Beispiel Input Datensatz CFK-Platte, 17 Lagen
rho=1600;
d=[0.0001353 0.0001353 0.0001353 0.0001353 0.0001353 0.0001353 0.0001353,...
   0.0001353 0.0001353 0.0001353 0.0001353 0.0001353 0.0001353 0.0001353,...
   0.0001353 0.0001353 0.0001353];

phi=[45 0 -45 90 45 0 -45 0 90 0 -45 0 45 90 -45 0 45];
aop = 1; %angle of propagation, offset auf jeden Winkel in phi

C=[138.4   5.36  5.36    0    0    0;...
    5.36  15.05  7.18    0    0    0;...
    5.36   7.18 15.05    0    0    0;...
       0      0     0 3.93    0    0;...
       0      0     0    0 4.61    0;...
       0      0     0    0    0 4.61];
C=C.*1E9;

%%

v_0=[200 3000 6000];
fvec=10e3:10e3:200e3;
for i=1:length(v_0)
[vvec(i,:),Transfermatrix(i,:)]=monoclinic_multilayer(C,rho,d,phi,v_0(i),fvec,aop);
end
figure
plot(fvec,vvec)
xlabel('f in Hz');
ylabel('c_x in m/s');
figure(gcf)
legend('A0-Mode','SH0-Mode','S0-Mode')

for m=1:length(v_0)
    for l=1:length(fvec)
        %compute global transfer matrix
        TM=Transfermatrix(m,l).A; %all local transfermatrices for all layers
        A=diag(ones(6,1));
        for k=1:length(d)
           Ak = squeeze(TM(k,:,:));
           A=Ak*A;
        end
        %compute displacements on surfaces using global transfer matrix A
        u3m=1;
        u2m=u3m*((A(4,3)*A(5,1)-A(5,3)*A(4,1))/(A(4,1)*A(5,2)-A(4,2)*A(5,1)));
        u1m=-u3m*(u2m*A(4,2)/A(4,1)+A(4,3)/A(4,1));
        u1p=u1m*A(1,1)+u2m*A(1,2)+u3m*A(1,3);
        u2p=u1m*A(2,1)+u2m*A(2,2)+u3m*A(2,3);
        u3p=u1m*A(3,1)+u2m*A(3,2)+u3m*A(3,3);
        %initialize matrizes for displacements and stresses
        U1(l,:)=zeros(1,length(d)+1);
        U2(l,:)=zeros(1,length(d)+1);
        U3(l,:)=zeros(1,length(d)+1);
        Sigma33(l,:)=zeros(1,length(d)+1);
        Sigma13(l,:)=zeros(1,length(d)+1);
        Sigma23(l,:)=zeros(1,length(d)+1);
```

```
        U1(l,1)=u1m; %displacement u1 on upper surface
        U2(l,1)=u2m; %displacement u2 on upper surface
        U3(l,1)=u3m; %displacement u3 on upper surface
        U1(l,length(d)+1)=u1p; %displacement u1 on lower surface
        U2(l,length(d)+1)=u2p; %displacement u3 on lower surface
        U3(l,length(d)+1)=u3p; %displacement u3 on lower surface

        %Stresses Sigma33, Sigma23 and Sigma13 remain zero on surfaces
        %for stress free boundary conditions

        for i=1:length(d)-1 %for each interface
            Pp = [U1(l,length(d)+2-i); U2(l,length(d)+2-i);...
                  U3(l,length(d)+2-i); Sigma33(l,length(d)+2-i);...
                  Sigma13(l,length(d)+2-i);Sigma23(l,length(d)+2-i)];
            Ak = squeeze(TM(length(d)+1-i,:,:));
            %Pp = Ak*Pm -> gesucht wird Pm, inv(Ak)*Pp = Pm
            Pm = inv(Ak)*Pp;
            U1(l,length(d)+1-i)=Pm(1); %displacement u1 on interface N-i
            U2(l,length(d)+1-i)=Pm(2); %displacement u2 on interface N-i
            U3(l,length(d)+1-i)=Pm(3); %displacement u3 on interface N-i
            Sigma33(l,length(d)+1-i)=Pm(4); %stress Sigma33 on interface N-i
            Sigma13(l,length(d)+1-i)=Pm(5); %stress Sigma13 on interface N-i
            Sigma23(l,length(d)+1-i)=Pm(6); %stress Sigma23 on interface N-i
        end
    end
    z=linspace(0,1,length(d)+1)*sum(d);
    figure
    subplot(2,3,1)
    imagesc(fvec,z,imag(Sigma33)');
    title('Sigma33');colorbar
    subplot(2,3,2)
    imagesc(fvec,z,real(Sigma13)');
    title('Sigma13');colorbar
    subplot(2,3,3)
    imagesc(fvec,z,real(Sigma23)');
    title('Sigma23');colorbar
    subplot(2,3,4)
    imagesc(fvec,z,imag(U1)');title('U1');colorbar
    subplot(2,3,5)
    imagesc(fvec,z,imag(U2)');title('U2');colorbar
    subplot(2,3,6)
    imagesc(fvec,z,real(U3)');title('U3');colorbar

    U1f150k(m,:)=U1(fvec==150e3,:);
    U2f150k(m,:)=U2(fvec==150e3,:);
    U3f150k(m,:)=U3(fvec==150e3,:);
    Sigma33f150k(m,:)=Sigma33(fvec==150e3,:);
    Sigma13f150k(m,:)=Sigma13(fvec==150e3,:);
    Sigma23f150k(m,:)=Sigma23(fvec==150e3,:);
end
save cfrp_plate_example_150khz U1f150k U2f150k U3f150k Sigma33f150k Sigma13f150k↙
Sigma23f150k z
```

C. Versuchsaufbauten

C.1. Messaufbau für laservibrometrische Messungen

Abbildung C.1 stellt den Messaufbau dar. Die institutsinterne Eigenentwicklung MAS (1) verfügt über einen Signalgenerator, der beliebige Signale mit bis zu 18.75 MHz Ausgabefrequenz generieren und als Differenzsignal ausgeben kann. Dieses Differenzsignal wird mittels (2) in ein auf Masse bezogenes Signal ($U_{in} = \pm 1V$) umgesetzt. Das Signal wird anschließend im Hochspannungsverstärker HSV05 (3) verstärkt und auf ein Piezoelement (4) gegeben. Die Oberfläche der Platte wird durch einen Laserstrahl (5) abgetastet, der durch

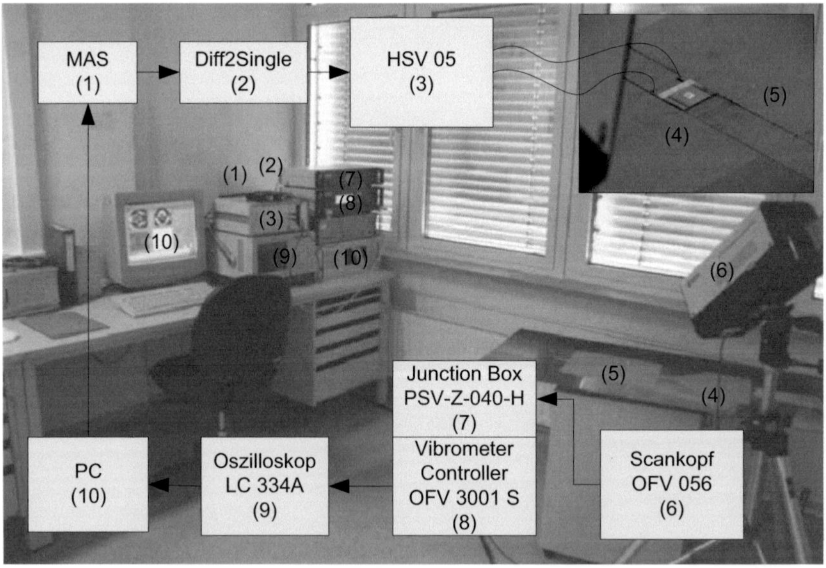

Abbildung C.1.: Messaufbau zur Impaktwechselwirkung

verstellbare Spiegelsysteme im Scankopf (6) das Messfeld abrastern kann. Der Scankopf ist an die Junction Box (7) angeschlossen, die neben dem Scankopf auch über eine GBIP-Schnittstelle mit dem Vibrometer Controller (8) und dem Messrechner (10) verbunden ist. An das Oszilloskop (9) ist der Displacement Ausgang des Vibrometer Controllers angeschlossen. Die Messdaten werden hier aufgezeichnet und gemittelt. Die Übertragung der gemittelten Daten erfolgt über GBIP zum Messrechner (10), der auch die Steuerung der MAS (1) realisiert. Die Steuerung des 3D-Laserscanning Systems sowie der MAS erfolgt mit LABVIEW®, die Auswertung der Messdaten mit MATLAB®.

MAS (1): Für die Anregung der elastischen Wellen wurde ein schmalbandiges RCn (raised cosine) Signal mit n=4 gewählt. Dieses versteht sich als Multiplikation von n Kosinusschwingungen mit einem Hanningfenster und wird nach Gl. C.1 berechnet.

$$rc(t,n,f) = 1/2\,(-1)^n \left(1 - \cos\left(2\,\frac{\pi\,f t}{n}\right)\right) \cos\left(2\,\pi\,f t\right) \tag{C.1}$$

Gründe für die Wahl einer schmalbandigen Anregung waren einerseits um die auftretenden Wellenfelder leichter interpretieren zu können, andererseits um möglichst hohe Auslenkungen der Teilchen der Wellenmoden zu erreichen. Abbildung C.2 zeigt das verwendete RC-4 Signal der Frequenz f=150 kHz im Zeit- und Frequenzbereich.

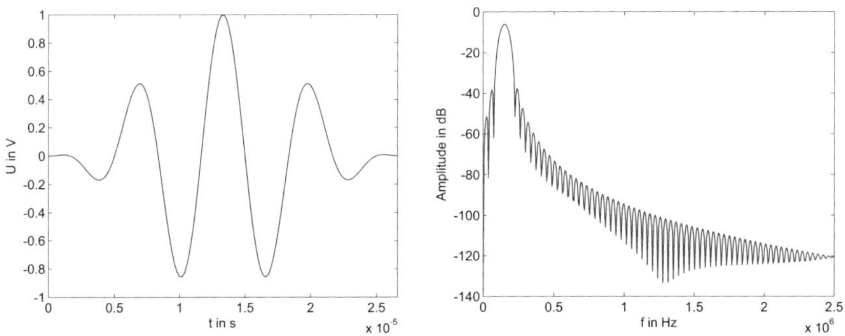

(a) Zeitbereich

(b) Frequenzbereich

Abbildung C.2.: RC4 Sendeimpuls (f=150 kHz) im Zeit- und Frequenzbereich

Faserwandler (4): Als piezoelektrisches Element wurde ein Piezofaserwandler der Firma ERF Produktion Würzburg GmbH (vormals NMWü Neue Materialien Würzburg

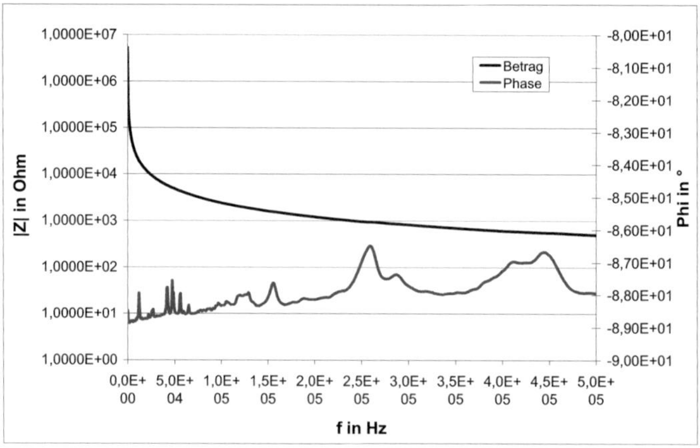

Abbildung C.3.: Betrag (blau) und Phase (rot) der komplexen Impedanz des Piezofaserwandler, gemessen mit Impedanzanalysator HP4294A

GmbH) gewählt. Dieser Wandler zeichnet sich durch einen nichtresonanten Frequenzbereich bis f=500 kHz aus - dargestellt in Abbildung C.3. Der Piezofaserwandler besteht aus vielen parallel verlegten PZT-Fasern [PR07], die über siebgedruckte Interdigitalelektroden angesteuert werden. Der Abstand der Digitalelektroden führt zu einer Dickenresonanz von f=5 MHz. Polarisiert wird in Faserlängsrichtung, dies führt zu einem gerichtetem d_{33} piezoelektrischen Effekt. Der verwendete Wandler verfügte über Abmaße von 20mm x 20 mm, einer Kapazität von C_{FW}=637 pF (gemessen bei f=1 kHz) und wurde mit hitzeaktivierbarer Folie bei 150°C appliziert.

HSV05 (3): Als Verstärker wurde die institutsinterne Eigenentwicklung HSV05 zur Verstärkung des Eingangssignals U_{in} verwendet. Die Qualität des verstärkten Signals ist abhängig von der (komplexen) Last - die wiederum durch den verwendeten Piezowandler und den Frequenzbereich - sowie die zu verstärkende Eingangsspannung U_{in} definiert ist. Abbildung C.3 zeigt, dass der Wandler ein ausgeprägtes kapazitives Verhalten zeigt. Der Strom $i_c(t)$ am Kondensator verhält sich für kosinusförmige Erregungen $u(t) = Ucos(wt)$ nach

$$i_c(t) = C * \frac{du(t)}{dt} = -jwCUsin(wt).$$

Er ist also direkt proportional zur verwendeten Frequenz, der Kapazität des Wandlers und der Spannung am Piezomaterial. Für den hier verwendeten Piezofaserwandler (4) der Firma ERF wurde die maximal mögliche Verstärkereingangsspannung mit $U_{in} = 0.5V$

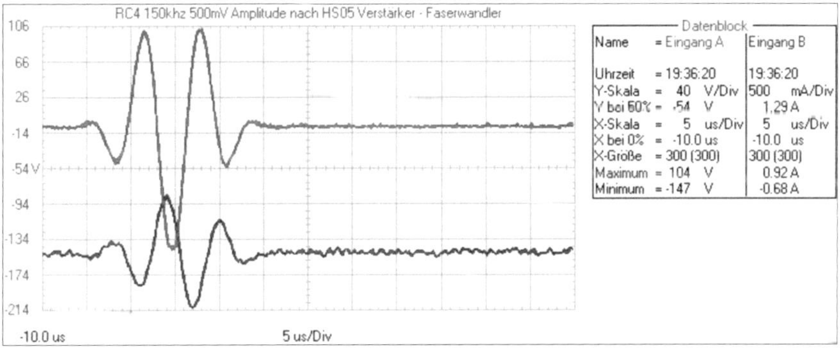

(a) unverzerrtes Sendesignal (U_{pkpk}=251 V) für U_{in}=0.5 V

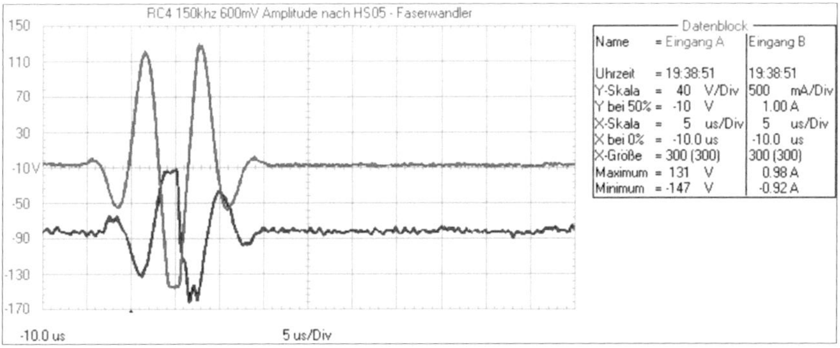

(b) verzerrtes Sendesignal (U_{pkpk}=278 V) für U_{in}=0.6 V

Abbildung C.4.: Spannungs- (rot) und Stromverläufe (blau) am Piezofaserwandler nach RC4 Sendeimpuls (f=150 kHz) und HSV05 Verstärker

ermittelt (Abb.C.4a), da für höhere Spannungen (Abb. C.4b) der Verstärker den Strom begrenzte und damit das Ausgangssignal verzerrte. Die verstärkte Sendespannung betrug U_{pkpk}=251 V.

Laservibrometer (6,7,8,9): Die CFK-Platte wurde in dem zu scannenden Bereich mit Autoreflexfolie beklebt, um das zurückgeworfene Licht zu erhöhen. Messungen [Win08] haben gezeigt, das der In-plane Schwingungsanteil gedämpft wird, wenn die Länge der Folie im Bereich der Wellenlänge der Lamb-Welle bzw. größer ist. Dispersions-, Reflexions- oder Modenwandlungserscheinungen aufgrund der Folienapplikation wurden nicht beobachtet. Am Vibrometer Controller (8) wird der 2 MHz-Displacement Ausgang genutzt, der eine Empfindlichkeit von $\Delta s/u$= 50 nm/V an R_i=50 Ω [Bar07] aufweist. Das Oszilloskop arbeitet mit einer Abtastrate von f_a=2 MHz, insgesamt werden 1000 Werte aufgezeichnet.

C.2. Messaufbau für Signaturanalyse

C.2.1. Ultraschallprüfung (C-Scan)

Die Schadenscharakterisierung der impaktierten CFK-Platten erfolgt mit scannenden Impuls-Echo-Verfahren im Wasserbad. Damit ist es möglich, sowohl die Schadensausdehnung als auch ihre Tiefenlage zu bestimmen. Die Ultraschallprüfung wurde mit einem 10 MHz Prüfkopf an einem Ultraschall Scanner (LS-100 Ultrasonic Scanner, Inspection Research & Technologies Ltd., ScanMaster Imaging System 9.15) der Firma IMA Materialforschung und Anwendungstechnik GmbH Dresden durchgeführt. Die Laufzeitblende lag bei 80-90% der Höhe des Rückwandechos. Die Scangeschwindigkeit war 50 mm/s entlang der 0°-Richtung der Proben und 1 mm/s beim Versetzen in 90°-Richtung für die nächste Scanlinie. Die Wasservorlaufstrecke betrug 1 cm.

C.2.2. Signaturanalyse

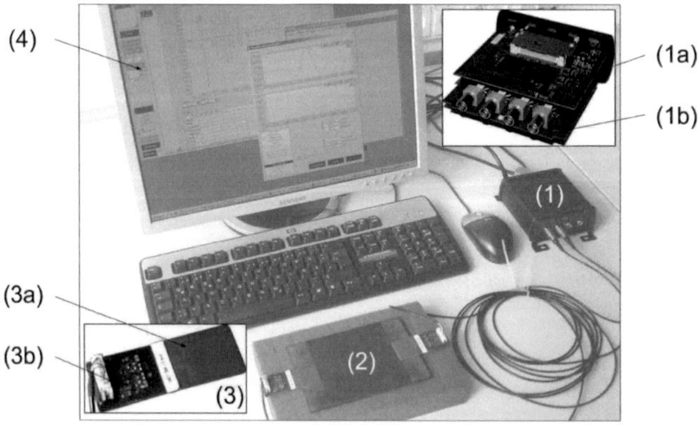

Abbildung C.5.: Mehrkanal Akustik Messsystem für die Signaturanalyse

Abbildung C.5 stellt den für die Signaturanalyse verwendeten Messaufbau dar. Das MAS-System (1) wurde zum Senden und Empfangen der Plattenwellen genutzt. Es besteht aus einer Digitalbaugruppe (1a), dessen DSP die Kommunikation via CAN-BUS mit dem Messrechner (4) übernimmt. Das modulare Konzept sieht verschiedene Analogbaugruppen vor, die sich in ihren Verstärker- und Filterstufen unterscheiden. Für die hier aufgeführten Versuche wurde ein Analogbauteil (1b) mit vier analogen Signaleingängen verwendet, die mit einer Summenabtastrate von 12,5 MHz abgetastet werden können. Der Frequenzbereich der Baugruppen beträgt 10 kHz bis 500 kHz, die Verstärkung ist für jeden Kanal von -22 bis +20 dB konfigurierbar. Die verwendeten Ultraschallwandler (3) verfügen außer dem piezoelektrischen Element (3a) über eine integrierte analoge Vorverstärker- (46dB) und Filterelektronik (f_u=10 kHz, f_o=300 kHz, Signalverzerrungen $<$ -72 dB). Die CFK-Proben (2) wurden auf der Oberseite mit den PZT-Piezofaserkompositwandlern versehen. Die Applikation erfolgte erneut mit Heißklebefolie bei 150°C. Als Messauflage diente Schaumstoff.

Für die Messungen wurden zwei Kanäle mit je 2 MHz abgetastet, wobei gleichzeitig auf einem Kanal gesendet wurde. Die Messung wurde vor und nach dem Einbringen der Impaktschäden jeweils in beide Richtungen durchgeführt, d.h. jeder der beiden Wandler fungierte als Sender und Empfänger. Als Sendeimpulse dienten ein breitbandiger Sinc-Impuls und schmalbandigere Ricker-Wavelets mit Mittenfrequenzen von 50 bis 300 kHz. Die Ricker-Wavelet Sendefunktion ähnelt in ihren Eigenschaften der in Kapitel 3 verwendeten RC4-Funktion.

D. Anwendung des Kompensationsverfahrens TDect im Dauerversuch

Die praktische Anwendung des Temperaturkompensationsverfahrens TDect im Dauerversuch wird anhand eines Ermüdungstestes eines Windkraftrotorblattes gezeigt. Dieser Versuch wurde von Sommer 2008 bis Frühling 2010 in freier Umgebung an der IMA (Institut für Materialforschung und Anwendungstechnik GmbH) Dresden durchgeführt. In der Sommer- und Winterperiode konnten durch umfangreiche Signaturmessungen ein großer Datenpool an Messdaten bei unterschiedlichen Umgebungstemperaturen gewonnen werden. Das Rotorblatt wird während dieses Ermüdungsversuches mittels Signaturanalyse und Schallemissionsverfahren überwacht. Die Instrumentierung des Rotorblattes und der Messaufbau bzw. die Messkampagnen sind in Kapitel D.1 erläutert. In Kap. D.2 wird die durchgeführte Temperaturkompensation vorgestellt. Abschließend stellt Kapitel D.3 für ausgewählte Sende-Empfangspfade Messergebnisse nach der Temperaturkompensation vor, die den Rotorblattzustand nach ca. 1 Million Zyklen mit steigender Auslenkung charakterisieren. Der diagnostizierte Rotorblattzustand korreliert gut mit niederfrequenten Belastungsanalysen (Tsai Wu Kriterium), die von der Firma WBI (Wölfel Beratende Ingenieure) durchgeführt wurden.

D.1. Instrumentierung und Messaufbau

Ein 40m langes Rotorblatt aus einer Vorserienfertigung ist horizontal in ein Fundament eingespannt (Abb. D.1). Im vorderen Flügelbereich (r=23-27 m) sind statische Vorlasten von insgesamt 4400kg aufgebracht, um die im regulären Anlagenbetrieb vorhandenen quasistationären Windlasten abzubilden. Ein Hydraulikzylinder am Flügelradius r=28 m versetzt das Blatt in Schwingung (erste Eigenresonanz). Die eingeleitete Kraft wird stu-

Abbildung D.1.: Teststand [EB09]

fenweise erhöht, bis die gewünschte Flügelauslenkung erreicht ist. Begonnen wurde mit einer Kraft, die eine Auslenkung von ±12 cm an der Krafteinleitungsstelle (r=28 m) hervorrief. Diese Laststufe wurde nun 250000 Zyklen lang gehalten, bevor die Auslenkung in Schritten von 6 cm erhöht wurde. Nach jeweils 125000 Zyklen (halbe Laststufe) und nach Vollendung einer Laststufe wurde bzw. wird die Signaturanalyse auf allen Sende-Empfangs-Pfaden durchgeführt.

Es wurden insgesamt 32 Faserwandler mit hitzeaktivierbarer Folie über die Struktur verteilt appliziert. In Abb. D.2 sind diese mit roten Punkten gekennzeichnet. Zusätzlich befinden sich 6 PZT-Stacks entlang des Mittelsteges montiert, diese sind in Abb. D.2 mit blauen Punkten dargestellt. Die Stacks werden ausschließlich als Aktoren betrieben, die Mittenfrequenz des angeregten RC-4 Impulses beträgt f=24 kHz. Aufgrund der hohen Materialdämpfung können die Faserwandler nur bei kurzen Übertragungsstrecken (<1 m) als Aktoren verwendet werden. Dieses ist bei der Überwachung der Klebekante (8 Sende-Empfangs-Pfade, Leading Edge) der Fall, dort werden RC-4 Impulse mit Mittenfrequenzen von f=24 kHz und f=100 kHz zur Anregung genutzt. Ansonsten werden die Faserwandler als Empfänger der von den Stacks angeregten Lamb-Wellen verwendet. Insgesamt 79 Sende-Empfangs-Pfade können zur Auswertung herangezogen werden. Dabei variiert der Materialaufbau der Sende-Empfangs-Pfade untereinander sehr stark, zum Teil beinhaltet auch ein Pfad verschiedene Materialkombinationen. Von 81 Faserlagen an der Flügelwur-

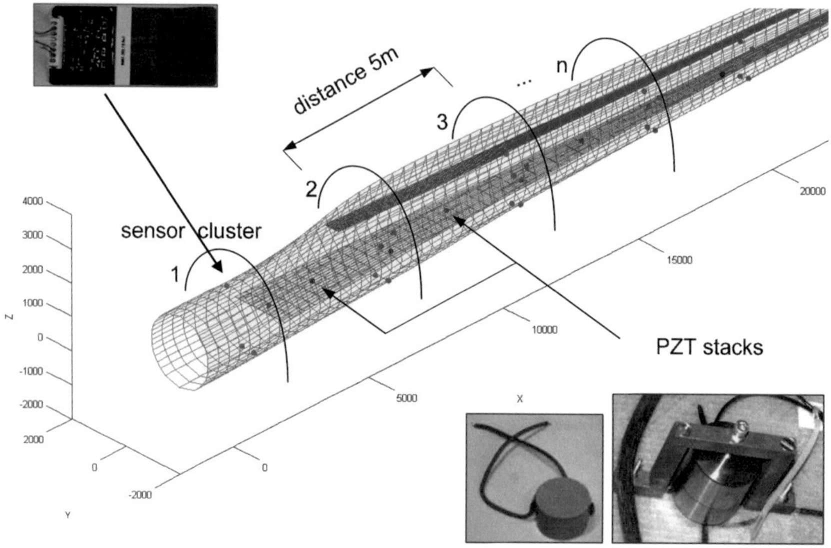

Abbildung D.2.: Instrumentierung des Rotorblattes bis x=20 m (Maßangaben in mm) mit Faserwandlern (rot) und PZT-Stacks (blau) [SchL09a]

zel (x=0 m) über 41 Lagen im vorderen Drittel bis hin zu 7 Lagen im Flügelspitzenbereich ändert sich die Lagenanzahl kontinuierlich. Überwiegend wurden GFK-Faserlagen eingesetzt, im Bereich der beiden Stege ist der Rumpf zusätzlich mit CFK-Lagen verstärkt. Die Stege bestehen aus glasfaserverstärktem Kunststoff.

D.2. Temperaturkompensation

Im Rotorblatt sind drei Temperaturmesspunkte (Wetterstation WS 300 PC, Temperaturauflösung 0.1 °C, -genauigkeit ±0.8 °C) vorhanden. MP1 befindet sich direkt am Anfang des Hauptsteges (x=3.50 m), MP2 (x=9 m) unterhalb und MP3 (x=15 m) oberhalb des Hauptsteges. Die Aufnahme der Messdaten zur Temperaturkompensation erfolgte innerhalb von zwei Zeiträumen. Im ersten Zeitraum im Sommer 2008 waren zwar die Vorlasten montiert, jedoch hatte der dynamische Belastungsversuch noch nicht begonnen. Das Rotorblatt wies zu diesem Zeitpunkt jedoch schon Vorschäden auf, die von einem Gutachter aufgenommen und dokumentiert wurden. Die Temperaturverläufe an den Messpunkten des ersten Zeitraumes zeigt Abb. D.3a. Je weiter sich die Tem-

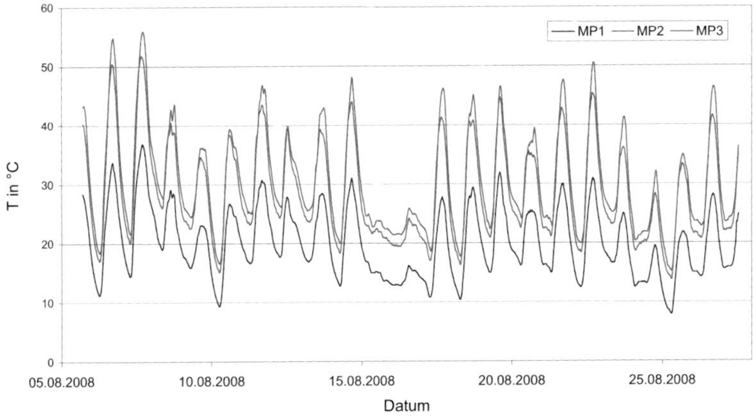

(a) Temperaturverläufe vom 05.08.2008 - 27.08.2008 (niederschlagsfrei)

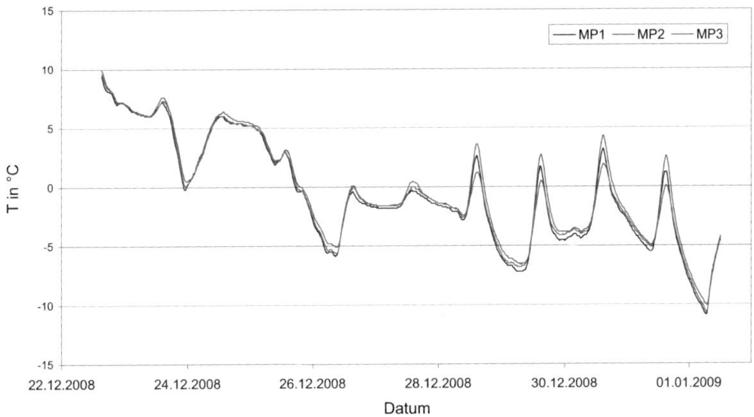

(b) Temperaturverläufe vom 22.12.2008 - 01.01.2009 (niederschlagsfrei, keine zusätzliche Schneelast)

Abbildung D.3.: Temperaturverläufe im Rotorblatt während der Aufnahme der Signaturdaten zur Temperaturkompensation peratursensoren im Inneren des Flügels befinden, umso höher sind die Temperaturen, der Verlauf ist jedoch an allen drei Messpunkten gleich. Als Bezugstemperatur für alle Sende-Empfangs-Pfade wurde daher die Temperatur an MP1 verwendet.

Während des ersten Zeitraumes wurden zu 260 verschiedenen Zeitpunkten die Signaturanalyse durchgeführt. Diese Zeitpunkte waren um je 2h zueinander versetzt. Bei der Durchführung einer Messung wurde für jeden Sende-Empfangs-Pfad je 2mal in direkter Folge die Signaturmessungen durchgeführt. Für diesen Zeitraum liegen also je Sende-Empfangs-Pfad 520 Messdatensätze vor. Die Temperatur wurde im Raster von 5 Minuten aufgezeichnet. Während der Datenaufnahme innerhalb des zweiten Zeitraumes (Abb. D.3b) war bereits die niedrigste erste Laststufe beendet und die Zweite begonnen (insgesamt 372500 Zyklen). Zu diesem Zeitpunkt wurde der Blattzustand als weitgehend unverändert angenommen, da neben den Auswertungen der Signaturanalyse auch die der parallel durchgeführten Schallemissionsmessungen keine Anhaltspunkte auf eventuelle Schäden lieferten. Für einen Sende-Empfangs-Pfad liegen für diesen Zeitraum 120 Datensätze vor. Die Temperatur wurde hier aller 15 Minuten aufgezeichnet.

Nachfolgend werden für einen Sende-Empfangs-Pfad beispielhaft die Ergebnisse mit und ohne Anwendung der Temperaturkompensation dargestellt. Abbildung D.4a stellt Zeitverschiebungen der HF-Signale und den dazugehörigen polynomischen Fit (2ter Ordnung) dar. Ohne Anwendung der Kompensation wird aufgrund der Temperaturänderungen, wie in Abschnitt 4.1.5 gezeigt, der Wertebereich des Korrelationskoeffizienten von 1 bis 0 durchlaufen (Abb. D.4b) . Nach Anwendung des Kompensationsverfahrens betragen die Zeitverschiebungen zwischen den HF-Signalen nur noch wenige Abtastwerte (Abb. D.4c) und der zur Schadensdetektion nutzbare Wertebereich des Korrelationskoeffizienten (Abb. D.4d) hat sich erheblich vergrößert. Für die Auswertung wird auch das Konfidenzintervall des temperaturkompensierten Korrelationskoeffizienten mittels Polynom beschrieben, so dass für jeden Sende-Empfangspfad und für jede Temperatur ein Vertrauensbereich angegeben werden kann.

Abbildung D.4e stellt für alle Signalpfade die Korrekturpolynome dar, in Abb. D.4f wird die relative Änderung der effektiven Gruppengeschwindigkeit über der Temperatur aufgezeigt. Die effektive Gruppengeschwindigkeit wurde aus Laufzeit (Zeitpunkt des Maximums der Hüllkurve) des Wellenmodes (hier A0-Mode für f=24 kHz Anregungen) und dem jeweiligen Sender-Empfängerabstand ermittelt. Die temperaturabhängigen Änderungen der Gruppengeschwindigkeit nach f=24 kHz Anregung (blaue Kurven) zeigen einen linearen Trend über den gesamten Temperaturbereich, die der f=100 kHz Sendefunktionen (rote

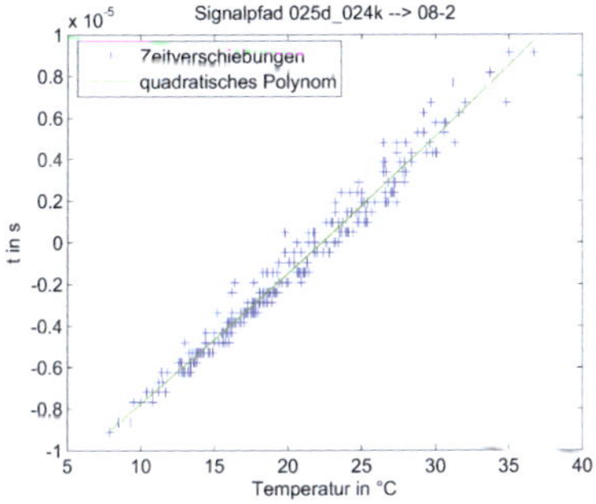

(a) Zeitverschiebung ohne Temperaturkomp.

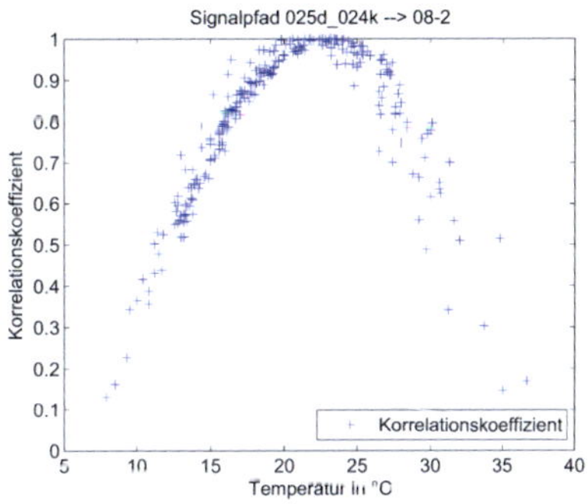

(b) Korrelationskoeffizient ohne Temperaturkomp.

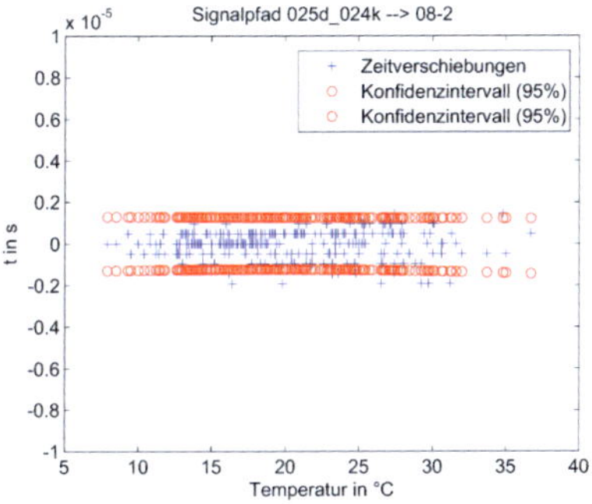

(c) Zeitverschiebung mit Temperaturkomp.

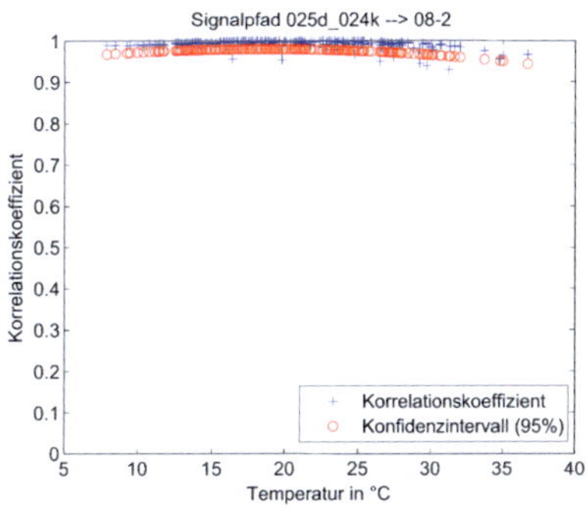

(d) Korrelationskoeffizient mit Temperaturkomp.

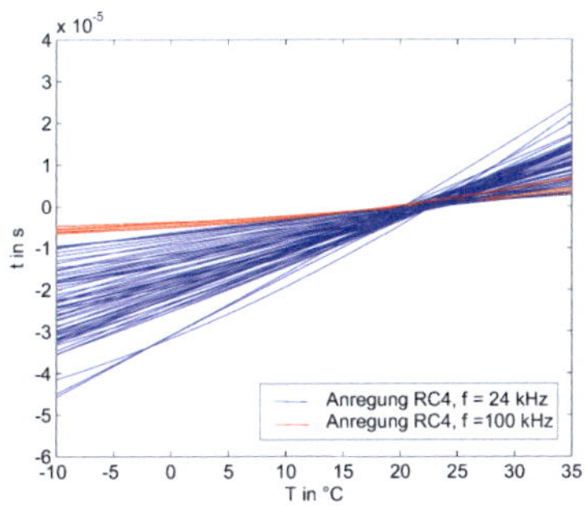

(e) Zeitverzögerungen

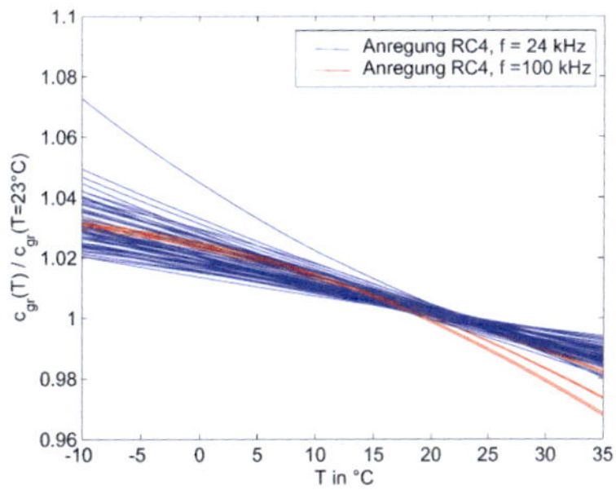

(f) rel. Änderung der Gruppengeschwindigkeit

Abbildung D.4.: Anwendung der Temperaturkompensation für einen ausgewählten Signalpfad (a-d), Polynomdarstellung (2ter Ordnung) der Zeitverzögerungen und relativen Änderungen der effektiven Gruppengeschwindigkeit c_{gr} aller Sende-Empfangs-Pfade (e-f)

Kurven) zeigen wie bei den Labormessungen im Klimaschrank (Abschnitt 4.1.4) beobachtet im niedrigen Temperaturbereich (< 10°C) ebenfalls einen linearen Trend, bei darüber hinausgehenden Temperaturen erhöht sich der Temperatureinfluss auf die Ausbreitungsgeschwindigkeit.

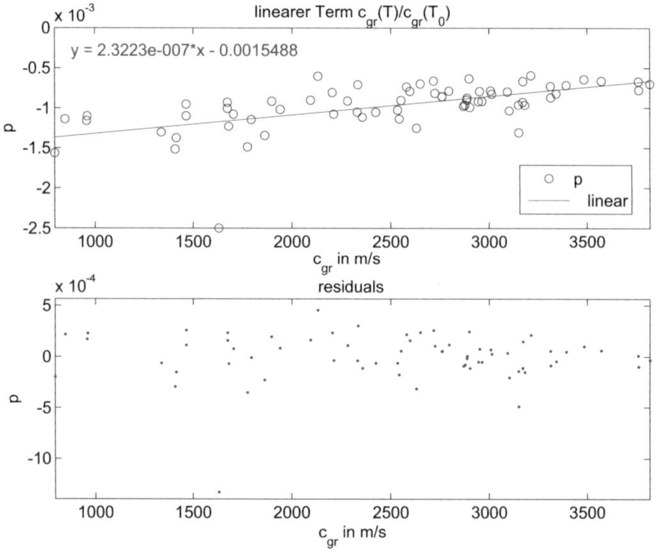

Abbildung D.5.: Relative Gruppengeschwindigkeitsänderung je K ($\%/K$) nach Anregung mit f=24 kHz

Mit steigender effektiver Gruppengeschwindigkeit der Wellenpakete auf den jeweiligen Signalpfaden lässt sich eine Verringerung des temperaturabhängigen Einflusses beobachten, die Geschwindigkeitsänderung sinkt mit steigender Geschwindigkeit. Abbildung D.5 stellt dies für die f=24 kHz Anregung dar. Eine Interpretation des Effektes ist im Rahmen dieser Arbeit nicht möglich, da einerseits die genauen Materialdaten des Rotorblattes nicht vorliegen und andererseits die Temperaturmessung für jeden Sende-Empfangspfad einzeln erfolgen müsste.

D.3. Messergebnisse

Mittels temperaturkompensierter Signaturanalyse konnten am Rotorblatt Stellen identifiziert werden, die gut mit Belastungsanalysen des Laminats der Fa. Wölfel korrelieren.

Abbildung D.6a stellt auswählte Signalpfade des Rotorblattes im Ausgangszustand (0 Zyklen) dar. Einem Korrelationskoeffizienten von 1 wird dabei die grüne Farbe zugewiesen, 0 wird durch rot visualisiert.
Nach dynamischer Belastung (1 Million Zyklen) ist der Korrelationskoeffizient für die gleichen Signalpfade in Abbildung D.6b abgebildet. Zusätzlich sind in diese Darstellung Ergebnisse aus einer niederfrequenten Belastungsanalyse (Fa. Wölfel) eingebunden, die Stellen der größten auftretenden mechanischen Spannungen kennzeichnen. Orte hoher Belastungen sind auch hier rot eingefärbt dargestellt, niedrig belastete Gebiete grün. Der Korrelationskoeffizient zeigt auf jenen Signalpfaden eine Änderung der miteinander verglichenen Signale an, an denen auch die Belastungsanalyse hoch belastete Schadensorte ermittelte.
Der Korrelationskoeffizient sinkt dabei in Wertebereiche von 0,2 bis 0,5. Ohne die Temperaturkompensation wäre dieser Wertebereich bereits bei Temperaturänderungen von 10°C bis 15°C (Abb. D.4b) zwischen dem Referenzsignal und dem aktuellen Signal erreicht worden.

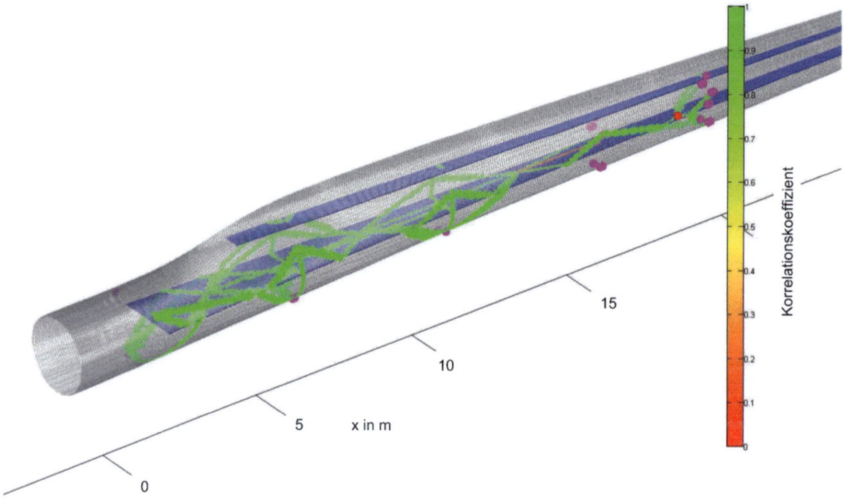

(a) Rotorblattzustand: 0 Zyklen

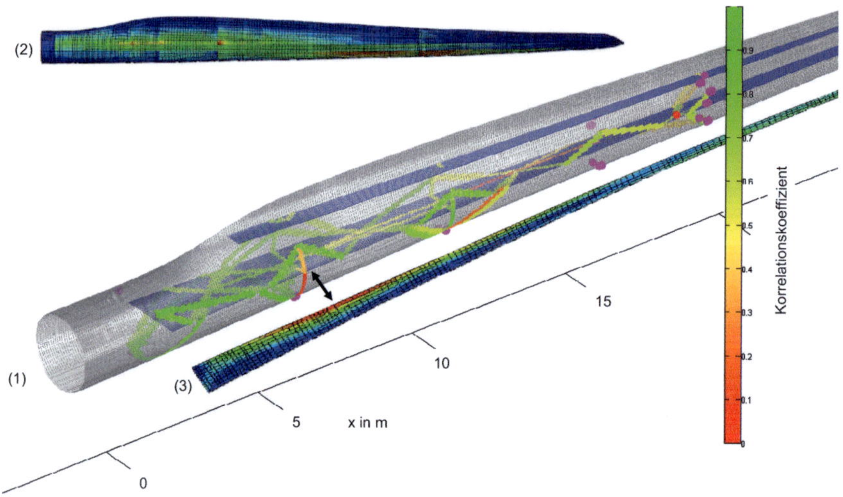

(b) Rotorblattzustand: 1 Million Zyklen

Abbildung D.6.: Korrelationskoeffizienten ausgewählter Signalpfade im ungeschädigten (a) und geschädigten (b, 1) Zustand, Darstellungen der Belastungsanalysen nach Tsai-Wu-Kriterium (maximal belastete Einzellage des Laminats) sind (b) überlagert und mit (2,3) gekennzeichnet [SchL09a]

Danksagung

Die vorliegende Arbeit entstand während meiner Tätigkeit als wissenschaftlicher Mitarbeiter am Fraunhofer-Institut für Zerstörungsfreie Prüfverfahren in Dresden. Ich danke Herrn Prof. Dr.-Ing. habil. Norbert Meyendorf für die sehr guten Rahmenbedingungen zum Verfassen der Arbeit und für die Übernahme des Zweitgutachtens.

Frau Prof. Dr. rer. nat. et Ing. habil. Elfgard Kühnicke danke ich für die fachliche Betreuung, die Übernahme des ersten Gutachtens und für die thematischen Auseinandersetzungen, die in erheblichen Maße zur Verbesserung der Arbeit beitrugen.

Herrn Dr. rer. nat. Bernd Köhler möchte ich für seine ständige Diskussionsbereitschaft, fachliche Betreuung und wichtigen Hinweise und Anregungen danken, die entscheidend zum Gelingen beigetragen haben. Ich danke allen Kollegen des Fraunhofer IZFP-Dresden für ihre Unterstützung. Besonders Erwähnung finden sollten:
Herr Dipl.-Ing. Bernd Frankenstein für seine vielfältigen Unterstützungen, Herr Dipl.-Geophys. Eberhard Schulze für seine Korrekturen des Manuskriptes, Diskussionen und aufmunternden Worte, Herrn Dipl.-Ing. (FH) Martin Barth für seine Diplomarbeit, die mit dem Ziel der Implementierung der 3D-aufgelösten Erfassung der Teilchenauslenkungen mittels Laservibrometer einen wichtigen Beitrag für mein Verständnis bzgl. der Wellenausbreitungsphänomene bildete. Weiterhin sei Herrn Dipl.-Ing. Klaus-Jochen Fröhlich für die Anregung meines Interesses an geführten Wellen in der Anfangszeit meiner Tätigkeit und die anschaulichen Erklärungen gedankt. Ich danke Herrn Dipl.-Ing. Uwe Lieske für die Beiträge zum Thema im Rahmen seiner Diplomarbeit und für den fruchtbaren Gedankenaustausch. Herrn M. Sc. Thomas Klesse danke ich für seine geduldigen Antworten hinsichtlich meiner elektronischen Fragestellungen und seiner freundschaftlichen Unterstützung. Der Aufenthalt von Dr. Moti Leibowitz als Gastwissenschaftler an unserem Institut hat wesentlich zum Verständnis der Wellenausbreitungsvorgänge in anisotropen Medien beigetragen, ihm danke ich für seine Diskussionsbereitschaft. Nicht vergessen möchte ich meine studentischen Hilfskräfte, Praktikanten und Diplomanden. Stellvertretend seien hier Herr Christopher Joffe für die unermüdliche und gewissenhafte Datenaufnahme sowie Herr Stephan Böhme für die Unterstützung bei der Lösung der Systeme transzendenter Gleichungen genannt.

Ich danke Herrn Prof. Dr.-Ing. habil. Günther Rösel für seine Unterstützung während meines Studiums und das Wecken meines Interesses an wissenschaftlichem Arbeiten.

Ohne die Motivation und Unterstützung meiner Eltern, meines Bruders, meiner Freunde und vor allem meiner Frau Aline wäre zwar Papier gespart, die Arbeit jedoch nicht fertig gestellt worden. Ihnen danke ich besonders!